普通高等职业教育"十三五"规划教材

Java 语言程序设计

第二版

孙莉娜　张校磊　主　编
胡国柱　吴翠鸿　副主编
田　智　陈　静

清华大学出版社
北　京

内 容 简 介

本书针对初学和自学读者的特点，以通俗易懂的语言介绍Java开发技术。全书内容分为4个学习领域，共12个学习任务，全面讲解Java语言开发技术的各个知识点，包括Java语言的发展、环境配置、基本语法、程序流程控制、字符串处理、数组、面向对象、异常处理、包和接口、图形界面设计、多线程编程、输入/输出、网络编程、数据库等内容。每个学习任务通过项目训练贯穿各个知识点，以便读者更好地体会Java语言编程开发方法与应用技巧。

本书内容结构安排合理，实例简明易懂，适合作为高等职业院校教材使用。

本书封面贴有清华大学出版社防伪标签，无标签者不得销售。
版权所有，侵权必究。举报：010-62782989，beiqinquan@tup.tsinghua.edu.cn。

图书在版编目（CIP）数据

Java语言程序设计/孙莉娜，张校磊主编. —2版. —北京：清华大学出版社，2019（2025.1重印）
（普通高等职业教育"十三五"规划教材）
ISBN 978-7-302-52700-8

Ⅰ.①J… Ⅱ.①孙… ②张… Ⅲ.①JAVA语言—程序设计—高等职业教育—教材 Ⅳ.①TP312.8

中国版本图书馆CIP数据核字（2019）第063086号

责任编辑：刘志彬
封面设计：李伯骥
责任校对：王凤芝
责任印制：刘海龙

出版发行：清华大学出版社
网　　址：https://www.tup.com.cn，https://www.wqxuetang.com
地　　址：北京清华大学学研大厦A座　　邮　　编：100084
社 总 机：010-83470000　　邮　　购：010-62786544
投稿与读者服务：010-62776969，c-service@tup.tsinghua.edu.cn
质量反馈：010-62772015，zhiliang@tup.tsinghua.edu.cn

印 装 者：三河市铭诚印务有限公司
经　　销：全国新华书店
开　　本：185mm×260mm　　印　　张：19.25　　字　　数：455千字
版　　次：2015年2月第1版　2019年5月第2版　印　　次：2025年1月第9次印刷
定　　价：49.80元

产品编号：083090-01

Preface 前言

　　Java 是 Sun 公司推出的能够跨平台、可移植性高的一种面向对象的编程语言，也是目前安全先进、特征丰富、功能强大的计算机程序设计语言之一。Java 面世以来，一直以易学易用、功能强大的特点而得到广泛应用。Java 程序可以运行在任何一个系统平台上，甚至在移动终端、商务助理等电子产品中都可以运行，真正做到了跨平台使用。利用 Java 语言可以编写桌面应用程序、Web 应用程序、分布式系统及嵌入式系统应用程序等，这使得其成为应用最广泛的开发语言之一。

　　从 Java 程序开发初学者晋级到编程高手通常需要经历 3 个阶段。本书的内容就是按照这一规律精心编写的，书中的内容分为 4 个部分。

　　第 1 部分：Java 语言概述。此部分包含了 Java 基础、Java IDE 开发工具、Java 语法基础、流程控制语句和数组等内容。书中结合大量的图标、举例、技巧等使读者快速掌握 Java 开发工具和 Java 语言，为以后进行 Java 编程打下坚实的基础。

　　第 2 部分：面向对象编程。此部分介绍了有关 Java 面向对象的知识，包括面向对象、类的继承与多态特征、包与接口应用、异常处理等。书中使用大量的实例和图解，详细讲解了面向对象的程序设计方法和面向对象的各种特征。通过此部分的学习，读者应该能够完全掌握面向对象的继承、封装、多态特性及方法的重写和重载技术等。

　　第 3 部分：图形界面设计。此部分介绍了使用 Java 语言进行图形界面编程的各种关键技术，包括 Swing 程序设计基础、GUI 事件处理、使用线程实现多任务等。使用 Swing 技术开发桌面应用程序，增加了程序的交互性，使读者更容易学习和理解。

　　第 4 部分：编程技术应用。此部分介绍了编程常用类、数据的输入输出处理、数据库编程、网络程序设计等。学习完此部分内容后，读者能够开发数据库、网络等领域的小型应用程序。

　　每部分内容都引入学习任务，这些任务是由作者精心挑选的、涵盖了各个知识点的项目。通过项目，读者可以巩固前面所学的知识和技术，积累项目开发经验。

【本书特点】

1. 通俗易懂,而且对图示、代码几乎都加了注释,以帮助读者降低理解难度,快速上手。

2. 提供大量的实战模块、实战案例、实战练习,以增强读者动手能力,激发学习兴趣,读者可仔细研究这些模块,并亲自动手调试。

3. 本书同时提供电子教案和课件,为教师授课和学生学习提供方便。

本书由辽宁机电职业技术学院孙莉娜、胡国柱,山西华澳商贸职业学院张校磊,山西水利职业技术学院吴翠鸿,内蒙古商贸职业学院田智,山东劳动职业技术学院陈静等老师共同编写。其中胡国柱编写学习领域1各个任务,孙莉娜编写学习领域4各个任务以及附录1和附录2的内容,其他老师编写其余领域内容。

由于作者水平有限,书中难免会有纰漏之处,敬请广大读者批评指正。

编　者

Contents 目 录

学习领域 1：Java 语言概述

任务 1.1 安装 Java 开发环境 ………………………………………… **3**
    1.1.1　任务内容 ………………………………………………………… 3
    1.1.2　相关知识 ………………………………………………………… 3
    1.1.3　任务实施 ………………………………………………………… 13
    1.1.4　技能提高 ………………………………………………………… 36

任务 1.2 Java 基础程序设计 …………………………………………… **38**
    1.2.1　任务内容 ………………………………………………………… 38
    1.2.2　相关知识 ………………………………………………………… 38
    1.2.3　任务实施 ………………………………………………………… 58
    1.2.4　技能提高 ………………………………………………………… 59

任务 1.3 数组和字符串程序设计 ……………………………………… **60**
    1.3.1　任务内容 ………………………………………………………… 60
    1.3.2　相关知识 ………………………………………………………… 60
    1.3.3　任务实施 ………………………………………………………… 72
    1.3.4　技能提高 ………………………………………………………… 74

学习领域 2：面向对象编程

任务 2.1 面向对象编程技术初步 ……………………………………… **79**
    2.1.1　任务内容 ………………………………………………………… 79
    2.1.2　相关知识 ………………………………………………………… 79
    2.1.3　任务实施 ………………………………………………………… 96
    2.1.4　技能提高 ………………………………………………………… 100

任务 2.2 面向对象编程技术进阶 ……………………………………… **102**
    2.2.1　任务内容 ………………………………………………………… 102
    2.2.2　相关知识 ………………………………………………………… 103

2.2.3　任务实施 ………………………………………………………………… 120
　　2.2.4　技能提高 ………………………………………………………………… 126
任务 2.3　异常处理 …………………………………………………………………… **130**
　　2.3.1　任务内容 ………………………………………………………………… 131
　　2.3.2　相关知识 ………………………………………………………………… 131
　　2.3.3　任务实施 ………………………………………………………………… 140
　　2.3.4　技能提高 ………………………………………………………………… 141

学习领域 3：图形界面设计

任务 3.1　**Swing 程序设计** …………………………………………………………… **147**
　　3.1.1　任务内容 ………………………………………………………………… 147
　　3.1.2　相关知识 ………………………………………………………………… 147
　　3.1.3　任务实施 ………………………………………………………………… 175
　　3.1.4　技能提高 ………………………………………………………………… 177
任务 3.2　事件处理 …………………………………………………………………… **183**
　　3.2.1　任务内容 ………………………………………………………………… 183
　　3.2.2　相关知识 ………………………………………………………………… 183
　　3.2.3　任务实施 ………………………………………………………………… 190
　　3.2.4　技能提高 ………………………………………………………………… 192
任务 3.3　多线程 ……………………………………………………………………… **196**
　　3.3.1　任务内容 ………………………………………………………………… 196
　　3.3.2　相关知识 ………………………………………………………………… 196
　　3.3.3　任务实施 ………………………………………………………………… 202
　　3.3.4　技能提高 ………………………………………………………………… 205

学习领域 4：编程技术应用

任务 4.1　输入输出处理 ……………………………………………………………… **215**
　　4.1.1　任务内容 ………………………………………………………………… 215
　　4.1.2　相关知识 ………………………………………………………………… 215
　　4.1.3　任务实施 ………………………………………………………………… 232
　　4.1.4　技能提高 ………………………………………………………………… 234
任务 4.2　数据库编程 ………………………………………………………………… **235**

　　　　4.2.1　任务内容 ··· 236
　　　　4.2.2　相关知识 ··· 236
　　　　4.2.3　任务实施 ··· 250
　　　　4.2.4　技能提高 ··· 256

任务 4.3　网络编程 ·· **261**
　　　　4.3.1　任务内容 ··· 261
　　　　4.3.2　相关知识 ··· 262
　　　　4.3.3　任务实施 ··· 277
　　　　4.3.4　技能提高 ··· 281

附录 1　使用 Javadoc 工具制作开发文档 ································· **285**
附录 2　Java 编程风格简述 ··· **293**
参考文献 ·· **299**

学 习 领 域 1

Java语言概述

任务1.1　安装Java开发环境

本部分介绍Java语言的发展历程、技术特点和Java体系结构等，使读者对Java语言有一个基本的认识。随后配置Java开发环境，使初学者能够以较高的效率开发Java应用程序。

▶ 1.1.1　任务内容

Java开发环境的搭建：安装JDK 1.7和集成开发环境Eclipse，开发执行第一个Hello World程序。执行过程如下。

（1）JDK的安装与配置。
（2）Java开发环境的配置。
（3）IDE集成开发环境Eclipse的安装与配置。
（4）开发执行Java Application应用程序和Java Applet小应用程序。

▶ 1.1.2　相关知识

│知识点一：Java语言简介│

1991年，Sun公司的James Gosling等人为了解决消费类电子产品的微处理器计算问题，开发出一种名为"Oak"（中文译为"橡树"）的与平台无关的语言，它就是Java语言的前身。它用于控制嵌入在有线电视交换盒、PDA（Personal Digital Assistant，个人数字助理）、家用电器等的微处理器中。

1993年交互式电视和PDA市场用量开始滑坡，而Internet正处于发展时期，因此Sun公司将目标市场转向Internet应用程序。

1994年Sun公司将Oak语言更名为Java（Java译为"爪哇"，是印度尼西亚一个盛产咖啡的岛屿），并于1995年正式推出它的第一个版本。Internet的迅猛发展与WWW（万维网）应用的快速增长，为Java的发展带来了契机。Java语言优秀的跨平台特性使之非常适合于Internet编程，最初用Java语言编写的Hot Java浏览器和应用于Web页面的Applet程序，使Java语言成为Internet上最受欢迎的开发语言。Sun公司采取了"开放式"的合作政策，采用了颁发使用许可证的方式来允许各家公司把Java虚拟机（JVM）嵌入自己的操作系统或应用软件中，这吸引了大批公司加入到Sun联盟，如IBM、HP、Netscape、Novell、Oracle、Apple等公司；而且开发平台的源代码完全开放，这使得开发人员很容易只使用一种Java语言来实现网络各平台之间的开发、编程和应用，这也是Java语言得以迅猛发展的一个主要原因。现在全球有近70%的公司使用Java语言开发自己的计算机软件系统。

1995年，Sun公司发布了Java的第一个版本Alpha 1.0a2版本，开发出Hot Java浏览器。1996年，Sun公司发布了Java的第一个开发包JDK v1.0。1997年，Sun公司发布了Java开发包JDK v1.1。1998年，Sun公司发布了Java开发包JDK v1.2（称为Java 2）。

1999年，Sun公司重新组织了Java平台的集成方法，并将企业级应用平台作为公司今后发展的方向。现在的Java开发平台的编程构架一共有三种：J2SE、J2EE、J2ME。

　　J2SE（Java 2 Platform，Standard Edition），即Java 2平台标准版，包含构成Java语言核心的类。它是用于工作站、PC的开发平台，也是三个编程构架中最基本的一个构架，J2EE和J2ME就是在J2SE的基础上发展、转化而来的。

　　J2EE（Java 2 Platform，Enterprise Edition），即Java 2平台企业版。J2EE应用于可扩展的、基于分布式计算的企业级开发平台，如Intranet（企业内部网），有业界大量的其他软件技术融入J2EE构架中（如微软的XML技术），因此它具有更高的可扩展性、灵活性和集成性。

　　J2ME（Java 2 Platform，Micro Edition），即Java 2平台微型版。J2ME用于嵌入式开发，为消费类电子产品软件开发服务，如手机系统或手机游戏软件的开发。

　　三种版本使用的类库也不尽相同，本书内容的大部分类都来自J2SE构架。

知识点二：Java语言的特点

1. 简单性与分布式

　　Java作为一种高级编程语言，在语法规则上和C++类似，C++程序员会比较容易地掌握Java编程技术。Java摒弃了C++容易引起错误的内容，如指针操作和内存管理，使程序设计变得简单、高效。

　　Java是面向网络的编程语言，它提供了基于网络协议（如TCP/IP）的类库。使用这些类，Java应用程序可以很容易地访问网络上的资源。Java应用程序可通过一个特定的URL对象打开并访问网络资源，就像访问本地文件系统那样简单。

2. 纯面向对象

　　面向对象编程技术具有很多优点，比如通过对象的封装，减少了对数据非法操作的风险，使数据更加安全；通过类的继承，实现了代码的重用，提高了编程效率等。Java语言的编程主要集中在类、接口的描述和对象引用方面。面向对象编程技术适合开发大型的、复杂的应用程序，且程序代码易于理解和维护，是编程发展的一个趋势。

3. 健壮性与安全性

　　Java语言在编译和运行时具有健壮性，可以消除程序错误带来的影响。Java语言提供了较完备的异常处理机制，在编译和运行程序时，系统对代码进行逐级检查，指出可能产生错误的地方，要求必须对可能存在错误的代码进行必要的处理，以消除因产生错误而造成系统崩溃的情况。它提供自动垃圾收集功能来进行内存管理，防止出现程序员在管理内存时容易产生的错误，这些措施都保证了Java系统运行的可靠性。

　　作为网络编程语言，安全是至关重要的。一方面，在语言功能上，由于Java不支持指针，消除了指针操作带来的安全隐患；另一方面，Java具有完备的安全结构和策略，代码在编译和运行过程中被逐级检查,可以防止恶意程序和病毒的攻击,如编译器会查找出代码错误,编译之后生成字节码,通过字节码校验器,病毒代码将无所遁形,因此也有人称Java语言为"永远不会感染病毒的语言",在加载类的时候,还会通过类加载器进行校验。

4. 平台独立与可移植性

互联网是由各种各样的计算机平台构成的,如果要保证应用程序在网络中任何计算机上都能正常运行,必须使程序具有平台无关性,即软件本身不受计算机硬件系统和操作系统的限制。Java是一种"与平台无关"的编程语言,Java的源文件是与平台无关的纯文本,而Java源文件通过编译后生成的类文件(即字节码文件)通过Java虚拟机(JVM)可以在不同的平台上运行,与具体机器指令无关。Java的基本数据类型在设计上不依赖于具体硬件,为程序的移植提供了方便。

5. 解释执行

Java是一种先编译后解释执行的编程语言,Java源程序经过编译后生成被称作字节码(Byte Code)的二进制文件,JVM的解释器解释执行字节码文件。解释器在执行字节码文件时,能对代码进行安全检查,以保证没有被修改的代码才能执行,提高了系统的安全性。另外,JVM由Sun公司特别制作并在网上实时更新,它的运行效率远高于一般的解释性语言的解释器。

6. 多线程与动态性

多线程机制使程序代码能够并行执行,充分发挥了CPU的运行效率。程序设计者可以用不同的线程完成不同的子功能,极大地扩展了Java语言的功能。支持多线程机制是现今网络开发语言的基本特性之一。

Java在设计上力求适合不断发展的环境。在类库中可以自由地加入新的方法和实例而不会影响用户程序的执行。Java通过接口来支持多重继承,使之比严格的类继承具有更灵活的方式且易于扩展。Java的类库是开放的,所有的程序员可以根据需要自行定义类库。

知识点三:Java平台特性

1. 了解Java的跨平台特性

什么是平台呢?简单的理解是计算机软件系统与计算机硬件系统的结合体。比如IBM PC Windows机、Apple公司的Mac OS等。我们知道,不同种类的计算机有不同的机器语言(内码),为一种平台编写的代码不能在另一种平台上运行,这是因为它们的内码不同。

编程语言分为三类:机器语言、汇编语言、高级语言。

Java语言是一种"先编译后解释"的高级语言,它的地位等同于C、C++或Visual Basic等语言。从功能上来看,Java也可以实现C、C++或Visual Basic等语言的大部分功能,如控制台(Console)程序和 GUI(Graphics User Interface,图形用户界面)程序,只不过侧重点有所不同。Java 语言是基于 Web 开发的一种高级语言,它的"强项"在网络上!

下面我们介绍一下 Java 的编译和运行过程,如图 1-1 所示。

图 1-1　Java 编译与运行过程

Java 语言通过编译器在本地将源程序(扩展名为.java)文件编译成字节码文件(扩展名为.class),可以通过复制或通过网络传送到目的平台,然后通过目的平台的解释器(也可能是浏览器的解释器)来解释执行。

那么 Java 又是如何完成跨平台的呢?如图 1-2 所示,Java 在运行过程的中间环节引入了解释器来帮助它完成跨平台。

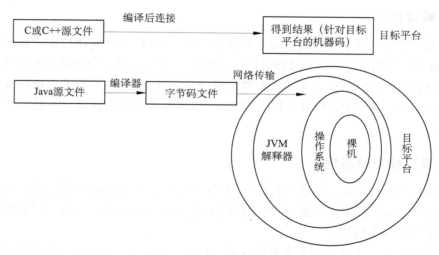

图 1-2　Java 语言的运行过程

下面介绍一个非常重要的概念——Java 虚拟机(Java Virtual Machine,JVM)。

JVM 是在计算机内部模拟运行的假想的计算机。它可以是硬件或软件(通常为软件)。它有自己独立的指令集系统(相当于计算机的 CPU、内存和寄存器等设备)。JVM 负责将 Java 字节码程序翻译成机器码,然后由计算机执行。

JVM 的主要功能为:加载.class 文件,管理内存,执行垃圾收集。

在计算机执行 Java 程序时,需要 JVM 和核心类库的支持。Java 采用的方法是:在操作系统和硬件平台上模拟一种抽象化的计算机系统运行时环境(Java Runtime Environment,JRE),而 JRE 包含了 JVM 和运行程序所需系统核心类库。JVM 和 JRE 是随着 JDK(Java Development Kit,Java 开发工具包)的安装而建立起来的。

对 Java 语言而言,它的源文件和字节码文件(中间码文件)都是与平台无关的,它们可以通过网络传输到任何一个网络平台中并可以被识别。然后通过目标平台本地的 JVM 解释执行。但要注意:JVM 是与平台相关的。因为字节码是通过网络传输到目标计算机平台上再通过 JVM 运行的,而不同种类的计算机有不同的内码,从这里就可以推断出,每一个特定平台上应该有一个特定的 JVM,即 JVM 是与平台相关的。

2. Java 程序的运行时环境

前面介绍了 Java 虚拟机(JVM)的概念,JVM 的核心是解释器。而程序运行时需要的是 JRE,可以简单地把 JRE 理解成工作在操作系统之上的一个小型操作系统,它包含了运行在其上的 JVM 及本地平台的核心类库,如图 1-3 所示。

下面详细描述 JRE 中各部件的作用。

(1) 类加载器(Class Loader):用来加载 Class 文件的部件,同时针对跨网络的类,进行安全性检查。

(2) 字节码校验器(Byte Code Verifier):基于代码规范,对语法语义、对象类型转换和权限安全性访问进行检查。

(3) 解释器(Interpreter):JVM 的核心部件,把字节码指令映射到本地平台的库和指令上,使之得以执行。

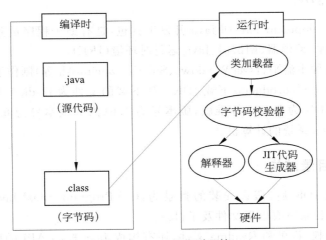

图 1-3　Java 运行时环境

(4) JIT 代码生成器(Just In Time):即时代码生成器(即时代码编译器)是另一种解释执行字节码的方法。通常的解释器是逐行解释和运行,而编译器是对代码做全体编译后再连接执行,因此解释型语言的执行效率一般都低于编译型语言。而为了提高运行效率,Java 提供了 JIT 运行方式,它可以一次性地解释完所有代码,再去运行机器码,而且曾经解释过的代码会进入缓存,如果下次再调用这部分代码,就从缓存中取出,这样就极大地提高了 Java 的运行效率。因为这种解释运行的方式类似于编译器,因此也称其为"JIT 即时编译器"。JIT 就类似于引擎对于一辆赛车的意义,是 JRE 的核心部件。

(5) API 类库:实现标准 Java 平台 API 的代码。

(6) 硬件本地平台接口:提供对底层系统平台资源库的调用接口。

3. 垃圾收集器

许多计算机语言都有在程序运行时动态分配存储空间的功能,当这部分内存空间不再使用的时候,程序应停止分配内存空间并回收它们。但是回收内存空间却不是件容易的事情,C 和 C++语言通常需要程序员自行编写代码回收动态内存空间,这增加了程序员的负担,还会因为代码不健壮造成系统问题。

Java 语言提供了一个自动进行内存管理的工具,就是垃圾收集器(Garbage Collector)。它是一个系统级的线程,专用于对内存进行跟踪和回收。但因为垃圾收集器是一个优先级比较低的后台线程(Daemon Thread),所以它只在系统有空闲的时候才会回收垃圾内存,而且也无法判断垃圾收集器何时回收内存,以及要运行多长时间,这一切都是自动完成的。这使得程序在运行时会出现不连贯的现象,在一定程度上降低了代码的运行效率,但这个代价还是值得付出的。

知识点四:JDK 目录结构

1. 什么是 JDK

JDK(Java Development Kit)即 Java 开发工具包,是有助于程序员开发 Java 程序的工具包,其中包括类库、编译器、调试器、Java 运行时环境(JRE)。

Sun 公司为各种主流平台(如 Windows、Solaris、Macintosh 等)制作了 JDK,可以从网址 http://Java.sun.com//products/下载 JDK。如下载的文件为 j2sdk-1_6_0-beta-windows-i586.exe,表示此 JDK 为 Java 2 标准版,版本号为 1.6(内部版本号为 6.0),beta 表示测试版,适用于 Windows 系统的计算机。

2. JDK 的目录结构

下载并安装完 JDK 后,假设安装的目录为:C:\Program Files\Java\j2sdk1.6.0。在 \Java\j2sdk1.6.0 目录下有以下文件及子目录。

根目录包括版权、许可和 Readme 文件,还有构成 Java 核心 API 的所有类文件的归档文件 src.jar。

bin 目录是 JDK 开发工具的可执行文件,包括编译器、解释器、调试器等。

demo 目录中有丰富的演示程序源代码。

include 目录支持 Java 本地机接口(JNI)和 Java 虚拟机调试程序接口的 C 语言头文件。

JRE(Java Runtime Environment),即 Java 运行时环境,包含 JVM、运行时的类包和 Java 链接启动器,但是不包含编译器和调试器。jre 目录包含的部分子目录及文件如下。

lib/jaw.jar:提供了 Netscape 的 JavaScript 和 Security 类。

lib/charsets.jar:字符转换类。

lib/rt.jar:Java 基本类库(JFC)。

lib/ext/:包含扩展的 jar 文件。

bin/keytool：密码认证和管理工具。

另外，\jre\bin 目录下，还包括 Java Web Start(JWS)的运行程序 Javaws.exe。

lib 目录包含开发工具使用类的归档文件。其中有：

tools.jar：包含支持 JDK 的工具和实用程序的非核心类。

dt.jar：是 Swing 组件类 BeanInfo 文件的 DesignTime 归档。

sample 目录中有一些 JNLP(Java 网络装载协议)应用的样例程序。JNLP 能使远程客户访问和运行那些位于本地机器的应用程序。JNLP 应用程序的优点是它可以在网络上实现自安装和自更新。

知识点五：Java 程序开发

Java 的基础应用中包含两种类型的应用：一种是 Java Application，称为 Java 应用程序；另一种是 Java Applet，称为 Java 小应用程序。

Java Application 以 main( )方法作为程序入口，由 Java 解释器解释执行，用以实现控制台或 GUI 方面的应用。

Java Applet 没有 main( )方法，但是有 init( )和 paint( )等方法，由浏览器解释执行，主要用于在网页上显示动画等功能。对此本书只做简单介绍，因为 Applet 已基本不再被使用。

1. Java Application 应用程序开发

【例 1.1】 编写一个在屏幕上显示"Hello World！"字符界面的应用程序。

```
public class HelloApp{                          // 定义公共类 HelloApp
    public static void main(String[ ] args){    // 应用程序入口即 main( )方法
        System.out.println("Hello World！");     // 输出 Hello World！
    }
}
```

例 1.1 是最简单的 Java 应用程序，它给出了 Java 应用程序的基本框架。

注意以下几点内容。

(1) 类是构成 Java 程序的主体，class 是类的说明符号，类中包含了实现具体操作的方法。

(2) 使用"//"声明的部分是 Java 的注释，它有助于程序的阅读，在编译时不会被编译。

(3) 每个应用程序中必须包含主方法 main( )，主方法是程序的入口，读者可先记住声明格式，不要改变关键字顺序。

(4) System.out.println( )方法起到输出作用，直接输出括号内的内容。

(5) 读者在编写以上程序时要注意字母大小写，Java 语言中严格区分大小写。

2. Java Applet 小应用程序开发

Applet 应用程序是嵌入在 HTML(Hypertext Markup Language，超文本标记语言)文

件中的 Java 程序。它可以连同 Web 页面一起被下载到客户的浏览器中,并由实现了 JVM 的浏览器运行。编写 Applet 程序时,需要编写出相应的 HTML 文件,并在文件中加上调用 Applet 程序的标记。

【例 1.2】 编写在浏览器中显示"Hello World !"的 Java Applet 程序。

```
import java.applet.Applet;              // 打开 Applet 类所在的包 applet
import java.awt.*;                      // 打开 Graphics 类所在的包 awt
public class SimpleApplet extends Applet{   // 创建继承 Applet 类的 SimpleApplet
    public void paint(Graphics g) {     // 调用 Applet 类的 paint( )方法
        g.drawString("Hello World !",50,50);  // 绘制"Hello World !"
    }
}
```

用于编写 HTML 文件的工具有很多,复杂的 HTML 文件可以用目前较为流行的可视化制作工具(如 FrontPage、Dreamweaver)创建,简单的文件可以用文本编辑工具直接编写。本例使用的 HTML 文件的代码如下:

```
<HTML>
<HEAD>
    <TITLE>The Simple Applet</TITLE>
</HEAD>
<BODY>
    <APPLET CODE = "SimpleApplet.class" WIDTH = 200 HEIGHT = 100>
    </APPLET>
</BODY>
</HTML>
```

在上面的代码中,"< APPLET CODE = " SimpleApplet.class " WIDTH = 200 HEIGHT=100>"是调用 SimpleApplet.class 的标记。可以用 Web 浏览器或 JDK 提供的 appletviewer 运行 Applet 应用程序。

知识点六:Java 语法规则

字符是组成 Java 程序的基本单位,Java 语言源程序使用 Unicode 字符集。Unicode 采用 16 位二进制数表示 1 个字符,可以表示 65 535 个字符。标准 ASCII 码采用 8 位二进制数表示 1 个字符,共有 128 个字符。如果要表示像汉字这样由双字节组成的字符,采用 ASCII 码是无法实现的。ASCII 码对应 Unicode 的前 128 个字符。因此,采用 Unicode 能够比采用 ASCII 码表示更多的字符,这为在不同的语言环境下使用 Java 奠定了基础。

1. Java 程序注释

注释是用来对程序中的代码进行说明、帮助程序员理解程序代码的,还有利于对程序代码进行调试和修改。在系统对源代码编译时,编译器将忽略注释部分的内容。Java 语言有

3 种注释方式:
(1) 以 // 分隔符开始的注释,用来注释一行文字。
(2) 以 /* … */ 为分隔符的注释,可以将一行或多行文字说明作为注释内容。
(3) 以 /** … */ 为分隔符的注释,用于生成程序文档中的注释内容。

下面以实例说明以上三种注释的用法。

【例 1.3】 注释方法举例。

```
/****************
 *程序名称:HelloWorld.java *
 *作者:Sunlina           *
 *日期:2014/08/06         *
 ****************/
public class HelloWorld{
    String strMsg = "Hello,World!" ;                // 定义变量 strMsg
    /** This method is used to display greeting message! */
    void init( ) {                                   // 定义 init( )方法
        System.out.println(strMsg) ;                 // 输出字符串内容
    }
    public static void main(String[ ] args) {        // 主方法即程序入口
        new HelloWorld( ).init( ) ;                  // 引用 init( )方法
    }
}
```

一般情况下,如果阅读源程序代码,用方法(1)和方法(2)给代码加注释。如果程序经过编译之后,程序员得不到源程序代码,要了解程序中类、方法或变量等的相关信息,可以通过生成程序注释文档的方法,使程序员通过阅读注释文档,了解到类内部方法和变量的相关信息。

JDK 提供的 Javadoc 工具用于生成程序的注释文档。将例 1.3 程序生成注释文档须执行:

Javadoc -private HelloWorld.java

该命令执行结束后,生成名为 index.html 的文件。在浏览器中阅读该文档,可以看到程序中方法和变量的说明信息。参数"-private"表示生成的文档中,将包括所有类的成员。如果需要更详细的注释信息,可以在要说明的成员前面用/** … */加注释,如程序中关于 init( )方法的说明,注释的信息将出现在生成的文档中。

2. Java 的标识符

我们已经接触到简单的 Java 程序,了解到 Java 程序的基本组成。Java 程序是由类和接口组成的,类和接口中包含方法和数据成员。编写程序时,需要为类、接口、方法和数据成员命名,这些名字称为标识符。

标识符可以由多种字符组成,可以包含字母、数字、下划线、美元符($),但首字符不能是数字,不能包括操作符号(如+、-、/、*等)和空格等。例如,HelloWorld、setMaxValue、UPDATE_FLAG 都是合法的标识符;而 123、UPDATE-FLAG、ab*cd、begin flag 等都是非法的标识符。

Java 是区分大小写的编程语言,字符组成相同但大小写不同视为不同的标识符,如 strName 和 StrName 标识不同的名称。

3. Java 的关键字

标识符用于为类、方法或变量命名。按照标识符的组成规则,程序员可以使用任何合法的标识符,但 Java 语言本身保留了一些特殊的标识符——关键字,它不允许在程序中为程序员定义的类、方法或变量命名。关键字有着特定的语法含义,一般用小写字母表示。以下列出了 Java 语言中使用的关键字。

abstract	default	if	private	this
boolean	do	implements	protected	throw
break	double	import	public	throws
byte	else	instanceof	return	transient
case	extends	int	short	try
catch	final	interface	static	void
char	finally	long	strictfp	volatile
class	float	native	super	while
const	for	new	switch	
continue	goto	package	synchronized	

4. Java 的分隔符

在编写程序代码时,为了标识 Java 程序各组成元素的起始和结束,通常要用到分隔符。Java 语言有两种分隔符:空白符和普通分隔符。

空白符:包括空格、回车、换行和制表符等符号,用来作为程序中各个基本成分间的分隔符,各基本成分之间可以有一个或多个空白符。系统在编译程序时,忽略空白符。

普通分隔符:也用来作为程序中各个基本成分间的分隔符,但在程序中有确定的含义,不能忽略。Java 语言有以下普通分隔符。

- { } 大括号,用来定义复合语句(语句块)、方法体、类体及数组的初始化。
- ; 分号,语句结束标志。
- , 逗号,分隔方法的参数和变量说明等。
- : 冒号,说明语句标号。
- [ ] 中括号,用来定义数组或引用数组中的元素。
- ( ) 圆括号,用来定义表达式中运算的先后顺序;或在方法中,将形参或实参括起来。
- . 用于分隔包,或者用于分隔对象和对象引用的成员方法或变量。

▶ 1.1.3 任务实施

本任务为安装和配置 JDK 开发环境与 Eclipse 集成环境。

1. 任务分析

(1) 掌握安装 JDK 1.8 的方法。
(2) 掌握 Java 开发环境的配置。
(3) 掌握 IDE 集成开发环境 Eclipse 的安装与配置。
(4) 掌握如何在 Eclipse 中建立工程。
(5) 掌握如何在 Eclipse 中编写和执行 Java Application 程序。
(6) 掌握如何在 Eclipse 中编写和执行 Java Applet 程序。
(7) HTML 文档中嵌入 Java Applet 程序。

2. 安装 JDK 环境

(1) 从 Oracle 公司 https://www.oracle.com/technetwork/java/javaee/downloads/index.html 网站下载 Windows 版的 JDK8，双击下载的 exe 文件，如 jdk-8u141-windows-x64.exe，进入安装向导界面，如图 1-4 所示。

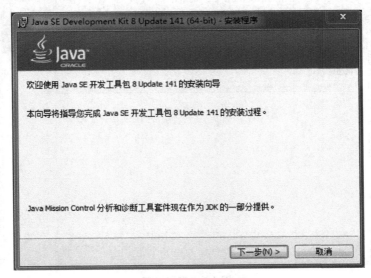

图 1-4 安装向导界面

(2) 单击"下一步"按钮进入"自定义安装"界面，如图 1-5 所示。默认安装到"C:\Program Files\Java\jdk1.8.0_141\"目录下，可以通过"更改"按钮对安装路径进行自定义，这里我们使用默认安装路径。

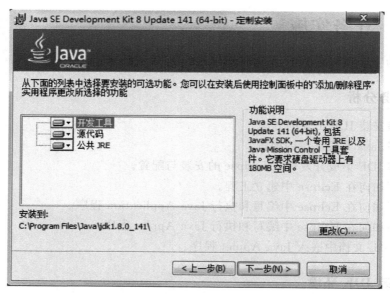

图 1-5　自定义安装

（3）选择安装 JDK 所有组件后，单击"下一步"按钮进入安装进度界面，如图 1-6 所示。

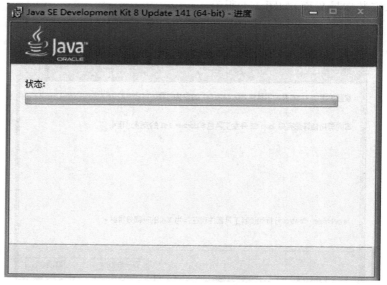

图 1-6　安装进度

（4）接下来询问是否安装 JRE（Java Runtime Environment，Java 运行环境），如图 1-7 所示。因为 JDK 中已经包含 Java 的开发环境和运行环境。若仅对已有的 Java 程序进行运行，而不需要进行 Java 程序的开发，那么可以安装一个独立的 JRE，单击"下一步"按钮，如图 1-8 所示。

学习领域❶ Java 语言概述

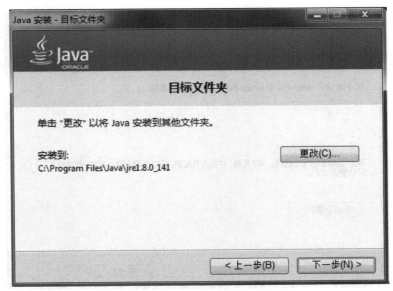

图 1-7　JRE 安装询问

图 1-8　正在安装 JRE

（5）JDK 安装完成后，进入图 1-9 所示界面，下面可以配置 Java 开发环境了。

3. 设置 Java 开发环境

　　为了方便使用 JDK 中的 Java 工具，需要进行环境变量的配置。环境变量就是操作系统运行环境中的一些参数。Java 要使用到操作系统的参数 path，它记录了很多命令所属的路径，只要将 Java 开发中需要的命令所属的路径配置到 path 参数值中即可。具体操作步骤

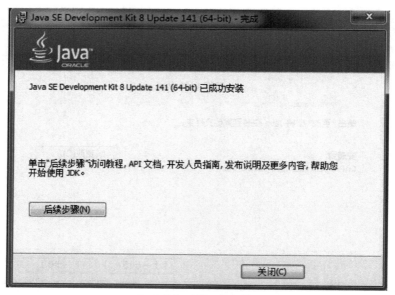

图 1-9 JDK 安装完成

如下。

（1）右击桌面上"我的电脑"图标，打开"系统属性"对话框，选择"高级"标签，单击"环境变量"按钮，如图 1-10 所示。

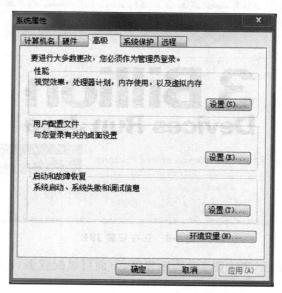

图 1-10 环境变量设置

（2）选择名称为 Path 的变量，单击"编辑"按钮，如图 1-11 所示。出现 Path 变量的编辑对话框。不必删除原有的值，只要将光标移动到第二个文本框的起始处即可，如图 1-12 所示。

图 1-11　环境变量中选择"Path"进行编辑

图 1-12　编辑系统变量"Path"

（3）复制图 1-13 中地址栏的目录路径，将复制内容粘贴到图 1-12 最左边光标所在位置，并用分号与原有的值进行分隔，如图 1-14 所示，然后单击"确定"按钮完成。

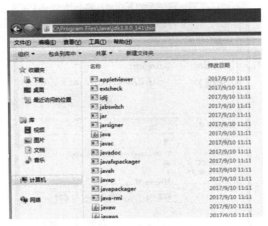

图 1-13　复制路径

图 1-14 添加路径至系统变量"Path"中

(4)在环境变量窗口里的"Administrator 的用户变量"中点击"新建"按钮,如图 1-15 所示,增加 JAVA_HOME 变量。

图 1-15 新建环境变量"JAVA_HOME"

(5)按照图 1-16 所示,在用户变量 JAVA_HOME 中,设置变量值为 C:\Program Files\Java\jdk1.8.0_141,单击"确定"按钮完成。

图 1-16 编辑系统变量"JAVA_HOME"

（6）最后验证配置正确性。从"开始"菜单中打开"运行"对话框，输入 cmd 命令，如图 1-17 所示，单击"确定"按钮后进入 DOS 命令提示符界面，输入 Javac 命令，如果出现图 1-18 所示界面，说明环境配置成功，可以进行 Java 代码开发了。

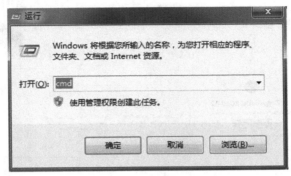

图 1-17　运行 cmd 命令

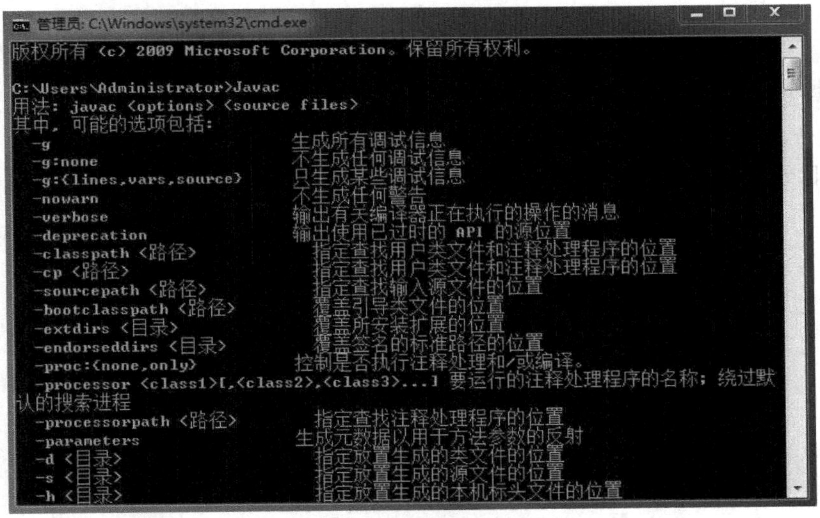

图 1-18　运行 Javac 命令

4. 安装 Eclipse 环境

这里介绍 IBM 公司开发的 IDE 开发环境 Eclipse，它是一个开放源代码的、基于 Java 的可扩展开发平台。

（1）Eclipse 的下载

进入 Eclipse 的官方网站 http://www.eclipse.org/downloads，如图 1-19 所示，可以自行下载合适的 Eclipse 安装版本。本教材提供 Eclipse oxygen 4.7.0 的资源安装包，直接安装即可。

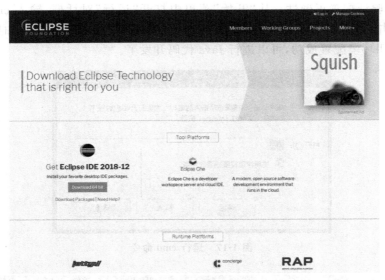

图 1-19　Eclipse 的官方网站

（2）Eclipseoxygen 4.7.0 软件的解压

如图 1-20 所示，将"eclipse-jee-oxygen-R-win32-x86_64"软件压缩包放置于 E 盘进行解压，生成目录"E:\Eclipse"。

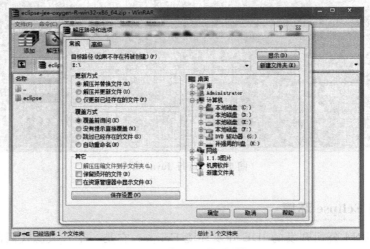

图 1-20　解压位置对话框

（3）运行 eclipse.exe 文件

进入目录"E:\Eclipse"，在图 1-21 中双击运行 eclipse.exe 文件，弹出图 1-22 和图 1-23 所示的界面。如果无法启动，则说明 JDK 没有安装好，或者 PATH 环境变量没有设置正确。

学习领域❶ Java 语言概述

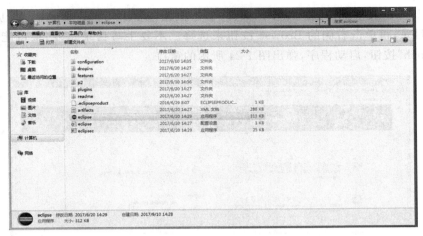

图 1-21　运行 eclipse.exe 文件

图 1-22　eclipse 的启动界面

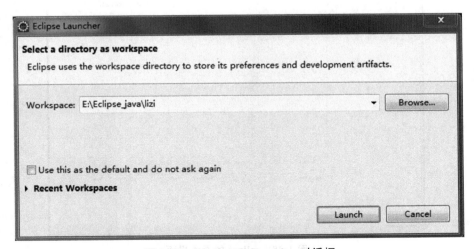

图 1-23　Workspace Launcher 对话框

在图 1-23 的文本框中输入工作区文件夹，本例为"E:\Eclipse_java\lizi"。应该先在 E 盘建立该目录，再单击右侧的 Browse 按钮来选择。不要手写目录路径，很可能会写错的。单击"Launch"按钮，启动程序，弹出图 1-24 所示的窗口。

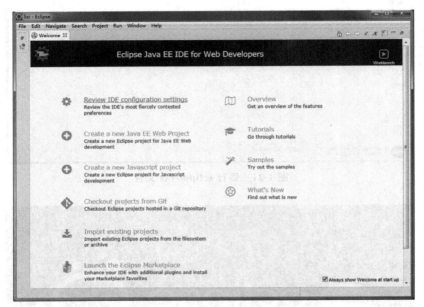

图 1-24　eclipse 的欢迎界面

在图 1-25 中单击"新建工程项目"选项，弹出 1-25 所示窗口。注意，右上角"Java"透视图表示在此操作界面可以建立和运行 Java 程序。

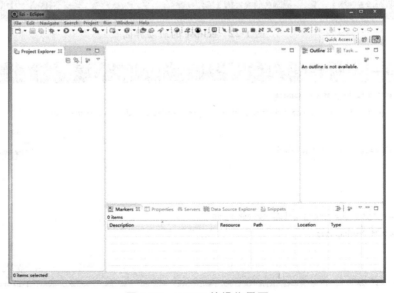

图 1-25　eclipse 的操作界面

学习领域❶ Java 语言概述

5. Java Application 源程序建立及运行

(1)建立工程。单击 File→New Project 选项,如图 1-26 所示,选择 Java Project,弹出图 1-27 所示窗口。之后再次进入可以直接选择已经建立的 Java Project 项目。

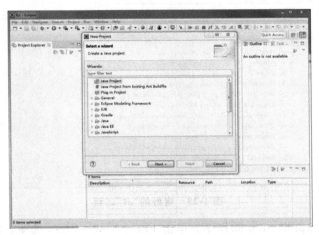

图 1-26 建立一个工程的操作界面

在图 1-27 的 Project name 文本框中输入工程名,例如给出的工程名为"c1",然后单击 Finish 按钮,弹出如图 1-28 所示窗口。

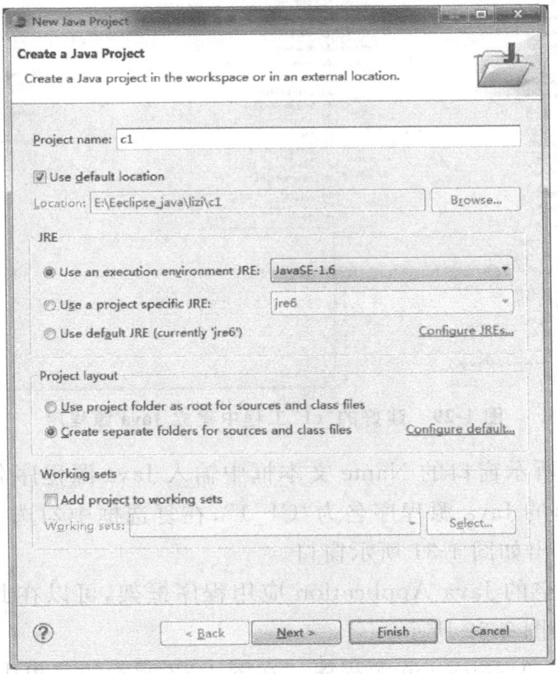

图 1-27 New Java Project 窗口

在图 1-28 中显示建好的"c1"工程，在此操作界面可以编写 Java 程序。

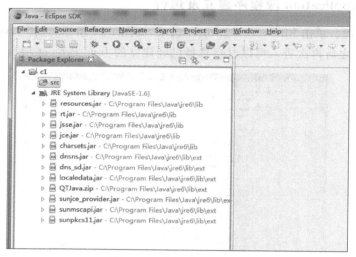

图 1-28　建好的"c1"工程

（2）建立 Java Application 源程序。单击 File→New→Class 选项，如图 1-29 所示。

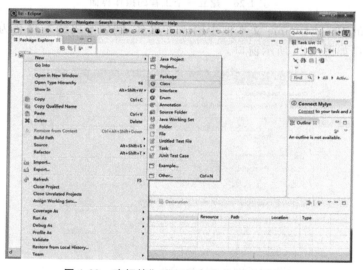

图 1-29　建好的"c1"工程中建立 Java 源程序

在打开的图 1-30 所示窗口的 Name 文本框中输入 Java 源程序名，扩展名不用写，默认为".java"。例如，给出的 Java 源程序名为"C1_1"，在复选框中勾选 public static void main 后单击 Finish 按钮，弹出如图 1-31 所示窗口。

图 1-31 中是一个空的 Java Application 应用程序框架，可以在此编写程序。本例建立的 C1_1.java 源程序如图 1-32 所示。

（3）编译运行 Java Application 源程序。在图 1-32 所示的菜单中单击 Run→Run As→1 Java Application 选项，如图 1-33 所示，弹出如图 1-34 所示窗口，单击 OK 按钮，结果如

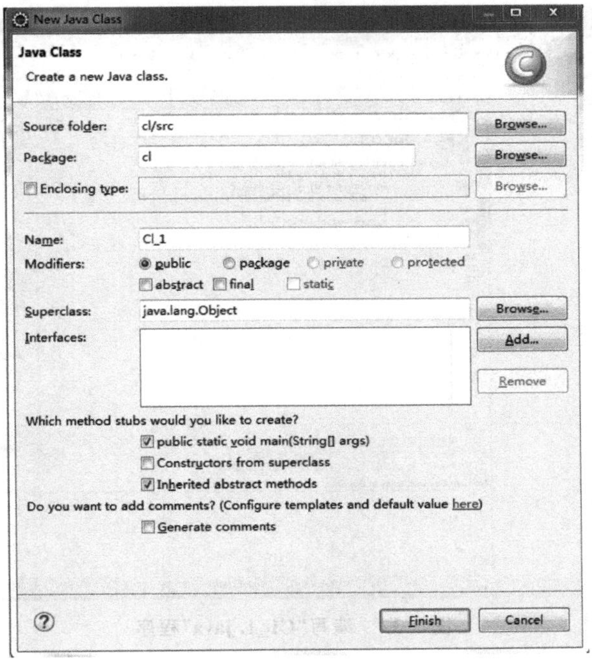

学习领域 ❶　Java 语言概述

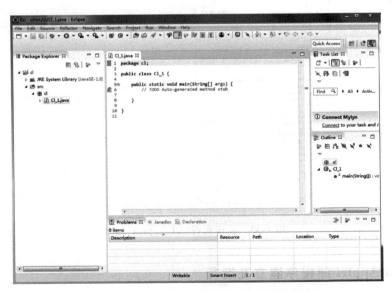

图 1-30　New Java Class 窗口

图 1-31　空的 Java Application 应用程序框架

图 1-35 所示。如果编译 Java Application 源程序没有错误，则在 Console 控制台选项中可以看到运行结果。如果编译 Java Application 源程序有错误，则在 Console 控制台选项中可以看到错误信息，需修改源程序再编译运行。本例编写的"Cl_1.java"程序的运行结果显示在 Console 控制台选项中。

图 1-32　编写"C1_1.java"程序

图 1-33　编译运行"C1_1.java"程序

6. Java Applet 源程序建立及运行

（1）建立一个工程。建立工程参照图 1-26 和图 1-27 的操作。本例中给出的工程名为"c2"，然后单击 Finish 按钮，弹出如图 1-36 所示窗口。

（2）建立 Java Applet 源程序。在图 1-36 中显示建好的"c2"工程，单击 File→New→Class 选项，如图 1-37 所示，弹出如图 1-38 所示窗口。

在图 1-38 中的 Name 文本框里输入 Java 源程序名，扩展名不用写，默认为".java"。

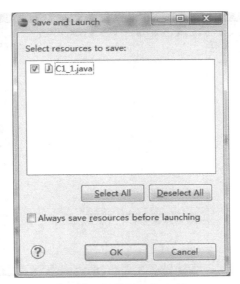

图 1-34 Save and Launch 窗口

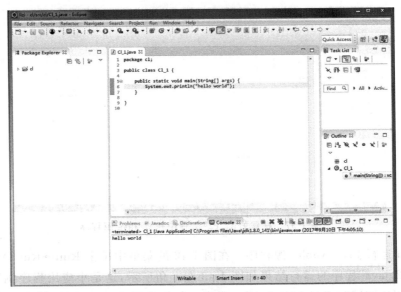

图 1-35 "C1_1.java"程序的运行结果

本例中给出的 Java 源程序名为"C1_2",在复选框中勾选 Inherited abstract methods(继承的抽象方法),单击 Browse 按钮,弹出如图 1-39 所示窗口。在 Choose a type 文本框中输入"java.apple",然后单击 OK 按钮,弹出如图 1-40 所示窗口。从中单击 Finish 按钮,弹出如图 1-41 所示窗口。

图 1-41 中是一个空的 Java Applet 程序框架,可在此编写程序。本例建立的 C1_2.java 源程序如图 1-42 所示。

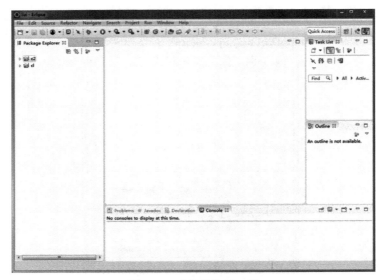

图 1-36　建好的"c2"工程

图 1-37　在建好的"c2"工程中建立 Java 源程序

（3）编译运行 Java Applet 源程序。在图 1-42 的菜单中单击 Run→Run As 选项，本例编写的"C1_2.java"程序的运行结果如图 1-43 左上角所示，这是小应用程序浏览器——appletviewer，用于测试和运行 Java Applet 程序。如果编译 Java Applet 源程序有错误，需修改源程序后再编译运行。

7. 在 HTML 文档中嵌入 Java Applet 程序

（1）建立一个工程。建立工程与图 1-36 的操作过程一样。本例中给出的工程名为"c3"，然后单击 Finish 按钮，弹出如图 1-44 所示窗口。

（2）建立 Java Applet 源程序。在图 1-44 中显示建好的"c3"工程，建立 Java Applet 源程序与图 1-42 的操作过程一样。本例建立的 C1_3.java 源程序如图 1-45 所示。

图 1-38　在 c2 工程中建立 C1_2 源程序

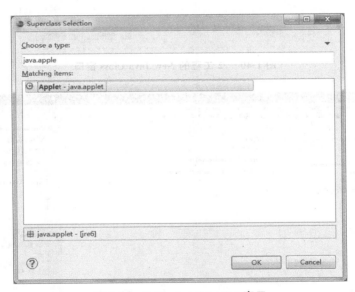

图 1-39　Superclass Selection 窗口

（3）建立 HTML 文档。在图 1-45 中单击 File→New→File 选项，如图 1-46 所示，弹出如图 1-47 所示窗口。

在图 1-47 中的 File name 文本框里输入文档名，本例名为"c1_3.html"，单击 Finish 按钮，弹出如图 1-48 所示的窗口。在其中输入文档内容，结果如图 1-49 所示。

HTML 文档中使用＜applet＞标签的 codebase 代码属性来直接调用相关节点的 Java Applet。codebase 为字节码文件所在位置；code 为字节码文件名；width 为宽度；

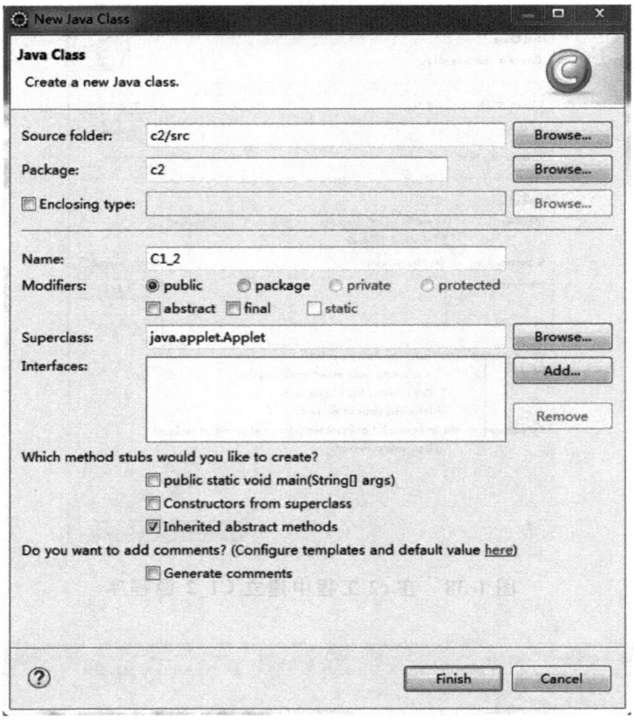

图 1-40 c2 工程的 New Java Class 窗口

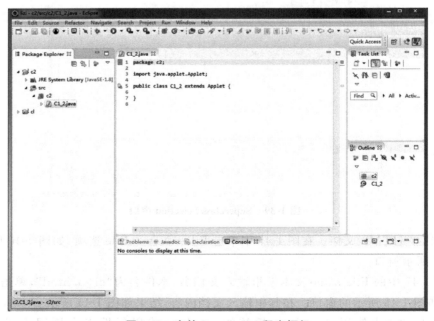

图 1-41 空的 Java Applet 程序框架

学习领域❶ Java 语言概述

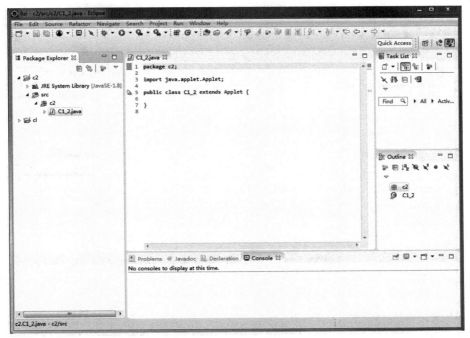

图 1-42　编写"C1_2.java"程序

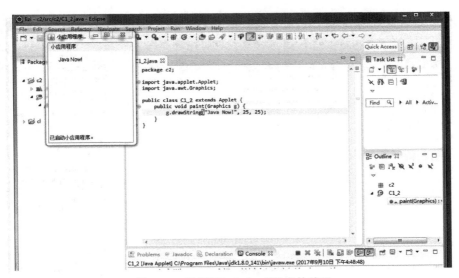

图 1-43　运行"C1_2.java"程序的结果

height 为高度。宽度和高度是浏览器中显示的 Java Applet 的窗口宽度与高度（以像素为单位）。

（4）查看 c3 工程中 C1_3.java、C1_3.class、c1_3.html 所在位置。在图 1-49 的菜单中单击 Window→Show View→Navigator 选项，如图 1-51 所示，弹出如图 1-52 所示窗口。

31

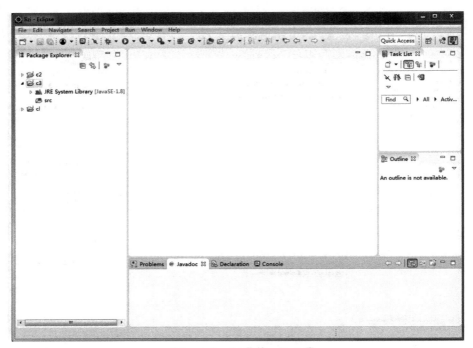

图 1-44 建好的"c3"工程

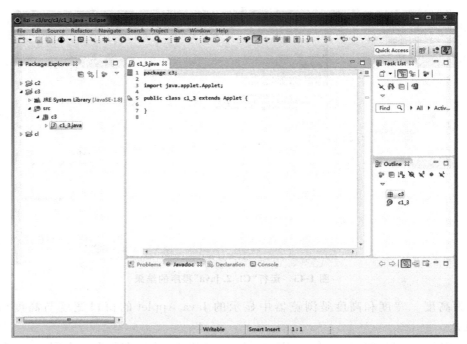

图 1-45 编写"C1_3.java"程序

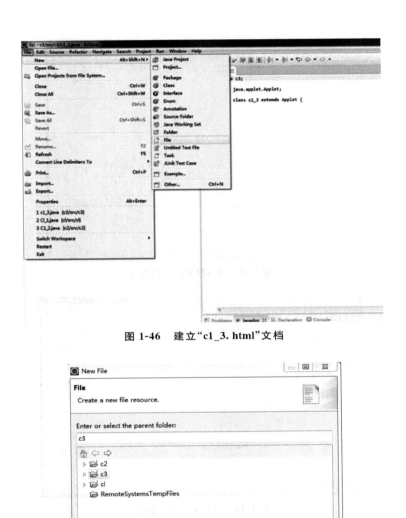

图 1-46 建立"c1_3.html"文档

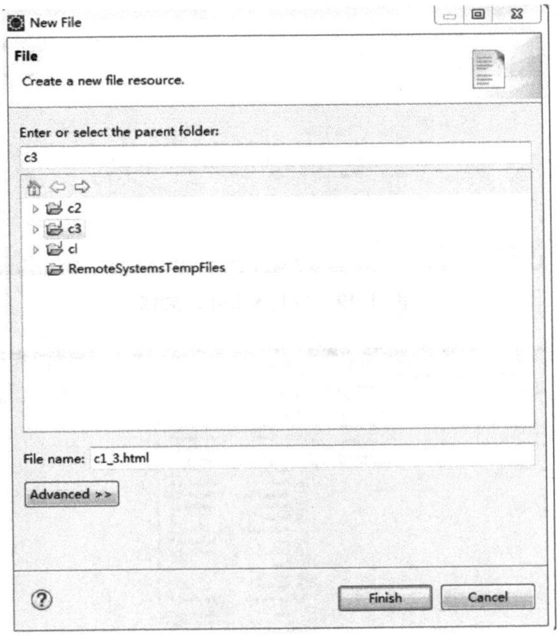

图 1-47 New File 窗口

从图 1-51 左边区域可以看到 c3 工程中 C1_3.java、C1_3.class、c1_3.html 所在位置。

(5) 解释 HTML 文档。如图 1-52 所示,在 c3 文件夹下用浏览器解释 c1_3.html,解释结果如图 1-53 所示。

图 1-48　空 HTML 文档框架

图 1-49　"c1_3.html"文档

图 1-50　选择"Navigator"导航选项

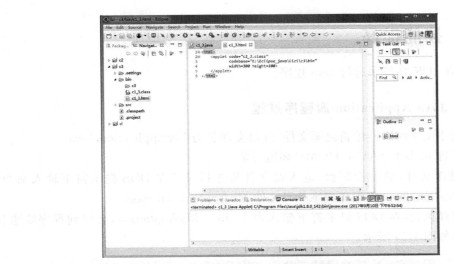

图 1-51　显示三个文件所在位置

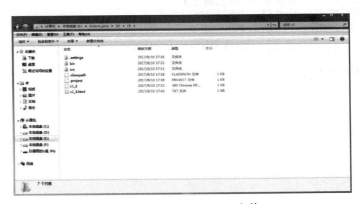

图 1-52　找到 c1_3.html 文件

图 1-53　c1_3.html 解释结果

1.1.4 技能提高

下面介绍在 JDK 环境中运行 Java 程序。

1. 运行 Java Application 源程序过程

步骤一：使用文本编辑器编辑此源文件，存盘文件名为 MyApplication.java。
步骤二：配置 path 和 JAVA_HOME 环境变量。
步骤三：编译文件，启动控制台，进入源文件所在目录。在 DOS 提示符下输入命令：Javac MyApplication.java，将编译成字节码文件 MyApplication.class。
步骤四：解释执行，在 DOS 提示符下输入命令：Java MyAppliction，会得到程序要求显示的所有信息，如图 1-54 所示。

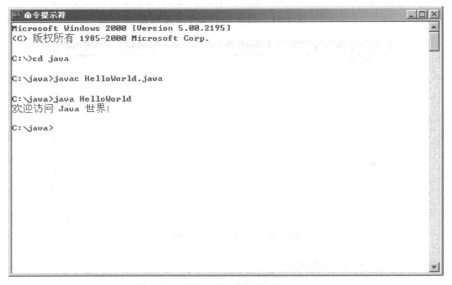

图 1-54 编译与解释执行结果（一）

2. 运行 Java Applet 源程序过程

步骤一：使用文本编辑器编辑此源文件，存盘文件名为 MyApplet.java。
步骤二：配置 path 和 JAVA_HOME 环境变量。
步骤三：编译文件，启动控制台，进入源文件所在目录。在 DOS 提示符下输入命令：Javac MyApplet.java，将编译成字节码文件 MyApplet.class。
步骤四：解释运行 Applet。运行 Applet 有两种方法，可以在浏览器中解释运行，或利用 JDK 提供的 AppletViewer.exe 工具运行。

（1）在浏览器中解释执行 Applet 程序的方法如下。
因为 Applet 是在浏览器中以 HTML 文件的一部分的形式来运行的，因此需要一个包

含它的 HTML 文件,格式为:

<HTML>
    <applet code = "MyApplet.class" width = 300 height = 200>
    </applet>
</HTML>

用文本编辑器编辑它,将文件保存到字节码文件所在的目录,可任意命名,假设为 HelloApplet.html,然后运行 HelloApplet.html,就会在浏览器中看到要显示的所有信息,如图 1-55 所示。

图 1-55　编译与解释执行结果(二)

(2) 使用 AppletViewer.exe 工具运行 Applet 程序的方法如下。

AppletViewer.exe 工具位于 JDK 安装目录下的 bin 目录里,运行格式为:

DOS 提示符> appletviewer HelloApplet.html

执行命令后在 AppletViewer 工具窗口中显示出结果,如图 1-56 所示。因为 JDK 类库时常更新,所以不能保证旧版本浏览器中的 JVM 能准确地解释最新类库制作的 Java Applet 程序。因为 AppletViewer 工具随 Sun 公司官方提供的 JDK 版本更新,因此能保证支持运行 Applet 程序。

图 1-56　编译与解释执行结果(三)

任务 1.2　Java 基础程序设计

Java 语言的基本元素是数字和字符。要学会用字符和数字编写程序，必须掌握 Java 的语法规则。本节主要介绍 Java 语言的基本数据类型、运算符、表达式和程序的流程控制。

▶ 1.2.1　任务内容

编写一个字符界面的 Java Application 程序，接收用户输入的 10 个整数，比较并输出其中的最大值和最小值。操作步骤如下。

（1）声明变量与常量。
（2）利用输入流与缓冲区读取对象，接收从键盘输入的 10 个整型数据。
（3）利用选择结构进行数据比较。
（4）利用循环结构获取最大值与最小值。

▶ 1.2.2　相关知识

｜知识点一：数据类型｜

Java 语言有两种类型的数据：基本类型（primitive）和引用类型（reference）。

基本类型包括 8 种：布尔型（boolean）、字节型（byte）、字符型（char）、短整型（short）、整型（integer）、长整型（long）、浮点型（float）和双精度型（double）。

引用类型包括 3 种：类（class）、接口（interface）和数组（array）。

不同类型数据的取值及取值范围不同，在内存中所占用的空间也不同。表 1-1 给出了基本数据类型的数据取值范围和所占用的内存空间。

字符型数据采用 Unicode 编码，占用两个字节的内存。同 ASCII 码字符集相比，Java 的字符型数据能够表示更多字符。表中"\u…"表示采用 Unicode 编码方式。

表 1-1　基本数据类型

数据类型	所占空间（字节）	取值范围
布尔型（boolean）	1	false 逻辑假或 true 逻辑真
字节型（byte）	1	$-128 \sim +127$
字符型（char）	2	'\u0000'～'\uFFFF'
短整型（short）	2	$-2^{15} \sim 2^{15}-1$，即 $-32\,768 \sim +32\,767$
整型（int）	4	$-2^{31} \sim 2^{31}-1$，即 $-2\,147\,483\,648 \sim +2\,147\,483\,647$
长整型（long）	8	$-2^{63} \sim 2^{63}-1$
浮点型（float）	4	$-3.4E-38 \sim 3.4E+38$
双精度型（double）	8	$-1.7E-308 \sim 1.7E+308$

知识点二：常量和变量

1. 常量

在程序中以数据值本身字面意义出现的数据称为直接量(literal)或常量,每个直接量必须属于一种数据类型。例如 255 是一个 int 类型的数值。直接量的作用是为变量赋值或参与表达式运算。

(1) 布尔常量

boolean 类型的常量只有 true 和 false 两个值,代表"真"和"假"。书写时不加单引号(' ')或者双引号(" ")。

(2) 整型常量

整型常量是不含有小数的整数值,可以用来为整型变量赋值。可以采用十进制数、八进制数和十六进制数来表示整型常量。

八进制整型常量用以 0 开头的数值表示,如 025 表示十进制的 21；十六进制的整型常量用以 0x 开头的数值表示,如 0x25 表示十进制的 37。对于长整型的常量,表示时要在相应的数值后加符号 L 或 l,如 127L。

(3) 浮点型常量

浮点型常量是含有小数部分的数值常量。依据占用内存空间的多少,分为单精度和双精度浮点数常量。浮点数可以用十进制数形式表示,如 123.456；也可以用科学记数法形式表示,如 123e4 和 123e-4,其中 e 或 E 之前必须有数字,而 e 或 E 之后必须为整数。float 浮点数数值后加 F 或 f,double 浮点数可以加 D 或 d,也可以不加后缀。

(4) 字符常量

字符常量是由一对单引号括起来的单个字符,可以是 Unicode 字符集中的任意一个字符,如'H'、'9'、'\$'等；也可以是转义字符,或者直接写出的字符编码。

转义字符是一些具有特殊含义和功能的字符,如执行回车、换行等操作。Java 中所有转义字符都用反斜线(\)开头,后面跟一个表示特定含义的字符。表 1-2 列出了常用的转义字符及其代表的含义。

表 1-2 转 义 字 符

转义字符	Unicode 编码	字符功能
\b	\u0008	退格
\r	\u000d	回车
\n	\u000a	换行
\t	\u0009	水平制表符
\f	\u000c	进纸
\'	\u0027	单引号
\"	\u0022	双引号

2. 变量

在程序运行过程中,数值可变的量称为变量。变量用于存放运算的中间结果和保存数据。在程序中变量用合法的标识符命名;在内存中变量对应一定大小的内存空间。变量依据其所表示的数据对象而具有不同的类型。不同类型的变量占用的内存空间各不相同。

(1) 变量的声明

使用变量时,必须指出变量的名称和类型,以便为变量分配足够的内存空间。给变量命名必须遵从标识符的命名规则。但给变量命名,除了按照标识符的命名规则外,还要考虑一些特殊的约定。比如,变量名首字符要小写,变量名前加上表示变量类型的前缀等。定义变量采用以下格式:

[访问修饰符] [存储修饰符] <数据类型> <变量名>;

其中方括号表示可选项,即访问修饰符和存储修饰符是可选的;尖括号表示必选项,即数据类型和变量名是必选的。修饰符将在后续内容中加以详细介绍。变量名要符合前面提到的标识符命名规则。数据类型中,对基本数据类型要用基本数据类型的代表符号;对引用数据类型要用类的名称。下面举例说明变量的声明方法。

【例1.4】 定义变量训练。

```
boolean bFlag;              // 声明布尔型变量 bFlag
char cKeyin;                // 声明字符型变量 cKeyin
byte btRead;                // 声明字节型变量 btRead
int iCount;                 // 声明整型变量 iCount
float fSum;                 // 声明浮点型变量 fSum
double dAmount;             // 声明双精度浮点型变量 dAmount
```

上面的例子中变量名都加了前缀,这样便于在阅读程序时很容易知道变量的类型。变量名前缀一般取数据类型标识的首字符,作为特例 byte 类型用 bt。

(2) 变量初始化

给变量赋初值,即为变量初始化。Java 采用"="符号为变量赋初值。例如 bFlag=true;iCount=100;fSum=255f 等。对基本类型的变量,也可在声明的同时进行初始化,如 char cKeyin='h';double dAmount=99.8 等。

【例1.5】 变量初始化和常量显示的方法举例。

```
public class PrimitiveData{
    public static void main(String[ ] args){
        boolean bFlag = true;
        byte btVar = 125;
        char cVar = 'J';
        int iVar = 1096;
        float fVar = 123.56f;
```

```java
        double dVar = 123.56;
        System.out.println("bFlag 初始值 = " + bFlag);
        System.out.println("btVar 初始值 = " + btVar);
        System.out.println("cVar 初始值 = " + cVar);
        System.out.println("iVar 初始值 = " + iVar);
        System.out.println("fVar 初始值 = " + fVar);
        System.out.println("dVar 初始值 = " + dVar);
        System.out.println("＊＊＊常量显示＊＊＊");
        System.out.println("短整型常量:" + 067);
        System.out.println("长整型常量:" + 0x3a4FL);
        System.out.println("八进制字符常量:" + '\141');
        System.out.println("十六进制字符常量:" + '\u0061');
        System.out.println("浮点型常量:" + 3.14F);
        System.out.println("双精度常量:" + 3.14);
        System.out.println("＊＊＊非数字常量显示＊＊＊");
        System.out.println("非数字常量:" + 0d/0d);
        System.out.println("＊＊＊常变量赋初值＊＊＊");
        final float f2 = 9f;
        System.out.println("常变量:" + f2);
    }
}
```

【运行结果】

```
bFlag 初始值 = true
btVar 初始值 = 125
cVar 初始值 = J
iVar 初始值 = 1096
fVar 初始值 = 123.56
dVar 初始值 = 123.56
＊＊＊常量显示＊＊＊
短整型常量:55
长整型常量:14927
八进制字符常量:a
十六进制字符常量:a
浮点型常量:3.14
双精度常量:3.14
＊＊＊非数字常量显示＊＊＊
非数字常量:NaN
＊＊＊常变量赋初值＊＊＊
常变量:9.0
```

【代码说明】

给变量赋值时,应当保证"="号右边的直接量的类型同左边变量的数据类型一致,否则会产生错误。例如,bFlag=123;iCount=123.56f 等语句都是错误的。

(3) 变量的作用域

变量可分为全局变量和局部变量,而变量的分类取决于作用域。全局变量指具有类块作用域的类成员变量;局部变量指具有方法块作用域的变量。局部变量必须初始化或者赋值,否则不能使用;而全局变量是有默认初始值的,默认初始值的情况见表 1-3。

表 1-3 类成员变量的默认值

类成员变量的数据类型	默认值
布尔类型(boolean)	false
整型(integer)	0
浮点型(float)	0.0
字符型(character)	'\u0000'

关于类成员变量及其作用域的概念,会在后面"面向对象编程"的学习领域中详述,这里先举个简单的例子说明类成员变量的默认值的意义。

【例 1.6】 变量的作用域。

```
public class Var {
    static int a;              // 类的成员变量,是全局变量,作用域在类 Var 的花括号之间
    public static void main(String[] args) {
        int a = 10;                    // 局部变量,作用域在 main( )方法花括号之间
        System.out.println("a = " + a);  // 输出 a 的值
    }
}
```

【运行结果】

a = 10

【代码说明】

当作用域重合时,局部变量覆盖全局变量,结果为 10。

如果第 5 行中的 a 不设初始值会怎样?编译时会有错误提示"variable a might not have been initialized"(变量没有初始化)。

如果去掉第 5 行的代码又会输出什么?输出 a=0,因为这是输出类成员变量,而类成员变量有默认值。

知识点三:数据类型转换

各种数据类型可以混合运算。运算中,不同类型的数据要先转化为指定的一种数据类型,然后再进行运算。转换的方式分为两种:自然转换和强制转换。

1. 自然转换

在一个表达式中,如果存在不同的数据类型,可以按照字节数少的类型能够自动转换成字节数多的类型规律运算,自然转换规则由低到高如图1-57所示,运算规律如表1-4所示。

低 ——————————————————→ 高
byte,short,char →int →long →float →double

图 1-57　自然转换规则

表 1-4　自然转换规律

操作数1的数据类型	操作数2的数据类型	自然转换后的数据类型
byte 或 short	int	int
byte、short 或 int	long	long
byte、short、int 或 long	float	float
byte、short、int、long 或 float	double	double
char	int	int

精度不同的两种类型的数据混合运算时,低精度数据自动转换为相应的高精度数据类型。如果操作数为浮点型,那么只要其中一个为 double 类型,结果就是 double 类型;如果两个操作数都为 float 型,或者一个是 float 类型而另一个是整型,结果就是 float 类型;如果两个操作数为泛整型,只要其中一个是 long 类型,结果就是 long 类型;低于 int 型的数据(如 byte,short,char)之间混合运算时,自然转换为 int 型数据类型。

【例 1.7】 数据类型的自然转换。

```
public class TransferType {
    public static void main(String[] args) {
        byte b = 1;
        short s = 2;
        char ch = 'a';
        long l1 = 3L;
        float f1 = 1.23F;
        double d1 = 4.56D;
        int i = b + s + ch;
        long l2 = i-l1;
        float f2 = b + f1;
        double d2 = d1/s;
        System.out.println("i = " + i);
        System.out.println("l2 = " + l2);
        System.out.println("f2 = " + f2);
        System.out.println("d2 = " + d2);
    }
}
```

【运行结果】

```
i = 100
l2 = 97
f2 = 2.23
d2 = 2.28
```

2. 强制转换

如果高精度数据向低精度数据转换,就需要使用强制类型转换运算符"(数据类型)"。但强制转换会造成精度丢失,最好不要使用。示例:

```
int a;
a = (int)3.64d;           // 强制转换后,a 值为 3
```

知识点四:运算符和表达式

在数学运算中,我们用运算符号代表各种运算操作,程序中要进行运算同样需要运算符。Java 语言的运算符按功能可分为赋值运算符、算术运算符、关系运算符、逻辑运算符、位运算符、条件运算符等。由运算符将变量、常量、方法等连接起来,便构成表达式。

1. 赋值运算符

"="号是最简单的赋值运算符,其左边是变量,右边是表达式。表达式的运算结果应和左边的变量类型一致,或者能够转换为左边变量的类型。例如:

```
int i;           // i 为整型变量
float x;         // 定义浮点型变量
i = 128;         // 128 为整型值,语句正确
i = 25.6f;       // 25.6f 为浮点数,浮点数赋给整型变量,存储格式不同,语句不正确
x = 129;         // 129 为整型数值,赋给 x 后,先转换成浮点数 129.0,再赋给 x
```

从上面的例子中可以看出,整型数值可以赋给浮点型变量,反过来是不允许的。赋值时,应遵循以下规则:byte→short→int→long→float→double(→表示可赋给)。

赋值运算符"="还可以同其他运算符结合,实现运算和赋值双重功能。组合方式为:

<变量>　<其他运算符>　=<表达式>

这种赋值的含义为:将变量与表达式进行其他运算符指定的运算,再将运算结果赋给变量。例如执行:

```
int i=5;
i+=21;
```

相当于执行:i=i+21,结果为 5+21=26。

2. 算术运算符

算术运算符分单目运算符和双目运算符。单目运算符只有一个参与运算的操作数,双目运算符有两个参与运算的操作数。表 1-5 列出了算术运算符类型、用途和相关说明。

表 1-5　算术运算符

运算符	用　途	举　例	说　　明
++,－－	自动递增,自动递减	++i,j－－	i 先加 1,再参与运算;j 参与运算再减 1
＋,－	取正、负号	i＝－25	将 25 取负号后赋给 i
＊	乘	i＝15＊2	将 15 乘以 2 后赋给 i
/	除	fVar＝25.0f/5	用 5 去除 25.0,结果赋给 fVar
％	取余	j＝5％3	将 5 除 3 取余,结果为 2
＋,－	加、减	x＝fVar－8.9	将 fVar 减去 8.9,结果赋给 x

表中"＋＋"和"－－"为单目运算符,运算符可以放在变量之前,也可以放在变量之后,如＋＋i,i＋＋。虽然两种运算都是自动加 1,但用在表达式中,两者是有区别的。前一种操作是在 i 参与其他运算前,先加 1;后一种操作是在 i 参与运算后,再加 1。

【例 1.8】 递增运算符应用举例。

```
public class Let{
    public static void main(String[ ] args){
        int iCount = 99 , iSum = 0 , iAver = 0 ;
        iSum + = iCount + + ;              // iSum = 0 + 99;iCount = 99 + 1
        System. out. println("iCount = " + iCount) ;   // iCount = 100
        System. out. println("iSum = " + iSum) ;       // iSum = 99
        iAver + = + + iCount ;             // iCount = 100 + 1;iAver = 0 + 101
        System. out. println("iAver = " + iAver) ;     // iAver = 101
    }
}
```

在程序的注释中给出了运算的结果。在设计程序时,应当正确地使用递增或递减运算符。

3. 关系运算符

关系运算符用于对两个表达式进行比较,返回布尔型的结果 true 或 false。一般与条件运算符共同构成判断表达式,用作分支结构或循环结构的控制条件。表 1-6 列出了关系运算符及其用途和相关说明。

表 1-6　关系运算符

运算符	用　途	举　例	说　　明
>	表达式 1>表达式 2	i>100	i 大于 100,返回 true,否则,返回 false
<	表达式 1<表达式 2	i<100	i 小于 100,返回 true,否则,返回 false
>=	表达式 1>=表达式 2	i>=128	i 大于等于 128,返回 true,否则,返回 false
<=	表达式 1<=表达式 2	i<=10	i 小于等于 10,返回 true,否则,返回 false
==	表达式 1==表达式 2	i==81	i 等于 81,返回 true,否则,返回 false
!=	表达式 1!=表达式 2	i!=9	i 不等于 9,返回 true,否则,返回 false

【例 1.9】关系运算符应用举例。

```
public class Compare{
    public static void main(String[ ] args){
        int iLeftExp = 89 , iRightExp = 298 ;
        boolean bResult ;                    // 定义存放比较结果的变量
        bResult = iLeftExp<iRightExp ;
        System.out.println("iLeftExp>iRightExp is " + bResult) ;
        bResult = iLeftExp<= iRightExp ;
        System.out.println("iLeftExp<= iRightExp is " + bResult) ;
        bResult = iLeftExp!= iRightExp ;
        System.out.println("iLeftExp!= iRightExp is " + bResult) ;
    }
}
```

【运行结果】

iLeftExp>iRightExp is false
iLeftExp<= iRightExp is true
iLeftExp!= iRightExp is true

4. 逻辑运算符

逻辑运算符用于连接关系表达式,对关系表达式的值进行逻辑运算。运算符为 &&、||和!。&& 运算符对应 AND 运算;|| 运算符对应 OR 运算;! 运算符对应 NOT 运算。表1-7列出了逻辑运算符及其使用方法。Java 中的!、&& 和 || 运算符采用了电工学中的"短路"方式进行运算,即先求出逻辑运算符左表达式的值,如果其值能够推算出整体表达式的值,就不再运算右侧表达式,这样加快了程序的执行效率,但是也需要注意其中变量值的变化情况。

表 1-7　逻辑运算符

运算符	用　途	举　例	说　明
&&	逻辑与运算	(9＞6)&&(100＜125)	左右表达式均为 true,结果返回 true
||	逻辑或运算	(9＞6)||(100＞125)	左表达式为 true,结果为 true
!	取反运算	!(255＞125)	比较表达式为 true,取反后结果返回 false

【例 1.10】 观测"短路"运算符的效果。

```
public class Test{
    public static void main(String args[]){
        int a = 2,b = 1;
        System.out.println("" + (a>b|| + +b>=a));
        System.out.println(b);
    }
}
```

【运行结果】

true
1

【代码说明】

因为逻辑表达式中 a＞b 的值为 true,因此整体的表达式就为 true,右侧的＋＋b＞＝a 表达式不再参与运算,所以 b 的值仍为 1。

5. 条件运算符

条件运算符(?:)是唯一的三元运算符,形式为:

表达式 1?表达式 2:表达式 3

表达式 1 是关系或布尔表达式,返回值为布尔值,如果表达式 1 的值为 true,整体表达式的值为表达式 2 的值;如果表达式 1 的值为 false,则整体表达式的值为表达式 3 的值。示例:

```
int a = 1800;
int salary = a>1600 ? 2000 : 1900;        // a>1600 结果为 true,结果 salary 值为 2000
```

6. 表达式

由变量、常量、关键字和运算符进行组合,构成表达式。表达式用来执行程序中要求的计算操作,并返回计算的结果。Java 中允许使用类型匹配的简单表达式构造复合表达式,表达式返回值的数据类型取决于表达式中使用的元素类型;表达式的运算顺序由运算符的优先级决定,同样也可通过使用圆括号指定运算顺序。

(1) 运算符的优先级

运算符优先级是指同一表达式中多个运算符被执行的次序。同数学中的运算相类似，不同运算符运算的优先顺序是不一样的。比如，在同一表达式中，如果同时有加、减和乘、除运算，优先计算乘、除，再计算加、减。表1-8列出了Java运算符的优先级顺序。

表1-8 运算符优先级

优先级	运算符				
1	.	[ ]	( )	操作数++	操作数--
2	++操作数	--操作数	!	~	-
3	new	(type)			
4	*	/	%		
5	+	-			
6	<<	>>	>>>		
7	<	>	<=	>=	instanceof
8	==	!=			
9	&				
10	^				
11	|				
12	&&				
13	||				
14	? :				
15	=	+=	-=		
16	*=	/=	%=		
17	&=	^=	|=		
18	<<=	>>=	>>>=		

(2) 运算符运算顺序的规则

由多种运算符连接的变量、常量、成员和表达式构成复合表达式，如表达式：

fVar = fA + fB * fA - fB + iVar++ ;   // 表达式(1)

在复合表达式中，先进行哪种运算符的计算，应当按照一定的规则。一般情况下，如果运算符的优先级相同，则按照运算符的优先级顺序进行计算，如乘和除运算优先级相同，加和减运算优先级相同。要改变运算顺序，可以用括号将要优先计算的表达式括起来，如表达式：

fVar = (fA + fB) * (fA - fB) + iV++ ;   // 表达式(2)

表达式(1)和表达式(2)的结果是不同的。

在有赋值、算术、比较、逻辑等运算符组成的复合表达式中，运算规律一般为：算术运算→比较运算→逻辑运算→赋值运算。这是可以理解的，因为计算出结果才能进行比较，比较后才能得到逻辑结果,有了逻辑结果才能进行逻辑运算,赋值时将计算结果赋给变量。

知识点五:流程控制

Java程序是由若干条语句组成的,语句本身是由Java的关键字、表达式等构成。每条语句以分号";"结束,多条语句组合在一起形成复合语句或语句块,复合语句用大括号{}括起来。

一般情况下,计算机按照语句的先后顺序逐条执行语句。在某些情况下,需要有选择地或者重复地执行某条或某些语句时,则使用程序的流程控制语句。

流程控制结构可以分为:顺序结构、选择(分支)结构和循环结构。

1. 选择语句

分支语句有if语句和switch…case语句两种。

(1) 简单的if语句

if语句用于进行条件判断,根据判断的结果,选择执行相应的语句或语句块。简单的if语句只有一种选择,执行某语句或不执行某语句。其语法格式为:

```
if(表达式)
    语句块
```

括号中的表达式是一个逻辑表达式,当表达式结果为逻辑"真"时,执行语句块;否则,执行if语句后面的语句。

【例1.11】 将三个整型数中最大数显示出来。

```java
public class DisplayMax{
    public static void main(String[ ] args){
        int iA = 3, iB = 9, iC = 5;
        if(iB<iA)                       // 判断 iA 和 iB 的大小
            iB = iA;                    // 大数放在 iB 中
        if(iC<iB)                       // 判断 iB 和 iC 的大小
            iC = iB;                    // 大数放在 iC 中
        System.out.println("The Max value = " + iC);
    }
}
```

【运行结果】

```
The Max value = 9
```

(2) if…else语句

在程序设计中,会遇到如果条件满足,执行语句1,否则执行语句2的情况,此时,应使用if…else语句。if…else语句的语法格式为:

```
if(表达式)
    语句块 1
else
    语句块 2
```

当条件表达式的值为 true 时,执行语句块 1,跳过 else 和语句块 2;否则,条件表达式的值为 false 时,跳过语句块 1,执行语句块 2。

【例 1.12】 比较两个整型数的大小,并输出较小值。

```
public class DisplayMinium{
    public static void main(String[ ] args){
        int iA = 3, iB = 9;
        if(iB<iA)                    // 当 iB<iA 时,iB<iA 返回 true
            System.out.println("The Minium value = " + iB);
        else
            System.out.println("The Minium value = " + iA);
    }
}
```

【运行结果】

```
The Minium value = 3
```

(3) if 语句的嵌套

在实际编程中,经常遇到条件关系比较复杂的问题,比如,当满足某个条件时,还需要继续判断是否满足其他条件。在这种情况下,可以在 if 语句或者 if…else 语句中,再使用 if 或 if…else 语句,这样,便形成了嵌套的 if 语句。其常见的语法形式为:

```
if(表达式 1)
    语句块 1
else
    if(表达式 2)
        语句块 2
    else
        if(表达式 3)
            语句块 3
            …
        else
            if(表达式 m)
                语句块 m
            else
                语句块 m + 1
```

如果表达式 1 为 true,则执行语句块 1,其他语句块被忽略;否则,继续判断表达式 2 的值。如果表达式 2 为 true,则执行语句块 2;否则,继续判断下面的表达式。如果所有表达式的值为 false,则执行最后一个 else 后面的语句块 $m+1$。

在 if 语句嵌套时,要注意 if 和 else 的搭配关系,否则,容易造成判断错误。要掌握一条原则,即 else 和距它最近的 if 构成搭配关系。

【例 1.13】 从控制台上读入学生成绩,将该成绩换算成五个等级显示成绩信息。

```java
public class TestIf {
    public static void main(String[] args) {
        int score = Integer.parseInt(args[0]);
        if(score> = 60){
            if(score<70){
                System.out.println("你的成绩为及格!");
            }
            if(score> = 70&&score<80){
                System.out.println("你的成绩为中等!");
            }
            if(score> = 80&&score<90){
                System.out.println("你的成绩为良好!");
            }
            if(score> = 90&&score< = 100){
                System.out.println("你的成绩为优秀!");
            }
        }
        else{
            System.out.println("你的成绩不及格!");
        }
    }
}
```

【运行结果】

输入命令格式:DOS 控制台＞java TestIf 89
结果显示为:你的成绩为良好!

(4) switch 语句

使用 if 语句,能够满足各种条件判断。但在某些情况下,使用 if 语句不一定很方便。如一个表达式可能有很多取值,要根据不同的取值,决定执行相应的语句。用 if 语句时,需要较多的 if 语句进行嵌套,会使程序可读性差,此时可使用 switch 语句,即多分支选择语句。

switch 语句的语法格式为:

switch(表达式){
　　case 常量表达式 1:
　　　　语句块 1

```
            break;
        case 常量表达式 2：
            语句块 2
            break;
            …
        case 常量表达式 m：
            语句块 m
            break;
        default：
            语句块 m + 1
    }
```

语句中 switch、case、default 是关键字，表达式的类型应为 byte、short 和 int 类型，语法中的 default 子句可以省略。执行 switch 语句时，先计算表达式，将表达式的值与各个常量表达式的值进行比较，若与某个常量值相等，就执行该常量后面的语句；若都不相等，就执行 default 后面的语句。若没有 default 子句，则直接跳出 switch 语句。

switch 语句和 if 语句分别适用于不同的情况，if 语句用于根据一定范围内的值或者条件进行判断；而 switch 语句用于根据单个整数值（不包括长整型）进行判断，每个 case 语句中常量表达式的值应是唯一的，不能有相同的常量值。

在 switch 语句中，使用 break 语句能跳过其后的判断语句，否则，程序会执行后面 case 语句中的程序段，而不进行判断，直到再遇到 break 语句。

【例1.14】 设计简单的计算器，根据输入的运算符号，将两个整数进行相应的计算。

```java
import java.io.*;
public class Calculation{
    public static void main(String[ ] args)throws Exception{
        int iA = 255, iB = 289;
        char cOp;
        System.out.println("Please input opterator:");
        cOp = (char)System.in.read( );    // read( )返回整型数，须强制转换为 char
        switch (cOp) {                    // cOp 为字符型，能够转换成整型且不丢失信息
            case '+':
                System.out.println("iA + iB = " + (iA + iB));
                break;
            case '-':
                System.out.println("iA - iB = " + (iA - iB));
                break;
            case '*':
                System.out.println("iA * iB = " + (iA * iB));
                break;
            case '/':
                System.out.println("iA/iB = " + (iA/iB));
```

```
                break;
            default:
                System.out.println("Unknown operator!");
        }
    }
}
```

【运行结果】

```
Please input operator:
+
iA + iB = 544
```

【代码说明】

switch 语句中的表达式是字符型,这是允许的,因为字符型表达式可以转换为整型表达式而不丢失信息。如果表达式是长整型、浮点型或双精度型,必须进行强制类型转换,使之变成整型表达式,并能够计算出确定的值。

2. 循环语句

循环语句用于反复执行一段代码,直到满足某种条件为止。Java 语言有三种循环语句:while、do…while 和 for 循环语句。

当不知道一个循环要重复执行多少次,可以选择 while 循环(当型循环)或者 do…while 循环(直到型循环);如果要执行已知次数的循环,可以使用 for 循环。但不管怎样,一个完整的循环结构应该包含四个组成部分。

① 初始化部分(initialization):用于设置循环的初始条件,如设置计数器的初始值。

② 判断部分(estimation):是一个关系或布尔表达式,用于判断循环是否可以继续运行的条件。

③ 迭代部分(iteration):修改循环初始条件,用于控制循环的次数,如使计数器的值自增或自减。

④ 循环体部分(body):循环中反复执行的代码。

(1) while 循环语句

while 循环又称为"当型循环",意指当某条件成立时循环执行。while 语句的语法格式为:

```
while(条件表达式){
    语句块
}
```

while 语句首先计算条件表达式的值,若表达式值为 true,则执行语句块,再对表达式进行判断,直到表达式的值为 false 时,停止执行语句块。while 语句中的语句块也叫循环体,循环体中应当有改变表达式值的语句,否则,会造成程序无限循环的情况。

【例 1.15】 求整数 X 的 N 次幂,并显示出结果。

```java
public class X_N{
    public static void main(String[ ] args){
        int iX = 2 , iN = 7, iXN = 1;
        int i = 0 ;                          // 循环变量
        while(i<iN) {                        // i<iN 为条件表达式,循环体开始
            iXN * = iX;                      // 计算 iXN = iXN * iX,共计算 iN 次
            i ++ ;                           // 改变控制循环次数的变量的值
        }                                    // 循环体结束
        System. out. println(iX + "的" + iN + "次幂是:" + iXN);
    }
}
```

【运行结果】

2 的 7 次幂是:128

【代码说明】

从程序中看出循环程序包含循环变量、条件表达式、循环体等要素。程序中的变量 i 是循环变量,i<iN 为条件表达式,循环体由两条语句组成。循环变量 i 的值决定了循环的次数,i 取值 0~6,0 为初值,6 为终值。循环体中的 i++不断改变 i 的值,当 i=7 时,条件表达式为 false,结束循环。

(2) do…while 循环语句

do… while 循环又称为"直到型循环",意指直到某条件不成立时,循环才终止执行。do…while 语句的语法格式为:

```
do{
    语句块
} while(条件表达式);
```

do…while 语句先执行循环体中的语句块,再计算 while 后面的条件表达式。若条件表达式为 true,继续执行语句块,否则跳出循环,执行 while 后面的语句。

do…while 语句和 while 语句的区别之处在于:do…while 先执行语句块,后进行条件判断,因此语句块至少被执行一次;while 语句先判断条件表达式,如果一开始循环条件即不满足,循环体可能得不到执行。

【例 1.16】 用 do…while 语句,求 0~20 之间的某个随机整数的阶乘。

```java
import java. util. Random;                   // 导入 Random 类
public class CountN{
    public static void main(String[ ] args){
        Random r = new Random( );            // 创建 Random 类对象
        float fX = r. nextFloat( );          // 取得随机浮点数
```

```
            int iN = Math.round(21 * fX);      // 取得随机整数
            long lResult = 1l;                  // 存放阶乘结果
            int iK = 1;                         // 定义循环变量,并赋初值
            do{                                 // 循环体开始
                lResult *= iK++;                // 循环体
            }while(iK <= iN);                   // 判断表达式,结果为false循环结束
            /*循环结束*/
            System.out.println(iN + "! = " + lResult);
        }
    }
```

【运行结果】

4! = 24

(3) for 语句

for 语句也是在条件成立的情况下反复执行某段程序代码,for 语句的语法格式为：

```
for(初始化表达式;条件表达式;循环变量表达式){
    语句块
}
```

初始化表达式只在循环开始时执行一次；条件表达式决定循环执行的条件,每次循环开始时计算该表达式,当表达式返回值为 true 时,执行循环,否则循环结束；而循环变量表达式是在每次循环结束时调用的表达式,用以改变条件表达式中变量的值,结果返回给条件表达式,如条件表达式值为 false,退出循环,否则,继续执行语句块。

以上三个表达式是可选部分,如果 for 语句中没有这三个表达式,便构成一个无限循环；在循环体中,应使用其他控制语句,使程序能够适时结束循环。

【例 1.17】 求 5 个随机实数的和。

```
import java.util.Random;
public class TestSum{
    public static void main(String[] args){
        Random r = new Random();
        float sum = 0;
        for(int i = 0;i<5;i++){  // 初始化表达式为 i = 0,i<5 为条件表达式,
                                 //      i++ 为变量表达式
            /*循环体开始*/
            float x = r.nextFloat();
            sum += x;
            System.out.println("x = " + x + "\t\tsum = " + sum);
        }                        // 循环体结束
    }
}
```

【运行结果】

x = 0.9236592	sum = 0.9236592
x = 0.18248057	sum = 1.1061398
x = 0.11676085	sum = 1.2229006
x = 0.69475585	sum = 1.9176564
x = 0.67241156	sum = 2.5900679

【代码说明】

循环变量初值为0,满足 i<5,进行第1次循环;第1次循环结束后,计算表达式 i++,使 i=1,此时判断 i<5,依然成立,继续下一次循环。如此反复,直至 i=5 时,条件表达式值为 false,结束循环,执行输出语句。

3. 其他控制语句

在分支、循环体或语句块中,可能需要根据某种情况,控制程序退出循环或跳过某些语句。Java 语言的 break 和 continue 语句能实现以上功能。

(1) break 语句

break 语句在 switch 中,用于结束 switch 语句;而在循环语句中,则用于跳出循环体。如果是循环嵌套的情况,break 语句用于跳出当前循环。

【例 1.18】 计算 1~9 整数的平方。

```java
public class TestBreak{
    public static void main(String[ ] args){
        int i = 0;
        while(true) {                           // 条件永远为真,循环开始
            i++;
            if(i == 10) {                       // 当 i 超过 9 时,结束循环
                System.out.println("Ok,run break.");
                break;                          // 执行该语句跳出 while 循环
            }
            System.out.print(i + " * " + i + " = " + i * i + " ");
        }                                       // 循环结束
        System.out.println("Encounter break!"); // 跳出循环执行的第1条语句
    }
}
```

【运行结果】

1 * 1 = 1 2 * 2 = 4 3 * 3 = 9 4 * 4 = 16 5 * 5 = 25 6 * 6 = 36 7 * 7 = 49 8 * 8 = 64 9 * 9 = 81 Ok,run break.
Encounter break!

【代码说明】

while 循环语句中的表达式为 true,即值永远为真。如果循环体中没有跳出循环的语句,程序将无限循环下去。当 i 值为 10 时,执行 break 语句,使程序跳过计算平方的语句,转到 while 循环后的第 1 条语句继续执行。

(2) continue 语句

continue 语句用于跳过当前循环体中该语句后的其他语句,转到循环开始,并继续判断条件表达式的值,以决定是否继续循环。

【例 1.19】 输出 1~9 中除 6 以外所有偶数的平方。

```java
public class TestContinue{
    public static void main(String[ ] args){
        for(int i = 2;i<=9;i++) {            // i<=9 为循环条件,循环开始
            if(i==6||i%2!=0) {                // i 为奇数或 6 时,不计算
                System.out.println("i="+i+"->Continue!");
                continue;                     // 修改 i 值,并判断 i<=9
            }
            System.out.println(i+"*"+i+"="+i*i+" ");// i 为偶数,计算平方值
        }                                     // 循环结束
        System.out.println("Finished,bye!");  // 循环结束的第 1 条语句
    }
}
```

【运行结果】

```
2*2=4
i=3->Continue!
4*4=16
i=5->Continue!
i=6->Continue!
i=7->Continue!
8*8=64
i=9->Continue!
Finished,bye!
```

【代码说明】

continue 语句和 break 语句不同,continue 跳过循环体余下部分语句后,重新转到条件判断语句,在该程序中转到 for 语句,先修改循环变量 i 的值,然后判断表达式 i<=9 的值,如果值为真,继续循环;否则,退出循环。

▶1.2.3 任务实施

1. 任务分析

（1）声明变量、数组和字符串，后续内容会详细介绍，读者不妨先记住代码编写格式。

（2）利用输入流与缓冲区读取对象，从键盘输入 10 个整型数据，后续内容会详细介绍，读者不妨先记住代码编写格式。

（3）利用选择结构进行数据比较。

（4）利用循环结构获取最大值与最小值。

2. 程序实现代码

```java
import java.io.*;
public class Max {
    public static void main (String args[])throws Exception {
        String s;                          // 声明字符串对象
        int a[] = new int[10];             // 声明可容纳 10 个元素的数组
        int max = 0;                       // 声明最大值变量
        int min = 0;                       // 声明最小值变量
        for(int i = 0;i<a.length;i++){     // 循环获取 10 个整型数据
            BufferedReader br = new BufferedReader (new InputStreamReader(System.in));
            s = br.readLine( );
            a[i] = Integer.parseInt(s);
        }
        if(a[0]<a[1]){                     // 输入两个值进行比较后存放为初始值
            max = a[1];
            min = a[0];
        }
        else{
            max = a[0];
            min = a[1];
        }
        for(int i = 2;i<10;i++){           // 将初始值依次与其他值比较
            if((a[i]<min)|(a[i] == min)){
                min = a[i];
            }
            if((a[i]>max)|(a[i] == max)){
                max = a[i];
            }
```

```
        }
        System.out.println("最大值为:" + max + "," + "最小值为:" + min);  // 输出结果
    }
}
```

【运行结果】

```
4 6 7 11 9 3 2 16 10 15
最大值为:16,最小值为:2
```

1.2.4 技能提高

本节进行嵌套循环训练。

在循环体中的语句可以是任何语句,包括循环语句。如果循环体中还有循环语句,便形成了循环嵌套的情况。下面举例说明循环嵌套的编程方法。

【例1.20】 求 0～100 之间的素数。

```
public class PrimeNumber{
    public static void main(String[ ] args){
        int[ ] x = new int[100];                      // 定义具有 100 个元素的数组 x
        for(int i = 1;i<100;i++)                      // 循环 100 次,将 1～100 赋给 x 的元素
            x[i] = i;
        for(int j = 1;j<x.length;j++) {               // 逐次取数组的每个元素
            boolean flag = true;                      // 设置标志
            for(int i = 2;i<x[j];i++)                 // 某个数 x[j]同 2 到 x[j-1]进行比较
                if(x[j] % i == 0) flag = false;       // 能被其中某个数整除便不是素数
            if(flag) System.out.print(x[j] + " ");    // 不能被任何数整除,是素数
        }
    }
}
```

【运行结果】

```
1 2 3 5 7 11 13 17 19 23 29 31 37 41 43 47 53 59 61 67 71 73 79 83 89 97
```

【代码说明】

能够被 1 和自身整除,而不能被其他数整除的数为素数。如果判断一个数是否为素数,可以将该数被从 2 开始直到该数减 1 的数相除,如果不能被其中任何数整除,则该数为素数。需要循环判断 x[i]—2 次。如果需要判断 100 个数,这样的循环需要重复 100 次。因此这是一个双重循环的应用实例。

任务1.3 数组和字符串程序设计

数组和字符串是程序设计中使用较多的数据类型。合理地使用数组和字符串,会简化程序设计、提高编程效率。Java中的数组和字符串是复合数据类型,因而同其他语言中使用的数组和字符串有较大的区别。本章分别介绍数组和字符串的基本知识,结合具体实例,阐述了这两种数据类型的具体使用方法。

▶ 1.3.1 任务内容

模拟简单的用户登录程序,利用控制台设置初始化参数的方式输入用户名和密码,假设用户名称为sunlina,密码为lnjd。操作步骤如下。

(1)根据要求熟悉利用控制台设置初始化参数的方式。

(2)判断输入的参数个数是否合法,如果不合法,须提示用户的程序执行错误,并退出程序;如果用户正确输入参数,则可以进行用户名及密码的验证。

(3)验证成功,信息正确则显示"欢迎×××光临!",否则显示"错误的用户名和密码"。

(4)主方法作为客户端,为方便客户使用,尽量设置较少的代码。

▶ 1.3.2 相关知识

┃知识点一:数组的定义与使用┃

数组是相同类型变量的集合,这些变量具有相同的标识符即数组名,数组中的每个变量称为数组的元素(array element)。为了引用数组中的特定元素,通常使用数组名连同一个用中括号"[ ]"括起来的整型表达式,该表达式称为数组的索引(index)或下标。如iArray[9],iArray是数组名,数字9为数组元素的索引。数组元素的索引就是该数组从开始的位置到该元素所在位置的偏移量。第一个元素的索引值为0;第二个元素的索引值为1,iArray[9]是iArray数组中的第10个元素。

在Java语言中,数组不是基本数据类型,而是复合数据类型,因此数组的使用方式不同于基本数据类型,必须通过创建数组类对象的方式使用数组。

1. 数组的定义

数组的定义方式为:type arrayName[ ];或者type[ ] arrayName;

其中,type为数据类型,它可以是Java允许的任何数据类型,包括基本数据类型和复合数据类型,arrayName代表数组名,任何合法的标识符都可以作为数组名,[ ]指明该变量是数组类型的变量。例如:

```
int[ ] iPrimes;
```

```
char[ ] cName;
float[ ] fScore;
```

以上例子分别定义了整型、字符型和浮点型三个数组变量。定义数组时,系统并没有为其分配内存,也没有指明数组中元素的个数。不能像其他语言(如 C 语言)那样,在 [ ] 中直接指出元素的个数,如 int[9] icount 是非法的数组定义。因为数组本身是对象,必须用 new 运算符创建数组。假设要创建具有 100 个元素的整型数组,数组名为 iValue,方法如下:

```
int[ ] iValue;              // 定义数组变量 iValue
iValue = new int[100];      // 创建数组
```

以上步骤定义并创建了名为 iValue、元素个数为 100 的数组,其元素为:iVlaue[0]…iVlaue[99]。可将以上两步合并为:int[ ] iValue = new int[100];这两种方法的结果是一样的。

【例 1.21】 定义一个整型数组,显示数组元素被赋值前后的值。

```java
public class DataInt{
    public static void main(String[ ] args){
        int[ ] iN = new int[10];                      // 定义并创建具有 10 个元素的整型数组
        for(int i = 0;i<10;i++){                      // 在数组没有赋值时,显示数组元素的值
            System.out.print("iN[" + i + "] = " + iN[i] + " ");
        }
        System.out.println("\n");
        for(int i = 0;i<iN.length;i++){               // 数组元素赋值后,显示数组元素的值
            iN[i] = i;
            System.out.print("iN[" + i + "] = " + iN[i] + " ");
        }
    }
}
```

【运行结果】

```
iN[0] = 0 iN[1] = 0 iN[2] = 0 iN[3] = 0 iN[4] = 0 iN[5] = 0 iN[6] = 0 iN[7] = 0 iN[8] = 0 iN[9] = 0
iN[0] = 0 iN[1] = 1 iN[2] = 2 iN[3] = 3 iN[4] = 4 iN[5] = 5 iN[6] = 6 iN[7] = 7 iN[8] = 8 iN[9] = 9
```

结果中第一行是数组元素被赋值前的值,可见整型数组在元素被赋值前,其缺省值为 0。第二行是赋值后各元素的值。

2. 数组的初始化

不同类型的数组在创建之后,有不同的缺省值,如整型数组每个元素的缺省值为 0;布尔型数组每个元素的缺省值为 false。类的数组的每个元素的缺省值为 null。如果要为数组元素赋予其他值,必须对数组元素进行初始化。

数组初始化是为了给数组元素赋予缺省值以外的其他值。初始化有三种方法:
(1)定义数组时直接初始化;

(2) 直接访问数组元素为部分或全部元素初始化；

(3) 用已初始化的数组初始化另一数组。

【例 1.22】 分别定义布尔型、字节型、字符型和类类型的数组，并进行初始化。

```
boolean[ ] bFlag = {true,false,false,true,false};
byte[ ] btValue = {1,2,3,4,5,6};
char[ ] cValue = {'a','b','c','d','e','f'};
IPCard[ ] ipcards = {new IPCard(123,123L,100),new IPCard(245,6789L,100)};
```

该例是采用直接初始化的方法，每条语句确定了数组变量的类型、元素的个数和元素的值。和基本类型不同的是，类类型的数组元素应当以类的具体对象作为元素，因此语句 4 中用 new 运算符直接创建类 IPCard 的两个对象，得到 ipcards[0]、ipcards[1] 两个 IPCard 的实例。

【例 1.23】 定义并创建整型、浮点型、双精度型和类类型数组，数组元素为 10 个，对各数组元素进行初始化。

```
int[ ]      iValue = new int[10];
float[ ]    fValue = new float[10];
double[ ]   dValue = new double[10];
IPCard[ ]   ipcards = new IPCard[10];
for(int i = 0;i<10;i++){
    iValue[i] = i;
    fValue[i] = (float)i;
    dValue[i] = (double)i;
    ipcards[i] = new IPCard((i+1)*100+i,(i+1)*123L,99);
}
```

语句 1～语句 4 定义并创建了数组 iValue、fValue、dValue、ipcards，数组的元素个数为 10。语句 5～语句 10 利用 for 循环语句为数组的元素赋值。访问数组的各个元素时，需要利用数组的索引，即中括号 "[ ]" 中的表达式的值。该例中 i 代表数组的索引，i 为 0 时，指向数组的第一个元素，i 为 1 时，指向数组的第二个元素，依此类推，i 为 9 时，指向数组最后一个元素。

3. 二维数组

只有一个索引或下标的数组称为一维数组。在实际应用中，经常遇到使用多个索引或下标的情况。比如要记录 20 家计算机生产厂商在一年内每天生产计算机的数量，可以定义一个具有双下标的数组，一个下标长度为 20；另一个下标长度为 365，数组定义方法如下：

```
int [ ][ ] iAmount = new int[20][365];
```

像 iAmount 这样具有两个索引的数组称为二维数组，第一个索引的取值范围是 0～19；第二个索引的取值范围是 0～364。数组具有 7 300(20×365)个元素。数组中的元素可表示为 iAmount[i][j]，例如 iAmount[5][99] 表示第 6 家计算机厂商第 100 天的计算机产量。如果用一维数组表示，需要定义具有 7 300 个元素的数组。要明确数组中的某个元素如 iAmount[99]，对应的是哪家计算机厂商，在哪一天的计算机产量，还需要进行较为复杂的运算，这给后续的数据处理带来了困难。用二维数组表示数据，可使数据所表达的含义更加清楚。

实际上，二维数组相当于一个二维表格，第一个索引代表表格的行，第二个索引代表表格的列，iAmount[20][365]是一个具有 20 行、365 列的表格中的元素，每一格存储 1 个元素。第 1 行的元素为 iAmount[0][0]~iAmount[0][364]；第 2 行的元素为 iAmount[1][0]~iAmount[1][364]……直到第 20 行的元素为 iAmount[19][0]~iAmount[19][364]。在内存中，二维数组元素是以行的顺序存储数组的，如图 1-58 所示。

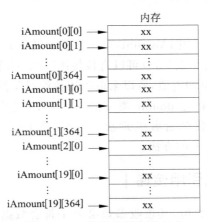

图 1-58　二维数组的存储方式

二维数组的长度由行数×列数得到，可以用"数组名.length"得到行数，用"数组名[i].length"得到每行的列数。例如，iAmount.length 的值为 20；iAmount[0].length 的值为 365。要注意，iAmount.length 所得到的值不是二维数组的总长度。

【例 1.24】　计算 20 家计算机厂商一年中平均每天的计算机产量。

```java
public class CountComputer{
    public static void main(String[ ] args){
        int[ ][ ] iAmount = new int[20][365];        // 定义并创建二维数组 iAmount
        int iSum = 0,iAverage;        // iSum,iAverage 为两个存储总数和平均值的整型变量
        /*以下循环利用生成的 0 到 100 之间的随机数模拟各厂家每天的计算机产量*/
        for(int i = 0;i<iAmount.length;i + + ) {        // iAmount.length 为行数
            for(int j = 0;j<iAmount[i].length;j + + ) {        // iAmount.length 为每行的列数
                iAmount[i][j] = (int)(100 * Math.random( ));
            }
        }
        /*以下循环计算一年内各厂家的总产量*/
        for(int i = 0;i<iAmount.length;i + + ){
            for(int j = 0;j<iAmount[i].length;j + + ){
                iSum + = iAmount[i][j];
```

```
            }
        }
        iAverage = iSum/(iAmount.length * iAmount[0].length);   //计算机每天的平均产量
        System.out.println("The average amount per day is :" + iAverage);   //显示结果
    }
}
```

【运行结果】

The average amount per day is:64

【代码说明】

首先定义并创建了二维数组 iAmount,第一个双重循环为每个数组元素赋值,循环变量的终值采用数组对象的 length 成员;也可以直接使用"i<20"或"j<365",但如果数组的长度发生变化,必须修改循环变量的终值,所以采取引用数组对象的 length 成员的方法比较好。

Math.random( )产生的是 double 类型的 0.0~1.0 之间的随机数,必须用"(int)"进行强制类型转换,变成整型数赋给数组元素。Math 是 Java 的标准类,它提供许多方法,random( )是用于产生随机数的方法。

知识点二:数组的引用传递

方法中可以传递和返回数组,其接收参数必须是符合数据类型的数组。同时在把数组传递进方法后,如果方法对数组本身做出任何修改,修改结果也将保存下来。

1. 向方法中传递数组

【例 1.25】 向方法中传递数组。

```
public class ArrayRefDemo{
    public static void main(String args[]){
        int temp[] = {2,4,6};              // 利用静态初始化方式定义数组
        fun(temp);                          // 传递数组
        for(int i = 0;i<temp.length;i++){
            System.out.print(temp[i] + "、");
        }
    }
    public static void fun(int x[]){        // 接收整型数组的引用
        x[0] = 8;                           // 修改第一个元素
    }
}
```

【运行结果】

8、4、6、

【代码说明】

在程序中将一个整型数组 temp 传递到方法中,然后在 fun( )方法中将此数组的第一个元素的内容修改为 8。因为数组是引用数据类型,所以,即使方法本身没有任何返回值,修改后的结果也会被保存下来。

2. 使用方法返回数组

【例 1.26】 使用方法返回一个数组。

```java
public class ArrayRefDemo{
    public static void main(String args[]){
        int temp[] = fun( ) ;                    // 通过方法实例化数组
        print(temp) ;                            // 打印数组内容
    }
    public static void print(int x[]){
        for(int i = 0;i<x.length;i++){
            System.out.print(x[i] + ",") ;
        }
    }
    public static int[] fun( ){                  // 返回一个数组
        int ss[] = {2,4,6,8,10} ;                // 定义一个数组
        return ss ;
    }
}
```

【运行结果】

2、4、6、8、10、

3. 向方法中传递多个数组参数

【例 1.27】 数组复制操作。

若给定两个数组,将其中一个数组指定位置的内容复制给另一个数组,可以使用方法来完成。在方法中接收 5 个参数,分别为源数组名称、源数组起始点、目的数组名称、目的数组起始点、复制长度。

```java
public class ArrayRefDemo{
    public static void main(String args[]){
        int i1[] = {1,2,3,4,5,6,7,8,9} ;                    // 源数组
        int i2[] = {11,22,33,44,55,66,77,88,99} ;           // 目标数组
        copy(i1,3,i2,1,3) ;                                 // 调用复制方法
        print(i2) ;
    }
```

```java
    public static void copy(int s[],int s1,int o[],int s2,int len){
        for(int i = 0;i<len;i++){
            o[s2+i] = s[s1+i];                    // 进行复制操作
        }
    }
    public static void print(int temp[]){         // 输出数组内容
        for(int i = 0;i<temp.length;i++){
            System.out.print(temp[i] + "\t");
        }
    }
}
```

【运行结果】

```
11    4    5    6    55    66    77    88    99
```

当然数组的复制操作在Java中存在类库的支持,可以直接使用System.arraycopy( )方法,此方法中接收参数的顺序和意义与上例相同。

【例1.28】 使用Java类库中的方法完成数组复制操作。

```java
public class ArrayRefDemo{
    public static void main(String args[]){
        int i1[] = {1,2,3,4,5,6,7,8,9};                  // 源数组
        int i2[] = {11,22,33,44,55,66,77,88,99};         // 目标数组
        System.arraycopy(i1,3,i2,1,3);                   // 调用Java中对数组支持复制方法
        print(i2);
    }
    public static void print(int temp[]){                // 输出数组内容
        for(int i = 0;i<temp.length;i++){
            System.out.print(temp[i] + "\t");
        }
    }
}
```

知识点三:字符串的特点与使用

字符串是由若干字符组成的字符序列,是程序设计中经常使用的数据类型,如显示提示信息,处理名称、标题、地址等都可以使用字符串。Java语言提供了两个标准类——String类和StringBuffer类用于处理字符串。下面介绍这两个类及其使用方法。

1. String 和 StringBuffer 类

同其他基本数据类型相似,字符串也有常量和变量。字符串常量是用一对" "括起来

的字符序列,如"Congratulations!"。字符串变量实际上是 String 类或 StringBuffer 类的对象。字符串变量的声明方法如下:

```
String strName;
```

该语句声明了名为 strName 的字符串。字符串变量声明以后,并没有指向任何对象,此时,strName 为空值(null)。有两种方法使 strName 指向具体对象。

(1) 用"="运算符将其指向某一字符串,例如语句:

```
strName = "Bill Gates";
```

(2) 用 new 运算符创建 String 类的对象,例如语句:

```
strName = new String("Bill Gates");
```

这两种方法的结果是一样的。同 String 类不同的是,StringBuffer 对象不能用"="创建,必须用 new 运算符创建,例如语句:

```
StringBuffer strbTitle = new StringBuffer("Tsinghua University");
StringBuffer strbTitle = new StringBuffer(strName);
```

String 和 StringBuffer 的另一个不同之处在于,String 对象所指向的字符串,其内容不能改变(immutable)。也就是说,创建了一个字符串对象之后,如果将一个新的字符串内容赋给该对象,该对象不再指向原来的字符串,而是指向一个新的字符串对象。例如,有两个 String 类型的字符串 str1 和 str2,其中 str1="The source string!",执行 str2=str1 后,str1 和 str2 均指向同一字符串,str1 和 str2 的内容相同;当再执行 str2="The source string! Changed."时,按照对象的引用规则,此时 str1 和 str2 的内容均应变为"The source string! Changed.",但事实却相反,str1 仍为原来的内容,而 str2 指向了字符串"The source string! Changed."。以上操作的结果见图 1-59。

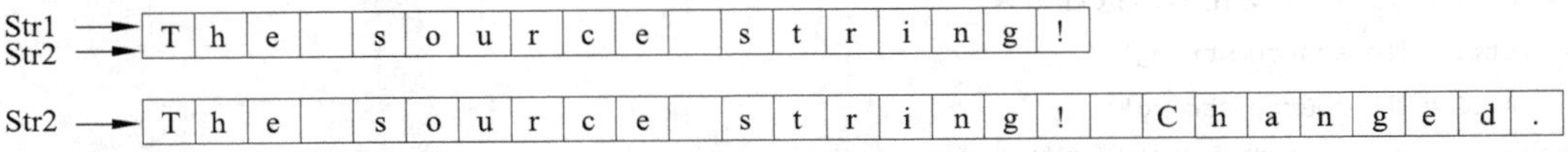

Str1 → | T | h | e | | s | o | u | r | c | e | | s | t | r | i | n | g | ! |
Str2

Str2 → | T | h | e | | s | o | u | r | c | e | | s | t | r | i | n | g | ! | | C | h | a | n | g | e | d | . |

说明:执行str2=str1时,str1、str2指向同一字符串,即内存中同一位置;str2被重新赋值后,str2指向了另一字符串,即内存中的另一位置。

图 1-59 字符串赋值后的操作结果

对于 StringBuffer 类来说,执行类似的操作,结果会大不相同。假如执行如下操作:

```
StringBuffer strb1 = new StringBuffer("The source string!");
StringBuffer strb2 = strb1;
strb2.append("Changed. ");
```

上面三条语句执行结束后,strb1 和 strb2 的内容是相同的,执行结果见图 1-60。

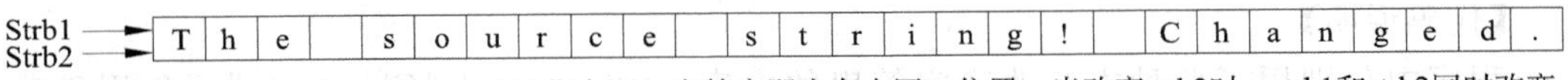

Strb1 → | T | h | e | | s | o | u | r | c | e | | s | t | r | i | n | g | ! | | C | h | a | n | g | e | d | . |
Strb2

说明:执行strb2=strb1时,strb1、strb2指向同一字符串即内存中同一位置;当改变strb2时,strb1和strb2同时改变,两者仍指向内存中同一位置。

图 1-60 赋值操作的执行结果

【例1.29】 用实例说明图1-61和图1-62的正确性。

```java
public class StringBufferDemo{
    public static void main(String[ ] args){
        String str1 = "The source string!";
        String str2 = str1;
        System.out.println("String 类:str2 变化前的执行结果");
        System.out.println("str1 = " + str1);
        System.out.println("str2 = " + str2);
        str2 = str2 + "Changed. ";              //改变 str2
        System.out.println("String 类:str2 变化后的执行结果");
        System.out.println("str1 = " + str1);
        System.out.println("str2 = " + str2);
        StringBuffer strb1 = new StringBuffer("The source string!");
        StringBuffer strb2 = strb1;
        System.out.println("StringBuffer 类:strb2 变化前的执行结果");
        System.out.println("strb1 = " + strb1);
        System.out.println("strb2 = " + strb2);
        strb2.append("Changed. ");              //改变 strb2
        System.out.println("StringBuffer 类:strb2 变化后的执行结果");
        System.out.println("strb1 = " + strb1);
        System.out.println("strb2 = " + strb2);
    }
}
```

【运行结果】

```
String 类:str2 变化前的执行结果
str1 = The source string!
str2 = The source string!
String 类:str2 变化后的执行结果
str1 = The source string!
str2 = The source string!Changed.
StringBuffer 类:strb2 变化前的执行结果
strb1 = The source string!
strb2 = The source string!
StringBuffer 类:strb2 变化后的执行结果
strb1 = The source string!Changed.
strb2 = The source string!Changed.
```

【代码说明】

程序中分别用了两种方法改变字符串的内容:str2＝str2＋"Changed. "语句用于改变 str2 的内容;strb2.append("Changed. ")语句用于改变 strb2 的内容。从程序执行的结果可以看出,字符串输出的结果和图 1-61、图 1-62 给出的结果是一致的。判断两个对象是否指向内存的同一位置,还可以用"=="运算来实现。如果两个对象相等("=="运算结果为 true),说明两个对象是同一个对象,例 1.30 用另一种方式说明 String 类和 StringBuffer 类的区别。

【例 1.30】 演示 String 类和 StringBuffer 类的区别。

```java
public class StringDemo{
    public static void main(String[ ] args){
        String str1 = "The source string!";         // 定义 str1 和 str2
        String str2;
        str2 = str1;                                 // str1 和 str2 指向同一字符串
        //定义 StringBuffer 类型的字符串 strb1 和 strb2
        StringBuffer strb1 = new StringBuffer("The source string!");
        StringBuffer strb2 = strb1;                  // strb1 和 strb2 指向同一字符串
        if(str1 == str2)                             // 判断 str1 和 str2 是否指向同一字符串
            System.out.println("str1 and str2 points the same object.");
        else
            System.out.println("str1 and str2 points the different object.");
        str2 = "The destination string!";            // 改变 str2 的内容
        if(str1 == str2)                             // 判断 str1 和 str2 是否指向同一字符串
            System.out.println("str1 and str2 points the same object.");
        else
            System.out.println("str1 and str2 points the different object.");
        System.out.println("str1 = " + str1);        // 分别输出 str1 和 str2 的内容
        System.out.println("str2 = " + str2);
        if(strb1 == strb2)                           // 判断 strb1、strb2 是否指向同一字符串
            System.out.println("strb1 and strb2 points the same object.");
        else
            System.out.println("strb1 and strb2 points the different object.");
        strb2 = strb2.replace(4,10,"destination");   // 改变 strb2 的内容
        if(strb1 == strb2)                           // 判断 strb1、strb2 是否指向同一字符串
            System.out.println("strb1 and strb2 points the same object.");
        else
            System.out.println("strb1 and strb2 points the different object.");
        System.out.println("strb1 = " + strb1);      // 分别输出 strb1 和 strb2 的内容
        System.out.println("strb2 = " + strb2);
    }
}
```

【代码说明】

该程序在执行"str2=str1"或"strb2=strb1"后,输出"str1 and str2 points the same object."或"strb1 and strb2 points the same object.";当改变 str2 或 strb2 后,两种字符串对象出现了不同的运行结果,对 String 对象,输出"str1 and str2 points the different object."。对 StringBuffer 对象,仍然输出"strb1 and strb2 points the same object."。因此,StringBuffer 对象遵循对象的引用规则,其内容是可变的;而 String 对象的内容是不可变的。

2. 常用的字符串处理方法

对字符串可以进行许多种操作,如字符串的连接、比较、搜索等,这些操作可以用字符串类提供的方法来完成。下面介绍几种常用的字符串类提供的方法。

(1) String 类的常用方法及应用(见表 1-9)

表 1-9 String 类定义的主要方法

方 法 名 称	功 能 说 明
public int length( )	返回字符串的长度
public char charAt(int index)	返回字符串中 index 位置的字符
public String toLowerCase( )	将当前字符串中所有字符变成小写形式
public String toUpperCase( )	将当前字符串中所有字符变成大写形式
public String substring(int p0,int p1)	截取当前字符串从位置 p0 到位置 p1 的一部分字符串
public String replace(char p0,char p1)	用字符 p1 替换字符串中的字符 p0
public String concat(String str)	将当前字符串与 str 连接,返回连接后的字符串
public String equals(String str)	判断两个字符串内容是否相等
public char toCharArray( )	将当前字符串转换为字符数组
public static String valueOf(type variable)	将 type 类型的 variable 转换为字符串

【例 1.31】 字符串类方法的简单应用。

```
public class StringMethodDemo{
    public static void main(String[ ] args){
        String strA = "How are you!";
        String strB = "I'm fine!Thank you! And you?";
        String strC = new String( );              // 创建一个空字符串 strC
        strC = "F" + strB.substring(5,19);        // 创建另一个字符串 strC
        String strD = strA.replace('!','.');      // 用 . 替换 strA 的!
        System.out.println(strD);
        System.out.println(strC);
        String strE = "!yppah lla era eW";
        for(int i = strE.length( ) - 1;i >= 0;i - - )  // 将 strE 按相反的字母顺序显示出来
            System.out.print(strE.charAt(i));
        System.out.println( );
    }
}
```

【运行结果】

```
How are you.
Fine! Thank you!
We are all happy!
```

字符串中,字符的位置索引同字符数组是对应的,第一个字符的索引为 0,第二个字符的索引为 1,依此类推,最后一个字符的索引为字符串长度减 1。

(2) StringBuffer 类的常用方法及应用

StringBuffer 类用于处理可变字符串,该类除了具有与 String 类相同的方法外,还有其特殊的方法,见表 1-10。

表 1-10　StringBuffer 类定义的主要方法

方 法 名 称	功 能 说 明
public int length( )	返回缓冲区的字符个数
public int capacity( )	返回缓冲区的容量
public synchronized StringBuffer append(type variable)	将 variable 转换成字符串,然后与当前字符串连接
public synchronized StringBuffer insert(int offset,type variable)	将 variable 转换成字符串,然后插入到当前字符串中由 offset 指定的位置

StringBuffer 对象在创建时,系统要为其分配一定容量的空间,以处理可变长度的字符串,创建后的对象可以增加、删除内容,经修改的字符串返回给原对象,这和 String 对象是不同的。StringBuffer 对象中字符串的个数可由其 length( ) 方法得到,而系统为每个对象分配的缓冲区容量由其 capacity( ) 方法获得。创建 StringBuffer 对象时,系统分配的缓冲区容量等于对象中字符个数加上 16。执行追加、插入字符或字符串时,也将改变以上两个方法的返回值。

【例 1.32】 字符串 StringBuffer 类方法的简单应用。

```
public class StringBufferDemo{
    public static void main(String args[]){
        StringBuffer buf = new StringBuffer( ) ;           // 声明 StringBuffer 对象
        buf.append("World!!") ;                             // 添加内容
        buf.insert(0,"Hello ") ;                            // 在第一个内容之前添加内容
        System.out.println(buf) ;                           // 输出修改的结果
        buf.insert(buf.length( ),"LNJD~") ;                 // 再次添加内容
        System.out.println(buf) ;                           // 输出修改的结果
        String str = buf.reverse( ).toString( ) ;           // 将内容反转后变为 String 类型
        System.out.println(str) ;                           // 将内容输出
    }
}
```

【运行结果】

Hello World!!
Hello World!! LNJD～
～DJNL!!dlroW olleH

1.3.3 任务实施

验证登录信息基本功能实现代码如下。

```java
public class LoginDemo{
    public static void main(String args[]){
        if(args.length! = 2){              // 判断输入的参数个数是否是2
            System.out.println("输入的参数不正确,系统退出!");
            System.out.println("格式:java  LoginDemo 用户名 密码");
            System.exit(1);                // 系统退出
        }
        String name = args[0];             // 取出用户名
        String password = args[1];         // 取出密码
        if(name.equals("sunlina")&&password.equals("lnjd")){   // 验证用户名和密码
            System.out.println("欢迎" + name + "光临!");
        }else{
            System.out.println("错误的用户名或者密码!");
        }
    }
}
```

【运行结果】

没有输入参数时,显示以下信息:

输入的参数不正确,系统退出!
java LoginDemo 用户名 密码

输入错误的用户名或者密码时,显示以下信息:

错误的用户名或者密码!

输入正确的用户名或者密码时,显示以下信息:

欢迎 sunlina 光临!

【代码说明】

虽然以上程序可以实现基本功能,但在主方法中代码较多,不利于作为客户端进行操作。最简单的做法是:客户端只要得到最终的判断结果即可,中间的过程可以设置其他的类来封装具体的判断过程。在掌握学习领域2的知识点后,改造上例得到实现代码如下。

```java
class Check{                                           // 完成具体的验证操作
    public boolean validate(String name,String password){
        if(name.equals("sunlina")&&password.equals("lnjd")){   // 验证用户名和密码
            return true ;                              // 登录信息正确
        }else{
            return false ;                             // 登录信息错误
        }
    }
}
class Operate{                                         // 本类只是调用具体的验证的操作
    private String info[] ;                            // 定义一个数组属性,用于接收全部输入参数
    public Operate(String info[]){
        this.info = info ;                             // 通过构造方法取得全部的输入参数
    }
    public String login(  ){
        Check check = new Check(  ) ;                  // 实例化 Check 对象,用于检查信息
        this.isExit(  ) ;                              // 判断输入的参数是否正确
        String str = null ;                            // 用于返回信息
        String name = this.info[0] ;                   // 取出姓名
        String password = this.info[1] ;               // 取出密码
        if(check.validate(name,password)){             // 登录验证
            str = "欢迎" + name + "光临!";
        }else{
            str = "错误的用户名和密码!";
        }
        return str ;                                   // 返回信息给用户
    }
    public void isExit(  ){                            // 判断参数个数,来决定是否退出程序
        if(this.info.length!=2){
            System.out.println("输入的参数不正确,系统退出!") ;
            System.out.println("格式:java LoginDemo 用户名 密码") ;
            System.exit(1) ;                           // 系统退出
        }
    }
}
public class LoginDemo{
    public static void main(String args[]){
        Operate oper = new Operate(args) ;             // 实例化操作类的对象
        System.out.println(oper.login(  )) ;           // 取得验证之后的信息
    }
}
```

【代码说明】

经过程序改造后,可以发现:主方法代码较少,方便客户使用;Check 类的主要功能是验证操作,只需要输入用户名和密码即可完成验证;Operate 类的主要功能是封装 Check 类的操作,并把验证后的信息返回给方法调用处。

▶ 1.3.4 技能提高

下面进行数组排序训练。

1. 采用冒泡法对数组进行排序

```java
public class ArrayDemo1{
    public static void main(String args[]){
        int score[] = {57,89,87,69,90,100,75,90} ;         // 使用静态初始化声明数组
        for(int i = 1;i<score.length;i++){
            for(int j = 0;j<score.length;j++){
                if(score[i]<score[j]){                      // 交换位置
                    int temp = score[i] ;                   // 中间变量
                    score[i] = score[j] ;
                    score[j] = temp ;
                }
            }
        }
        for(int i = 0;i<score.length;i++){                  // 循环输出
            System.out.print(score[i] + "\t") ;
        }
    }
}
```

【运行结果】

57 69 75 87 89 90 90 100

冒泡算法是把数组中的每一个元素进行比较,如果第 i 个元素大于第 i+1 个元素,就把两个数字进行交换。这样反复进行比较就可以将一个数组按照由小到大的顺序进行排序了。我们将上例进行改造,观察每次循环后输出的结果。

```java
public class ArrayDemo2{
    public static void main(String args[]){
        int score[] = {57,89,87,69,90,100,75,90} ;         // 使用静态初始化声明数组
        for(int i = 1;i<score.length;i++){
            for(int j = 0;j<score.length;j++){
                if(score[i]<score[j]){                      // 交换位置
```

```
                    int temp = score[i];              // 中间变量
                    score[i] = score[j];
                    score[j] = temp;
                }
            }
            System.out.print("第" + i + "次排序的结果:");
            for(int j = 0;j<score.length;j++){          // 循环输出
                System.out.print(score[j]+"\t");
            }
            System.out.println("");
        }
        System.out.print("最终排序的结果:");
        for(int i = 0;i<score.length;i++){              // 循环输出
            System.out.print(score[i]+"\t");
        }
    }
}
```

【运行结果】

第 1 次排序的结果: 57 100 87 69 89 90 75 90
第 2 次排序的结果: 57 87 100 69 89 90 75 90
第 3 次排序的结果: 57 69 87 100 89 90 75 90
第 4 次排序的结果: 57 69 87 89 100 90 75 90
第 5 次排序的结果: 57 69 87 89 90 100 75 90
第 6 次排序的结果: 57 69 75 87 89 90 100 90
第 7 次排序的结果: 57 69 75 87 89 90 90 100
最终排序的结果: 57 69 75 87 89 90 90 100

2. 利用方法调用对数组进行排序

```
public class ArrayDemo3{
    public static void main(String args[]){
        int score[] = {67,89,87,69,90,100,75,90};         // 定义整型数组
        int age[] = {31,30,18,17,8,9,1,39};                // 定义整型数组
        sort(score);                                        // 数组排序
        print(score);                                       // 数组打印
        System.out.println("\n---------------");
        sort(age);                                          // 数组排序
        print(age);                                         // 数组打印
    }
```

```java
    public static void sort(int temp[]){           // 执行排序操作
        for(int i=1;i<temp.length;i++){
            for(int j=0;j<temp.length;j++){
                if(temp[i]<temp[j]){
                    int x = temp[i];
                    temp[i] = temp[j];
                    temp[j] = x;
                }
            }
        }
    }
    public static void print(int temp[]){          // 输出数组内容
        for(int i=0;i<temp.length;i++){
            System.out.print(temp[i] + "\t");
        }
    }
}
```

【运行结果】

```
67   69   75   87   89   90   90   100
- - - - - - - - - - - - - - - -
1   8   9   17   18   30   31   39
```

当然对于排序操作，Java 也有类库支持，利用 java.util.Arrays.sort( ) 方法可以对数组进行排序，改造上一个实例可以实现相同效果。

```java
public class ArrayDemo4{
    public static void main(String args[]){
        int score[] = {67,89,87,69,90,100,75,90};       // 定义整型数组
        int age[] = {31,30,18,17,8,9,1,39};             // 定义整型数组
        java.util.Arrays.sort(score);                   // 数组排序
        print(score);                                   // 数组打印
        System.out.println("\n- - - - - - - - - - -");
        java.util.Arrays.sort(age);                     // 数组排序
        print(age);                                     // 数组打印
    }
    public static void print(int temp[]){               // 输出数组内容
        for(int i=0;i<temp.length;i++){
            System.out.print(temp[i] + "\t");
        }
    }
}
```

学 习 领 域 2

面向对象编程

任务2.1 面向对象编程技术初步

前面所学习的知识属于Java的基本程序设计范畴,是结构化的程序开发,但是使用结构化程序设计方法开发的软件的稳定性、可修改性、可重用性较差,因为其本质将功能分解,围绕实现处理功能的过程来构造系统。而在软件开发中用户的需求是随时变化的,为更好地解决软件技术多变性,适应用户的变化需求,产生了面向对象编程技术。

2.1.1 任务内容

定义测试一个Student的类,包含的属性有"学号""姓名"及"英语""数学""计算机"科目成绩,设计获取总成绩、平均成绩、最高成绩、最低成绩的方法。

(1) 根据要求写出类所包含的所有属性,所有属性需要进行封装(private),封装后的属性通过setter方法和getter方法设置和获取。

(2) 设置与使用构造方法,根据任务要求添加相应方法,类中所有定义的方法不要直接输出结果,而是交给被调用处输出。

(3) 学会应用this和static关键字。

2.1.2 相关知识

知识点一:面向对象特性

程序设计经历了"面向问题""面向过程"和"面向对象"的不同阶段,下面通过实例讲解"面向过程"和"面向对象"的关系。例如,现在"面向过程"和"面向对象"两位师傅需要设计教室内的课桌椅。

"面向过程"师傅的做法是:用户提出要求,师傅就针对用户的要求直接制作出一件完整的东西,并不用提前准备好制作课桌椅所需要的工具,而是需要什么时再单独拿出来。

"面向对象"师傅的做法是:针对用户提出的要求进行分析,将分析的结果设计成一张完整的图纸,与需求的用户确认后,准备所有需要的工具,再分块制作,最后将各个分块部分组装在一起。

由此可见,"面向对象"师傅比"面向过程"师傅更能适应用户需求变化,因为一旦发生变化,"面向过程"师傅要放弃之前的所有工作,推倒重做。

如今"面向对象"的概念和应用已超越程序设计和软件开发的范畴,扩展到许多领域,例如,数据库系统、交互式界面、应用结构、应用平台、分布式系统、网络管理结构、CAD技术、人工智能等。

OOP(面向对象编程)有三个基本特性,分别是封装性(encapsulation)、继承性(inheritance)和多态性(polymophism)。这里仅对继承性和多态性的概念作简要介绍,在后面相应的章节里再作详细介绍。

1. 封装性

把类中的一些描述细节隐藏内部,用户只能通过接口来访问类中的内容,这种组织模块的方式称为"封装"。

封装是一种信息隐藏的技术,用户在访问对象的时候,只能看到对象表面上的东西,它们是留给用户访问对象的接口(Application Program Interface,API),而外界用户是不能直接访问内部信息的,这就保证了类中数据的安全。OOP 的封装性图示如图 2-1 所示。

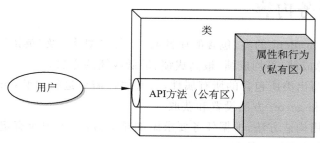

图 2-1　OOP 的封装性图示

可以把类理解成一个透明的玻璃柜,属性和行为是柜子里一个私有的不透明的黑盒子,外界用户无法直接访问内部属性和行为区的内容。可在柜子上钻一个孔,在外界用户和属性行为的黑盒子之间设置一个公有管道,用于访问私有的属性及行为。这样既提高了数据访问的安全性,也提高了代码复用能力。

2. 继承性

为了代码复用,OOP 语言允许一个类(子类)使用另一个类(父类)的属性和方法,这种子类使用父类属性和方法的特性称为"继承";反之则称为"派生"。例如,公司的雇员(Employee)派生为销售员(Saler)和部门经理(Manager)两类,销售经理(Sale_Manager)又继承了销售员和经理两个类的共同特征。如图 2-2 所示,箭头方向表示被继承的父类。

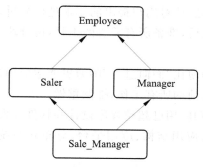

图 2-2　OOP 的继承性举例

在 Java 程序设计中,已有的类可以是 Java 开发环境所提供的最基本的程序——类库,用户开发的程序类可继承这些已有的类。这样,类库中所描述的属性和行为,在继承的类中完全可以使用。被继承的类称为父类或者超类,而经过继承产生的类称为子类或者派生类。根据继承机制,子类继承父类的所有成员,同时相应地增加自己新的成员,以突出子类与父类的不同之处。

从图 2-2 中可以看出,一个父类可以被多个子类继承(单继承),一个子类也可以继承多个父类的属性和方法(多继承)。也就是说,如果一个子类只继承自一个直接父类,就称为单继承;如果一个子类同时继承自多个父类,就称为多继承。图 2-2 中 Saler 类与 Employee 类之间就是单继承的关系,因为 Saler 类只有一个直接父类 Employee;同样地,Manager 类与 Employee 类之间也是单继承的关系。而 Sale_Manager 类因为同时继承自两个父类 Saler 类和 Manager 类,所以它们之间是多继承的关系。

不过,在 Java 中只支持单继承方式,这使得 Java 的继承方式比 C++等 OOP 语言要简单得多。虽然 Java 不支持多继承,但是并不意味着 Java 不能实现多继承的效果,在后面讲述的"接口"(Interface)可以实现多继承的效果。继承机制可以增强程序代码的可复用性,提高软件的开发效率,降低程序产生错误的可能性,为程序的修改扩充提供便利。

3. 多态性

"多态"在实际生活中是有应用的,如 H_2O 在不同温度下可能是固态、液态或者气态;而在编程上,简单讲就是"类的不同对象可以对同一个消息作出不同的响应"。多态更多的是从程序整体设计的高度上体现的一种技术,简单地说就是"会使程序设计和运行时更灵活"。对象封装了多个方法,这些方法调用形式类似,但功能不同,对于使用者来说,不必去关心这些方法功能设计上的区别,对象会自动按需选择执行,这不仅减少了程序中所需的标识符的个数,对于软件工程整体的简化设计也有重大意义。多态性使程序的抽象程度和简洁程度提高,有助于程序设计人员对程序的分组协同开发。

多态分为静态多态和动态多态两种。静态多态是编译时多态,比如方法重载(在一个类中,允许多个方法使用同样的名字,但方法的参数不同,完成的功能也不同);动态多态是运行时多态(子类对象可以与父类对象进行相互转换,而且根据其使用的子类不同,完成不同的功能),典型的应用是方法重写和接口的引用,将在任务 2.2 中详细介绍。

知识点二:类和对象

面向对象编程思想力图使得程序设计与开发和现实世界中具体实例是完全一致的。类和对象是 OOP 中最基本的两个概念,类是对象的模板,对象是类的具体实现,如图 2-3 所示。人们通过观察对象的属性和行为来了解对象。对象的属性描述对象的状态,对象的行为描述对象的功能。

"实例化"是将类的属性设定为确定值的过程,是从"一般"到"具体"的过程;"抽象"是从特定的实例中抽取共同的性质以形成一般化概念的过程,是从"具体"到"一般"的过程。

假如学生是一个类的话,那么班级里所有的同学都是对象,他们都具有学生的基本特

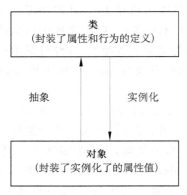

图 2-3　OOP 的类与对象

征,但各个同学之间的某些特性可能不一样,如身高、性别、学习习惯等。当这些属性特征确定了以后,一个对象就确定了下来,这就是实例化的过程。

如果把所有学生的共同特点进行总结,会得到如下信息:凡是学生都有性别、年龄、班级、选修专业等属性特征,而且有学习习惯、说话方式等行为特征。把这些共有的特征集成到一个模块中就形成了类,这就是抽象的过程。

在面向对象编程中,"类"是对某种类型的对象定义变量和方法的原型,表示对现实生活中一类具有相同特征的事物的抽象;"对象"是类的具体存在。类和对象是面向对象编程思想的核心和基础。类是作为对象的蓝图而存在的,所有的对象都依据相应的类来产生。

｜知识点三:类的定义｜

Java 中的类是由类声明和类体组成,如图 2-4 所示。

1. 类声明部分:由类修饰符、类关键字 class、类名称等组成

修饰符分为"访问修饰符"和"存储类型修饰符"两类。访问修饰符有 public 和缺省两种;存储类型修饰符有 abstract 和 final 两种。其中,public 用于说明该类能被其他包中的类使用,若无 public 关键字,则表示该类只能被同一包内的类访问;用 abstract 修饰的类为抽象类,抽象类必须被其他类继承;用 final 修饰的类为最终类,这种类不能被其他类继承。由此可见,abstract 和 final 不能同时修饰一个类,因为两者的作用是相反的。

类的关键字为 class,其后给出类的名称。类名称可以是任何合法的 Java 标识符,习惯上类名称的首字符用大写字母。

类可以继承其他类,用 extends 关键字指出被继承的类。Java 规定,一个类只能有一个父类,即只能单重继承。如果要实现多重继承的效果,必须采用实现接口的方式,此时使用关键字 implements 后跟接口名;如果要实现多个接口,可以用逗号隔开。有关接口的内容将在任务 2.2 中介绍。

```
[类修饰符] class <类名称> [extends <父类名>] [implements <接口名>]          ← 类声明
{
        [static { }]              //静态块
        [成员修饰符]   数据类型  成员变量1；
        [成员修饰符]   数据类型  成员变量2；
        …                         //其他成员变量
        [成员修饰符]   返回值类型  成员方法1（参数列表）
        { }
        [成员修饰符]   返回值类型  成员方法2（参数列表）
        { }
        …                         //其他成员方法
}
```

图 2-4 类的定义格式

2. 类体：由成员变量和成员方法组成

成员变量可以是 Java 的基本数据类型变量，也可以是复合数据类型的变量，如数组和类的对象。成员方法主要用于实现特定的操作，如进行数据处理、显示等，它决定了类要实现的功能。类体也可以包含静态块（static block），用来初始化类的静态成员。

【例 2.1】 定义 Student 类。

```
class Student{
    private String name ;                    //声明姓名属性
    public void setName(String n){           //设置姓名方法
        name = n ;
    }
    public String getName(  ){               //获取姓名方法
        return name ;
    }
}
public class ExampleDemo01{
    public static void main(String args[]){  //主方法,程序入口点
        Student stu = new Student(  ) ;      //声明学生对象
        stu.setName("sunlina") ;             //引用对象方法,设置姓名
        System.out.println("学生姓名:" + stu.getName(  )) ;    //引用对象方法,显示姓名
    }
}
```

【运行结果】

学生姓名:sunlina

在上面的程序中,Student 类定义了 name 属性,表示学生的姓名,它是被 private(私有)访问限定符修饰的变量。这说明该变量只能被 Student 类自身的方法访问,其他类的对象不能直接引用该变量,只能通过类提供的方法访问 name。例如程序中通过设置姓名方法 setName(String n)给该变量赋值。同时又定义获取姓名的方法 getName( )来显示姓名,方法的类型修饰符为 String,表明该方法是有返回值型方法,因此需要 return 语句返回方法值。

方法 main(String[] args)是类的主方法,一般应用程序以主方法为程序的入口。main( )方法中参数数组 args[]用于取得命令行参数,这是用户控制程序运行的"句柄"。new 运算符用于创建类的对象(或称"实例"),会在内存中开辟一段空间存放实例的属性值,然后将空间的地址赋给引用名 stu。操作成员属性和成员方法时,可以使用这个实例的引用名来操作,如 stu.setName("sunlina")。

知识点四:属性的声明

Java 程序设计中,属性即成员变量,而成员变量的声明或定义格式为:

[成员访问修饰符] [成员存储类型修饰符] 数据类型 成员变量[= 初值];

(1) 类的成员变量在使用前必须加以声明,除了声明变量的数据类型之外,还需要说明变量的访问属性和存储方式。访问修饰符包括 public、protected、private 和缺省(即不带访问修饰符)(参见表 2-1);存储类型修饰符包括 static、final、volatile、transient(参见表 2-2)。Java 中允许为成员变量赋初值。

(2) 成员变量根据在内存中的存储方式和作用范围可以分为类变量和实例变量。普通的成员变量也称实例变量。成员变量如果用 static 修饰,表示成员变量为静态成员变量(也称类变量)。类变量作用范围属于类,而一般实例变量是依赖于对象的。一般实例变量伴随着实例创建而创建,伴随着实例消亡而消亡。静态成员随着类的定义而诞生,被所有实例所共享。

(3) 访问成员变量格式:对象.成员变量。如果考虑 static 关键字,那么访问格式可以细化为:对象.静态成员变量(或实例成员变量),或者类名.静态成员变量。

表 2-1 成员变量的访问修饰关键字的功能

关键字	用途说明
public	此成员能被任何包中的任何类访问
protected	此成员能被同一包中的类和不同包中该类的子类访问
缺省(没有修饰符)	此成员能被同一包中的任何类访问
private	此成员能被同一类中的方法访问,包以外的任何类不能访问

表 2-2　成员变量的存储修饰关键字的功能

关键字	用途说明
static	声明类成员,表明该成员为所有对象所共有
final	声明常变量,该变量将不能被重新赋值
volatile	易失的变量,可以被异步的线程修改,不常用
transient	暂时的变量,将指定 Java 虚拟机认定该暂时性变量不属于永久状态,以实现不同对象的存档功能,不常用

用 final 修饰符修饰的成员变量就是常成员变量,在 Java 中常变量习惯用大写的标识符表示,例如:final　double　PI＝3.14159。

需要强调的是:在一个类中声明成员变量时,必须在任何方法之外声明,它的作用范围是整个类,如果定义在方法体内部就成为局部变量。另外需要注意的是,不要把语句写在方法外部(属性定义区),如下所述:

```
public classStudent {
    Stringname = new String("tom");          // 这是正确的
    void setName(  ) { … }
}
public classStudent {
    Stringname;
    name = new String("tom");                // 这是不正确的,语句不能放在属性区
    void setName((  ) { … }
}
public classStudent {
    Stringname;
    void setName(  ) {                       // 也可以这样改动
        name = new String("tom");
        …
    }
}
```

这就是初始化与赋值之间的区别:语句 String name＝new String("tom");是创建字符串实例兼初始化,属于定义语句,因此可以写在属性区。而语句 name＝new String("tom");则属于赋值语句,只能写在方法体内部。而成员变量的初始值的规则如表 2-3 所示。

表 2-3　成员变量的初始值规则

成员变量的数据类型	初始值
整型(byte,short,int,long)	0
字符型	'\u0000'
布尔型	false
浮点型	0.0

局部变量在调用时则必须初始化,这是与全局变量(成员变量、类变量)的区别。实例如

下所示。

【例 2.2】 定义 Student 类。

```
class Student{
    int age;                              //声明年龄属性
    void getAge( ){                       //获取年龄方法
        //int age;
        System.out.println("学生年龄:" + age);   //输出年龄值
    }
}
public class ExampleDemo02{
    public static void main(String args[]){
        Student stu = new Student( );     //主方法,程序入口点
        stu.age = 30;                     //声明学生对象
        stu.getAge( );                    //引用对象方法,显示年龄
    }
}
```

【运行结果】

学生年龄:30

如果去掉第四行的注释号,则运行结果为:

variableage might not have been initialized(提示变量 age 尚未初始化)

┃知识点五:行为的声明┃

Java 程序设计中,行为即成员方法,而成员方法的声明格式如下:

[访问修饰符]　[存储类型修饰符]　数据类型　成员方法([参数列表])[throws Exception];

成员方法定义的格式:

[访问修饰符]　[存储类型修饰符]　数据类型　成员方法([参数列表])[throws Exception]{
　　[<类型><局部变量>;]
　　… 方法体语句;
};

(1) 类的成员方法在声明或定义前,除了声明方法的返回值数据类型之外,还需要说明方法的访问属性和存储方式。访问修饰符包括 public、protected、private 和缺省;存储类型修饰符包括 static、final、abstract、native、synchronized。各种成员方法访问修饰符的作用与成员变量相同,参见表 2-1。表 2-4 给出了各种成员方法存储修饰符的作用。

(2) 如果类体中一个方法只有声明,没有定义(即没有方法体),则此方法是 abstract 的,类体和方法体定义前都须加 abstract 关键字修饰。

表 2-4　成员方法的存储修饰关键字的功能

关键字	用途说明
static	声明类方法,表明该方法为所有对象所共有
abstract	声明抽象方法,没有方法体,该方法需要其子类来实现
final	声明最终方法,该方法将不能被子类重写
native	声明本地方法,本地方法用另一种语言如 C 语言实现
synchronized	声明同步方法,该方法在任一时刻只能由一个线程访问

（3）访问成员方法的格式:对象．成员方法。如果考虑 static 关键字,那么访问格式可细化为:对象．静态成员方法(或实例成员方法),或者类名．静态成员方法。

（4）方法按返回值可以分为两类:无返回值的方法和有返回值的方法。有返回值方法的返回值类型可以是 Java 允许的任何数据类型。无返回值的方法用 void 关键字声明,不能包含 return 语句;有返回值的方法需在方法名前指出方法的返回值类型,并且包含 return 语句,return 语句后面为返回的结果,结果的数据类型即返回值类型,如实例 2.1 所示。

（5）在声明方法中的参数时,需要说明参数的类型和个数。参数之间用逗号隔开,参数的数据类型可以是 Java 认可的任何数据类型。参数名称在它的作用范围内是唯一的,即同一个方法中的参数名称不能相同。当然对象也可以作为方法的参数,将在 2.1.4 节技能提高中加以介绍。

| 知识点六:构造方法 |

构造方法是一种特殊的方法,用来创建类的实例。声明构造方法时,可以附加访问修饰符,但没有返回值,不能指定返回类型。构造方法名必须和类同名。调用构造方法创建实例时,用 new 运算符加构造方法名,格式如下:

　　类名　　对象名称　=　new 类名称(　)

如创建 Student 类的实例:

```
class Student{
    public Student(  ){}                    // 构造方法
    public static void main(String args[ ]){
        Student tom = new Student(  );       // 调用构造方法来创建实例
    }
}
```

为实例的属性设置值有两种方式:一种是先创建实例,后调用自己的普通成员方法来完成设置,这称为"赋值";另一种是使用 new 运算符调用构造方法,一次性地完成实例的创建和属性值设置,这称为"初始化"。

比较两种方式可以容易地知道构造方法的使用时机和作用:构造方法是专门用于构造实例的特殊成员方法,在创建实例时起作用;而使用普通成员方法为实例属性赋值,是在实例创建后才调用。构造方法可以自行定义,以满足程序的需要。在创建实例并设置属性值时虽然有两种选择,但推荐使用构造方法的形式来创建实例,这会使程序更简洁和易于理解,运行效率也更高。

知识点七:方法重载

在同一个类体中有多个名称相同的方法,但这些方法具有不同的参数列表(或参数的个数不同,或参数的类型不同),这种现象称为方法的重载。实例如下所示。

【例2.3】 定义Sum类。

```java
public class Sum {
    static int add(int x,int y){
        return x + y;
    }
    static int add(int x,int y,int z){
        return x + y + z;
    }
    static float add(float x,float y){
        return x + y;
    }
    public static void main(String[] args) {
        System.out.println(add(2,3));
        System.out.println(add(2,3,4));
        System.out.println(add(2.1f,3.2f));
    }
}
```

方法重载是一种静态多态,有时也称为"编译时绑定"。编译器习惯上将重载的这些方法确认为不同的方法,因此它们可以存在于同一作用域内。调用时,根据不同的方法调用格式自动判断、定位到相应的方法定义地址。使用方法重载,会使程序的功能更清晰、易理解,并使得调用形式更简单。

构造方法也是根据需要自行定义的,具有不同参数列表的构造方法也可以构成重载的关系。一个类如果没有定义构造方法,Java系统会自动生成一个不带参数的构造方法用于创建实例,这个方法就是默认构造方法。在具有自定义构造方法的类体中,如果调用了默认构造方法来创建实例,那么默认构造方法必须显式地书写在类体中,不能省略。实例如下所示。

【例2.4】 定义Person类。

```java
class Person{
    private String name ;           //声明姓名属性
    private int age ;               //声明年龄属性
    public Person(  ){}             //声明无参的构造方法
    public Person(String n){        //声明有参的构造方法,为name属性赋值
```

```java
        this.setName(n) ;
    }
    public Person(String n,int a){        // 声明构造方法,为类中的属性初始化
        this.setName(n) ;                 // 为 name 属性赋值
        this.setAge(a) ;                  // 为 age 属性赋值
    }
    public void setName(String n){        // 设置姓名
        name = n ;
    }
    public void setAge(int a){            // 设置年龄
        if(a>0&&a<150){
            age = a ;
        }
    }
    public String getName( ){             // 获取姓名
        return name ;
    }
    public int getAge( ){                 // 获取年龄
        return age ;
    }
    public void tell( ){                  // 获取信息
        System.out.println("姓名:" + this.getName( ) + ",年龄:" + this.getAge( )) ;
    }
}
public class ExampleDemo03{
    public static void main(String args[]){
        Person per = new Person("孙莉娜",30) ;// 调用带参数的构造方法实例化对象
        per.tell( ) ;                     // 输出信息
    }
}
```

【运行结果】

姓名:孙莉娜,年龄:30

读者可以自行尝试调用不带参数的构造方法和带一个参数的构造方法,查看相关结果。

知识点八:对象的创建与使用

如果把程序设计比作一项建筑工程,完成类定义相当于设计出施工图纸。根据一张图纸可以建起多座建筑物,同样,可以为每个类创建多个对象。

1. 创建对象

类是一种数据类型,对象相当于这种数据类型的变量,它在使用前要先定义或声明。例如对于上面定义的 Person 类,要声明一个 per 对象,使用语句 Person per;。

声明类的对象之后,并没有创建该对象,此时对象的值为 null。这和定义基本类型的变量相似,不同之处在于:基本数据类型的变量在声明之后,即使没有初始化,变量有一个初始值,如整型变量的初始值为 0,布尔型变量的初始值为 false;而类对象的初始值却为 null。要想让对象指向某一具体值,需要用类的构造方法创建对象。

以 per 为例,创建方法如下:per = new Person("孙莉娜",30);。

也可以在声明对象的同时创建该对象,例如 Person per = new Person("孙莉娜",30);。

2. 使用对象

声明变量是为了在程序中使用变量,同样创建对象也是为了使用对象。同基本类型变量不同之处在于:基本类型的变量包含的信息相对简单,而对象中包含了属性和处理属性的方法。使用对象属性和方法,采用以下形式:对象名称.属性或方法。之前例 2.2 已显示使用方法。当然也可以同时创建多个对象,每个对象会分别占据自己的空间,实例如下所示。

【例 2.5】 定义 Student 类,改造例 2.2。

```
class Student{
    int age;                                  // 声明年龄属性
    void getAge(   ){                         // 获取年龄方法
        System.out.println("学生年龄:" + age); // 输出年龄值
    }
}
public class ExampleDemo02{
    public static void main(String args[]){   // 主方法,程序入口点
        Student stu1 = new Student(   );       // 声明学生 1 对象
        Student stu2 = new Student(   );       // 声明学生 2 对象
        stu1.age = 30;
        stu1.getAge(   );                      // 引用学生 1 对象方法,显示年龄
        stu2.age = 20;
        stu2.getAge(   );                      // 引用学生 2 对象方法,显示年龄
    }
}
```

【运行结果】

学生年龄:30
学生年龄:20

3. 匿名对象

匿名对象就是没有明确给出名称的对象,一般匿名对象只使用一次。实例如下所示。

【例 2.6】 定义 Student 类,改造例 2.5。

```
class Student{
    private int age;                            // 声明年龄属性
    void getAge( ){                             // 获取年龄方法
        System.out.println("学生年龄:" + age);   // 输出年龄值
    }
}
public class ExampleDemo02{
    public static void main(String args[]){     // 主方法,程序入口点
        new Student( ).getAge( );               // 使用匿名对象
    }
}
```

【运行结果】

学生年龄:0

知识点九:this 关键字的使用

this 关键字除了可以强调所调用的是本类中的方法,也可以表示类中的属性,调用本类的构造方法和表示当前对象。

1. 使用 this 调用本类中的属性

【例 2.7】 this 调用属性。

```
class Person{                                   // 定义 Person 类
    private String name ;                       // 定义姓名
    private int age ;                           // 定义年龄
    public Person(String name, int age){        // 通过构造方法赋值
        this.name = name ;                      // 为类中的 name 属性赋值
        this.age = age ;                        // 为类中的 age 属性赋值
    }
    public String getInfo( ){                   // 取得信息方法
        return "姓名:" + name + ",年龄:" + age ;
    }
}
public class ThisDemo01{
    public static void main(String args[]){
```

```
        Person per1 = new Person("孙莉娜",33) ;              // 调用构造实例化对象
        System.out.println(per1.getInfo( )) ;                // 取得信息
    }
}
```

【运行结果】

姓名:孙莉娜,年龄:33

构造方法中明确标识出类中的两个属性"this.name"和"this.age",在进行赋值操作时不会产生歧义。如果去掉 this 关键字,程序运行结果是"姓名:null,年龄:0";这表明没有把构造方法传递的参数值赋给属性,因为没有明确指出属性,所以要避免此类错误。

2. 使用 this 调用构造方法

如果一个类中有多个构造方法,可以通过 this 关键字相互调用。实例如下所示。

【例 2.8】 this 调用构造方法。

```
class Person{                                               // 定义 Person 类
    private String name ;                                   // 定义姓名
    private int age ;                                       // 定义年龄
    public Person( ){                                       // 无参构造
        System.out.println("新对象实例化") ;
    }
    public Person(String name){
        this( ) ;                                           // 调用 Person 类中无参构造方法
        this.name = name ;                                  // 为类中的 name 属性赋值
    }
    public Person(String name, int age){                    // 通过构造方法赋值
        this( ) ;                                           // 调用 Person 类中无参构造方法
        this.name = name ;                                  // 为类中的 name 属性赋值
        this.age = age ;                                    // 为类中的 age 属性赋值
    }
    public String getInfo( ){                               // 取得信息方法
        return "姓名:" + name + ",年龄:" + age ;
    }
}
public class ThisDemo02{
    public static void main(String args[]){
        Person per = new Person("孙莉娜",33) ;               // 调用构造实例化对象
        System.out.println(per.getInfo( )) ;                // 取得信息
    }
}
```

【运行结果】

新对象实例化

姓名:孙莉娜,年龄:33

程序中提供了三个构造方法,其中使用 this 调用类中的无参构造方法,要注意构造方法是在实例化对象时被自动调用的,因此使用 this 调用构造方法时必须放在构造方法的首行,同时至少存在一个构造方法不使用 this 来调用其他构造方法,作为构造方法的出口,否则会出错。

3. this 表示当前对象

在 Java 语言中当前对象指的是当前真正调用类中方法的对象,实例如下所示。

【例 2.9】 this 表示当前对象。

```java
class Person{                                   // 定义 Person 类
    private String name ;                       // 定义姓名
    private int age ;                           // 定义年龄
    public Person(String name, int age){        // 通过构造方法为属性赋值
        this.setName(name) ;                    // 设置姓名
        this.setAge(age) ;                      // 设置年龄
    }
    public boolean compare(Person per){
        // 调用此方法时里面存在两个对象:当前对象、传入的对象
        Person p1 = this ;                      // 表示当前调用方法的对象为 per1
        Person p2 = per ;                       // 传递到方法中的对象为 per2
        if(p1 == p2){                           // 用地址比较是不是同一个对象
            return true ;
        }                                       // 之后判断每一个属性是否相等
        if(p1.name.equals(p2.name)&&p1.age == p2.age){
            return true ;                       // 两个对象相等
        }else{
            return false ;                      // 两个对象不相等
        }
    }
    public void setName(String name){           // 设置姓名
        this.name = name ;
    }
    public void setAge(int age){                // 设置年龄
        this.age = age ;
    }
    public String getName( ){                   // 获取姓名
        return this.name ;
```

```
        }
        public int getAge(   ){                    // 获取年龄
            return this.age ;
        }
}
public class ThisDemo03{
    public static void main(String args[]){
        Person per1 = new Person("孙莉娜",30) ;    // 声明两个对象,内容完全相等
        Person per2 = new Person("孙莉娜",30) ;    // 声明两个对象,内容完全相等
        // 直接在主方法中依次取得各个属性进行比较
        if(per1.compare(per2)){
            System.out.println("两个对象相等!") ;
        }else{
            System.out.println("两个对象不相等!") ;
        }
    }
}
```

知识点十:static 关键字的使用

在程序中使用 static 声明的属性为全局属性,使用 static 声明的方法为类方法,实例如例 2.10 和例 2.11 所示。

【例 2.10】 static 声明全局属性。

```
class Person{                                      // 定义 Person 类
    String name ;                                  // 定义 name 属性,暂时不封装
    int age ;                                      // 定义 age 属性,暂时不封装
    static String country = "A 城" ;               // 定义城市属性,有默认值,static
    public Person(String name,int age){
        this.name = name ;
        this.age = age ;
    }
    public void info(   ){                         // 得到信息
        System.out.println("姓名:" + this.name + ",年龄:" + this.age + ",城市:" + country) ;
    }
}
public class StaticDemo01{
    public static void main(String args[]){
        Person p1 = new Person("张三",30) ;        // 实例化对象
        Person p2 = new Person("李四",31) ;        // 实例化对象
```

```
        Person p3 = new Person("王五",32) ;        // 实例化对象
        p1. info( ) ;
        p2. info( ) ;
        p3. info( ) ;
        System. out. println("—————————————————————————");
        p1. country = "B 城" ;                      // 由对象修改 static 属性
        p1. info( ) ;
        p2. info( ) ;
        p3. info( ) ;
        System. out. println("—————————————————————————");
        Person. country = "C 城" ;                  // 由类修改 static 属性
        p1. info( ) ;
        p2. info( ) ;
        p3. info( ) ;
    }
}
```

【运行结果】

```
姓名:张三,年龄:30,城市:A 城
姓名:李四,年龄:31,城市:A 城
姓名:王五,年龄:32,城市:A 城("—————————————————————————")
姓名:张三,年龄:30,城市:B 城
姓名:李四,年龄:31,城市:B 城
姓名:王五,年龄:32,城市:B 城("—————————————————————————")
姓名:张三,年龄:30,城市:C 城
姓名:李四,年龄:31,城市:C 城
姓名:王五,年龄:32,城市:C 城
```

【例 2.11】 static 声明类方法。

```
class Person{                                      // 定义 Person 类
    private String name ;                          // 定义 name 属性
    private int age ;                              // 定义 age 属性
    private static String country = "A 城" ;        // 定义 static 的 country 属性
    public static void setCountry(String c){       // 定义 static 方法,设置属性值
        country = c ;                              // 修改 static 属性值
    }
    public static String getCountry( ){            // 获取属性值
        return country ;
    }
    public Person(String name,int age){            // 构造方法
        this. name = name ;
```

```
        this.age = age;
    }
    public void info(  ){                                   // 获取信息
        System.out.println("姓名:" + this.name + ",年龄:" + this.age + ",城市:" + country);
    }
}
public class StaticDemo02{
    public static void main(String args[]){
        Person p1 = new Person("张三",30);              // 实例化对象
        Person p2 = new Person("李四",31);              // 实例化对象
        Person p3 = new Person("王五",32);              // 实例化对象
        p1.info(  );
        p2.info(  );
        p3.info(  );
        Person.setCountry("B城");                       // 调用静态方法修改 static 属性的内容
        System.out.println("————————————————————");
        p1.info(  );
        p2.info(  );
        p3.info(  );
    }
}
```

【运行结果】

```
姓名:张三,年龄:30,城市:A城
姓名:李四,年龄:31,城市:A城
姓名:王五,年龄:32,城市:A城("————————————————————")
姓名:张三,年龄:30,城市:B城
姓名:李四,年龄:31,城市:B城
姓名:王五,年龄:32,城市:B城
```

最后要注意,非 static 声明的方法可以调用 static 声明的属性和方法,但是 static 声明的方法中不能调用非 static 类型声明的属性或者方法。

▶ 2.1.3 任务实施

1. Student 类中的属性及类型(见表 2-5)

表 2-5 Student 类中的属性及类型

序号	属性	类型	名称
1	学号	String	stuno
2	姓名	String	name

续表

序号	属性	类型	名称
3	英语	float	math
4	数学	float	english
5	计算机	float	computer

2. 定义出需要的普通方法和构造方法（见表2-6）

表2-6　Student类中的方法

序号	方法	返回值类型	作用
1	public void setStuno(String s)	void	设置学生编号
2	public void setName(String n)	void	设置学生姓名
3	public void setMath(float m)	void	设置学生数学成绩
4	public void setEnglish(float e)	void	设置学生英语成绩
5	public void setComputer(float c)	void	设置学生计算机成绩
6	public String getStuno( )	String	获取学生编号
7	public String getName( )	String	获取学生姓名
8	public float getMath( )	float	获取学生数学成绩
9	public float getEnglish( )	float	获取学生英语成绩
10	public float getComputer( )	float	获取学生计算机成绩
11	public float sum( )	float	计算总成绩
12	public float avg( )	float	计算平均成绩
13	public float max( )	float	计算最高成绩
14	public float min( )	float	计算最低成绩
15	public Student( )	无	无参构造方法
16	public Student(String s,String n,float m,float e,float c)	无	有参构造方法

3. 程序实现代码

程序实现的代码如下。

```
class Student{                                      //定义学生类
    private String stuno ;                          //学生编号
    private String name ;                           //学生姓名
    private float math ;                            //学生数学成绩
    private float english ;                         //学生英语成绩
    private float computer ;                        //学生计算机成绩
    public Student(   ){}                           //定义无参构造方法
    //定义拥有5个参数的构造方法，为类中的属性初始化
    public Student(String s,String n,float m,float e,float c){
        this.setStuno(s) ;                          //调用设置学生编号方法
```

```java
        this.setName(n) ;                          // 调用设置姓名方法
        this.setMath(m) ;                          // 调用设置数学成绩方法
        this.setEnglish(e) ;                       // 调用设置英语成绩方法
        this.setComputer(c) ;                      // 调用设置计算机成绩方法
    }
    public void setStuno(String s){                // 设置学生编号
        stuno = s ;
    }
    public void setName(String n){                 // 设置学生姓名
        name = n ;
    }
    public void setMath(float m){                  // 设置学生数学成绩
        math = m ;
    }
    public void setEnglish(float e){               // 设置学生英语成绩
        english = e ;
    }
    public void setComputer(float c){              // 设置学生计算机成绩
        computer = c ;
    }
    public String getStuno( ){                     // 获取学生编号
        return stuno ;
    }
    public String getName( ){                      // 获取学生姓名
        return name ;
    }
    public float getMath( ){                       // 获取学生数学成绩
        return math ;
    }
    public float getEnglish( ){                    // 获取学生英语成绩
        return english ;
    }
    public float getComputer( ){                   // 获取学生计算机成绩
        return computer ;
    }
    public float sum( ){                           // 求和操作,计算总成绩
        return  math + english + computer ;
    }
    public float avg( ){                           // 求平均值,计算平均成绩
        return this.sum( ) / 3 ;
```

```
        }
        public float max(  ){                    // 求最高成绩
            float max = math ;                   // 假设数学是最高成绩
            max = max>computer?max:computer ;    // 三目运算获得较高成绩
            max = max>english?max:english ;      // 三目运算获得最高成绩
            return max ;
        }
        public float min(  ){                    // 求最低成绩
            float min = math ;                   // 假设数学是最低成绩
            min = min<computer?min:computer ;    // 三目运算获得较低成绩
            min = min<english?min:english ;      // 三目运算获得最低成绩
            return min ;
        }
    }
```

编写测试类，测试代码结果：

```
public class ExampleDemo{
    public static void main(String args[]){
        Student stu = null ;                     // 声明对象
        // 实例化 Student 对象,并通过构造方法赋值
        stu = new Student("lnjd12321","孙莉娜",95.0f,90.0f,96.0f) ;
        System.out.println("学生编号:" + stu.getStuno(  )) ;
        System.out.println("学生姓名:" + stu.getName(  )) ;
        System.out.println("数学成绩:" + stu.getMath(  )) ;
        System.out.println("英语成绩:" + stu.getEnglish(  )) ;
        System.out.println("计算机成绩:" + stu.getComputer(  )) ;
        System.out.println("最高分:" + stu.max(  )) ;
        System.out.println("最低分:" + stu.min(  )) ;
        System.out.println("总分:" + stu.sum(  )) ;
    }
}
```

【运行结果】

```
学生编号:lnjd12321
学生姓名:孙莉娜
数学成绩:95.0
英语成绩:90.0
计算机成绩:96.0
最高分:96.0
最低分:90.0
总分:281.0
```

以上介绍了类的基本分析思路,实际工作的问题要复杂得多,读者可以酌情进行分析,应用面向对象的各个概念,对程序代码进行合理的设计。

▶ 2.1.4 技能提高

1. 对象引用传递

【例2.12】 对象引用传递。

```
class Demo{
    int temp = 30 ;                    // 此处为了方便,对属性暂时不封装
}
public class RefDemo01{
    public static void main(String args[]){
        Demo d1 = new Demo( ) ;        // 实例化Demo对象,实例化之后里面的temp=30
        d1.temp = 50 ;                 // 修改temp属性的内容
        System.out.println("fun( )方法调用之前:" + d1.temp) ;
        fun(d1) ;
        System.out.println("fun( )方法调用之后:" + d1.temp) ;
    }
    public static void fun(Demo d2){   // 此处的方法由主方法直接调用
        d2.temp = 1000;                // 修改temp值
    }
}
```

【运行结果】

```
fun( )方法调用之前:50
fun( )方法调用之后:1000
```

2. 接收本类的引用

【例2.13】 计算两个复数的和,addComplex( )方法的参数为两个复数类对象的实例。

```
class Complex{
    int real,virtual;
    public Complex(int r,int v){
        real = r;
        virtual = v;
    }
    void showValue( ){
        System.out.println("复数值为:" + real + "." + virtual);
```

```
    }
    static Complex addComplex(Complex c1,Complex c2){
        Complex c = new Complex(0,0);
        c.real = c1.real + c2.real;
        c.virtual = c1.virtual + c2.virtual;
        return c;
    }
}
public class RefDemo02{
    public static void main(String[] args) {
        Complex c,c1,c2;
        c1 = new Complex(2,3);
        c2 = new Complex(4,5);
        c = Complex.addComplex(c1,c2);
        c.showValue( );
    }
}
```

【运行结果】

复数值为:6.8

3. 试图通过引用改变对象的值,但结果没有成功

【例2.14】 引用对象交换。

```
class Timer{
    int minute,second;
    public Timer(int m,int s){
        minute = m;
        second = s;
    }
    void showTime( ){
        System.out.println("现在时间是:" + minute + "分" + second + "秒");
    }
    static void swapTime(Timer t1,Timer t2){
        Timer t = t1; //定义了局部变量t,利用t交换t1和t2的值
        t1 = t2;
        t2 = t;
    }
}
public class RefDemo03{
```

```java
public static void main(String[] args) {
    Timer t1 = new Timer(9,10);
    Timer t2 = new Timer(11,12);
    t1.showTime( );
    t2.showTime( );
    System.out.println("使用 swapTime 方法交换 Timer 实例后:");
    Timer.swapTime(t1,t2);
    t1.showTime( );
    t2.showTime( );
}
}
```

【运行结果】

现在时间是:9 分 10 秒
现在时间是:11 分 12 秒
使用 swapTime 方法交换 Timer 实例后:
现在时间是:9 分 10 秒
现在时间是:11 分 12 秒

程序代码中试图通过 swapTime( )方法交换两个 Timer 实例 t1 和 t2 的值,但是程序运行结果显示它们的值并没有交换成功。在 Java 方法中无法修改被引用实参变量的值,因此不要试图通过引用改变主调方法中变量的值。

任务 2.2 面向对象编程技术进阶

在前面的章节中已经介绍了类的基本使用方法,对于面向对象的程序而言,它的精华之处在于类的继承性和多态性,因为它的高级特性可以在现有类的基础上进行功能扩充。通过应用类的高级特性,可以快速地开发新类与创建新的对象,而无须编写相同的程序代码,这就是程序代码再利用的概念。

▶2.2.1 任务内容

设计一个"宠物商店",在宠物商店中可以有多种宠物,数量由用户决定,可以通过查找宠物关键字获取相应的宠物信息,而宠物的相关信息可以根据需要自行设计。

(1)根据要求中提示的宠物信息可以自行设计,先简单设计宠物的名字、品种、颜色、年龄等属性。

(2)宠物的种类很多,如猫、狗等都属于宠物,所以宠物应该是一个标准;在宠物商店中,只要符合宠物标准的,应该都可以放进宠物商店中。

(3)宠物商店中因为要保存多种宠物,所以应该设有一个宠物的对象数组;因为宠物的数量由用户决定,所以在创建宠物商店时,需要分配好能够保存宠物的个数。

2.2.2 相关知识

| 知识点一：类的继承特性 |

类通过继承可以实现代码复用,从而提高程序设计效率,缩短开发周期。Java 的类大致有两种:系统提供的基础类和用户自定义的类。系统类面向系统底层,为用户进行二次开发提供技术支持,如果没有系统类支持,用户自行开发应用程序的任务将会变得繁重和复杂;自定义类是用户为解决特殊问题、面向实际问题设计的类。用户通过在已有类的基础上扩展子类的形式来构建程序新的功能,子类继承父类的属性和方法,同时也加入自身独特的属性和方法,以区别于父类。

Java 中使用 extends 关键字来继承父类,Java 类继承的实现格式为:

[类访问控制修饰符]　[类存储修饰符]　class 子类名 extends 父类名{
　　…
}

Java 中所有类的终极父类是 java.lang.Object,它是所有类的根。如果一个类没有声明 extends 父类,则默认父类为 Object 类。

【例 2.15】 继承的实现。

```java
class Parent{
    String name;                        // 定义姓名
    Parent( ){}                         // 此处默认构造方法为必需
    Parent(String pName) {              // 构造方法
        name = pName;
    }
    void showInfo( ) {                  // 显示个人信息
        System.out.println("姓名:" + name);
    }
}
class Children extends Parent{
    int age;                            // 子类自定义的成员变量
    Children(String cName, int cAge) {  // 构造方法
        // super( );                    // 默认省略了此语句
        name = cName;                   // name 属性继承自父类 Parent
        age = cAge;
    }
    public static void main(String[ ]args) {
        Children children = new Children("王强",10);
        System.out.println("子类信息如下:");
```

```
            children.showInfo( );                    // showInfo( )方法继承自父类 Parent
        }
}
```

【运行结果】

子类信息如下：
姓名：王强

【代码说明】

例中的 Parent 类为父类，Children 类为子类，在继承时父类所有的普通成员方法和成员变量都继承到子类中。父类定义了成员变量姓名 name 和显示信息的成员方法 showInfo( )；子类中额外定义了一个成员变量年龄 age；子类 Children 中 main( )方法定义了子类实例 children，在代码中分别调用了 name 和 showInfo( )，因为父类的 name 成员变量和 showInfo( )成员方法会被子类继承下来，因此子类中没有重新定义它们，这里充分利用了继承的特性。

【注意事项】

在 Java 中只允许单继承，不能使用多继承，即一个子类只能继承一个父类。因此，以下代码是错误的。

```
class A { }
class B { }
public class C extends A,B { }
// C类同时继承两个父类是不允许的
```

但 Java 语言允许进行多层继承，即一个子类可以有一个父类，一个父类之上还可以有它的父类。因此，以下代码是正确的。

```
class A { }
class B extends A { }
class C extends B { }
// B类继承于A类，C类继承于B类，即B类是A类的子类，C类是B类的子类，这是允许的
```

另外，子类不能直接访问父类中的私有成员，但子类可以调用 setter( )或者 getter( )方法进行访问私有成员。

知识点二：子类对象实例化

在继承操作中，对于子类对象的实例化也是有要求的，即子类对象在实例化之前必须先调用父类中的构造方法，再调用子类的构造方法。

因此在例 2.15 中，父类 Parent 需要定义默认构造方法 Parent( )，子类的构造方法会默认调用父类的默认构造方法，super( )方法代表子类的超类的构造方法，这里相当于 Parent( )，而构造方法是不参与继承的，所以 Parent( ){ }一行的代码是必需的。下面通过简单改造实例，再次观察子类对象实例化的过程。

【例 2.16】 子类对象实例化。

```
class Parent{
    String name;                          // 定义姓名
    Parent(   ){
        System.out.println("父类构造方法");
    }
    Parent(String pName) {                // 构造方法
        name = pName;
    }
    void showInfo(   ) {                  // 显示个人信息
        System.out.println("姓名:" + name);
    }
}
class Children extends Parent{
    int age;                              // 子类自定义的成员变量
    Children(String cName,int cAge) {     // 构造方法
        System.out.println("子类构造方法");
        name = cName;                     // name 属性继承自父类 Parent
        age = cAge;
    }
    public static void main(String[ ]args){
        Children children = new Children("王强",10);
        System.out.println("子类信息如下:");
        children.showInfo(   );           // showInfo(   )方法继承自父类 Parent
    }
}
```

【运行结果】

```
父类构造方法
子类构造方法
子类信息如下:
姓名:王强
```

知识点三:成员变量覆盖与方法重写

通过类的继承,子类可以使用父类的成员变量和成员方法。但当子类重新定义了和父类同名的方法时,子类方法的功能会覆盖父类同名方法的功能,这叫作方法重写。同样,当子类的成员变量与父类的成员变量同名时,在子类中隐藏父类同名变量的值,这叫作变量覆盖。

方法重写和变量覆盖发生在有父子类继承关系,父子类中的两个同名的方法的参数列

表和返回值完全相同的情况下。另外,还需注意下面的两条限制:重写的方法不能比被重写的方法拥有更严格的访问权限;重写的方法不能比被重写的方法产生更多的异常。

例如例 2.17 中,在定义子类 showInfo( )方法前加上 public 关键字,该方法将不能被重写,会有编译错误。原因是默认时 showInfo( )方法的访问控制权限低于 public 权限。

【例 2.17】 成员变量覆盖与方法重写。

```
class Parent{
    String name;                        // 定义姓名
    char sex;                           // 定义性别
    Parent( ){ }                        // 此处默认构造方法为必需
    Parent(String n,char s) {           // 构造方法
        name = n;
        sex = s;
    }
    void showInfo( ) {                  // 显示个人信息
        System.out.println("姓名:" + name);
        System.out.println("性别:" + sex);
    }
}
class Children extends Parent{
    String name;                        // 子女姓名
    int age;
    Children(String cName,char cSex,int cAge) {  // 构造方法
        // super( ); // 默认省略了此语句
        name = cName;
        sex = cSex;
        age = cAge;
    }
    void showInfo( ){                   // 显示子类实例信息,重写了父类的 showInfo( )方法
        System.out.println("孩子的姓名:" + name);
        System.out.println("孩子的性别:" + sex);
        System.out.println("孩子的年龄:" + age);
    }
    public static void main(String[ ]args){
        Children children = new Children("王强",'M',10);
        System.out.println("子类信息如下:");
        children.showInfo( );
    }
}
```

【运行结果】

```
子类信息如下：
孩子的姓名：王强
孩子的性别：M
孩子的年龄：10
```

【代码说明】

实例中的 Parent 为父类，Children 类为子类，在继承时，父类所有的普通成员变量和方法都继承到子类中。父类定义了两个成员变量姓名 name 和性别 sex，自定义了带两个参数的构造方法 Parent(String n,char s)和显示信息的成员方法 showInfo( )；子类中额外定义了成员变量年龄 age 和成员变量姓名 name，虽然父类也定义了 name，但子类中重新定义了这个变量，因此是对父类 name 变量的覆盖。因为子类中需要输出额外的 age 信息，所以子类重新定义了方法 showInfo( )，子类的这个方法重写了父类的 showInfo( )方法的功能，也就是说，当子类的实例调用 showInfo( )方法时，调用的将是子类的方法，这就是方法重写。

知识点四：super 关键字的使用

super 有两种调用形式：
super 代表父类的实例；
super( )代表父类的构造方法。

【例 2.18】 super 的使用。

```
class Parent{
    String pName;                   // 父母姓名为类的成员变量
    Parent(String pName) {          // pName 为方法的参数
        this.pName = pName;
    }
}
class Children extends Parent{
    String cName;                   // 定义子女姓名
    char cSex;                      // 定义子女性别
    Children(String pName,String cName,char cSex){
        super(pName);               // 利用 super(  )调用父类构造方法
        this.cName = cName;         //this.cName 表示当前类成员
        this.cSex = cSex;           // this.cSex 表示当前类成员
    }
    /*---定义布尔型方法，判断 this 是否为 Children 的对象的引用 ---*/
    boolean isChildren(  ){
        if(this instanceof Children)
            return true;
```

```
            else
                return false;
    }
    void showFamilyInfo( ){
        System.out.println("父母名称:" + super.pName);//利用 super 引用父类实例
        System.out.println("子女名称:" + cName);
        System.out.println("子女性别:" + cSex);
    }
    public static void main(String[ ]args){
        Children children = new Children("刘强,王丽","刘华",'F');
        System.out.println("this 为当前类的实例吗?" + children.isChildren( ));
        children.showFamilyInfo( );
    }
}
```

【运行结果】

```
this 为当前类的实例吗?true
父母名称:刘强,王丽
子女名称:刘华
子女性别:F
```

【代码说明】

在 Children 类的构造方法中,使用 super(pName)方法引用了父类 Parent 的构造方法,它等同于 Parent(String pName)。super( )方法只能是子类的构造方法中第一条语句。

在 Children 类的 showFamilyInfo( )方法中使用 super.pName 引用父类 Parent 的成员变量 pName。另外,当子类的方法覆盖父类方法时,如果要在子类中调用父类的方法,可采用"super.父类方法"的形式调用父类中被覆盖的方法。

知识点五:抽象类的概念与实现

1. 抽象类和抽象方法的概念

简单地说,抽象方法是只有方法声明而没有方法体的特殊方法,例如:

```
abstract void talk( );
```

而如果一个类中含有抽象方法,这个类就自然成为抽象类,例如:

```
abstract class Animal{
    abstract void talk( );
    void getSkinColor( ){…}
}
```

talk( )方法只有修饰符和方法名,而没有方法体,所以它是一个抽象方法,需要用

abstract 关键字修饰;class Animal 中有抽象方法 talk( ),虽然 Animal 类中也有其他有方法体的方法,如 getSkinColor( ),但是只要类体中有一个方法是抽象的,类就是抽象的。所以它自然成为抽象类,也需要用 abstract 关键字修饰。

2. 抽象类和抽象方法的作用

在设计程序时,通常先将一些具有相关功能的方法组织在一起,形成特定的类,然后由其他子类来继承这个类,在子类中将覆盖这些没有实现的方法,完成特定的具体功能。这种编程模式通常是基于相对较大型工程的设计而言的。在这些大型工程中,实现的技术比较复杂,模块多,代码量大,涉及编程的相关人员较多,角色和任务也不尽相同。为了合理安排软件工程的开发工作,需要一部分资深程序员先对程序框架做整体设计,然后其他程序员再在建立好的框架基础上做更细致的编程,就好比"建一座大厦要先建好钢筋混凝土框架再垒墙砖"一样,抽象类和方法就是起到"建立框架"的作用。

抽象类的作用类似模板,在某些特殊编程情况下,一些类和方法的功能无法固定,比如上面的 Animal 类,它是所有动物的通称,每种动物的"说话"方式不同,小狗可能是"汪汪"地叫,而猫咪是"喵喵"地叫,在 Animal 类中无法确定 talk( )方法具体是什么功能,只有在子类中才能确定,因此把它设为抽象类最合适。

3. 抽象类和抽象方法的实例

抽象类和抽象方法使用规则:

(1) 包含抽象方法的类必须是抽象类;抽象类和抽象方法均使用 abstract 关键字声明;抽象方法只需声明,不需要实现。

(2) 抽象类必须被子类继承,子类必须覆写抽象类中的全部抽象方法;如果子类没有重写抽象父类中的全部方法,按照继承的规则,子类也会成为抽象类。

(3) 抽象类不可以使用 final 关键字声明,因为使用 final 声明的类不能有子类。

(4) 抽象方法不可以使用 final、private 关键字声明,因为使用 final、private 声明的方法不能被子类覆写。

【例 2.19】 抽象类和抽象方法的使用。

```
abstract class Animal{                          // 定义抽象类 Animal
    private String type;
    public Animal(String type){
        this.type = type;
    }
    abstract void talk( );                      // 声明抽象方法 talk( )
}
class Dog extends Animal{                       // 定义 Animal 类的子类 Dog
    private String name;
    public Dog(String type,String name){
```

```java
        super(type);
        this.name = name;
    }
    void talk( ) {                                    // 覆盖 talk( )方法
        System.out.println("汪汪");
    }
}
class Cat extends Animal{                             // 定义 Animal 类的子类 Cat
    private String name;
    public Cat(String type,String name){
        super(type);
        this.name = name;
    }
    void talk( ) {                                    // 覆盖 talk( )方法
        System.out.println("喵喵");
    }
}
public class DemoAbstract{                            // 定义主类
    public static void main(String[ ]args){
        Dog doggie = new Dog("犬科动物","德国黑贝");  // 指向子类对象
        Cat kitty = new Cat("猫科动物","波斯猫");     // 指向子类对象
        doggie.talk( );                               //显示 doggie 的声音
        kitty.talk( );                                //显示 kitty 的声音
    }
}
```

【运行结果】

汪汪
喵喵

【代码说明】

Animal 类是抽象类,其中定义了抽象方法 talk( ),Dog 和 Cat 是 Animal 类的子类,两个子类均覆盖了 talk( )方法。在类 DemoAbstract 中,定义了两个子类类型的变量 doggie 和 kitty,语句如下。通过调用这两个变量的 talk( )方法,显示两个子类实例 talk( )方法的输出结果。

Dog doggie=new Dog("犬科动物","德国黑贝");
Cat kitty=new Cat("猫科动物","波斯猫");

知识点六:接口的概念与实现

为了利于软件工程的制作,使继承的类层次结构更清晰,可以使用抽象类来完成整体的

设计工作。但因为 Java 语言不支持多继承,如果希望一个类能同时继承两个以上父类中的内容,抽象类作为父类就力不从心了,这时可以考虑使用接口来实现多继承的效果。

1. 接口的概念与定义使用格式

接口是一种"纯粹"的抽象类,只包含了抽象方法和常量的定义。这些抽象方法必须由其他子类来实现(implements),才能赋予方法新的功能。接口定义的格式如下:

```
[访问修饰符] interface 接口名 {
    [访问修饰符][存储修饰符]  静态常量;
    [访问修饰符][存储修饰符]  抽象方法;
}
```

接口中的常量默认是 public、static 和 final 类型的,接口中的方法默认是 public 和 abstract 类型的,定义时无须指定这些属性。事实上,接口成员(包括成员属性和成员方法)的访问修饰符都必须是 public 类型的。接口的访问修饰符与类的访问修饰符规则一致,若不写缺省时为包内访问,但建议设为 public 类型,因为从接口的使用上看,接口只有被其他子类实现才有实际意义,为了调用方便,设为 public 类型较为合适。Java 系统类库的接口都是 public 类型的。

子类实现接口时使用 implements 关键字,如果想实现多个接口,可以写入多个接口,接口名之间用逗号隔开。接口的使用格式如下:

```
[访问修饰符][存储修饰符] class  类名 implements  接口名1,接口名2…
{…}
```

2. 接口实例

【例 2.20】 定义一个接口,并定义相应的类实现接口中的方法。

```
interface Circle{                                    // 定义接口 Circle
    double PI = 3.14159;                             // 定义常量
    void setRadius(double radius);                   // 定义抽象方法
    double getArea(   );                             // 定义抽象方法
}
//类 DemoInterface 实现接口 Circle 中的方法,用关键字 implements
public class DemoInterface implements Circle{
    double radius;                                   // 定义成员变量
    public void setRadius(double radius) {           // 实现接口中的 setRadius 方法
        this.radius = radius;
    }
    public double getArea(   ) {                     // 实现接口中的 getArea(   )方法
        return (radius * radius * PI);
    }
```

```java
    public static void main(String[ ]args){
        DemoInterface di = new DemoInterface(   );           // 创建类对象 di
        System.out.println("接口中定义的 PI = " + PI);         // 显示接口中的常量
        di.setRadius(5.6);                                   // 设置半径
        System.out.println("The area is " + di.getArea(   )); // 显示圆面积
    }
}
```

【运行结果】

接口中定义的 PI = 3.14159
The area is 98.52026239999998

【代码说明】

程序中定义了接口 Circle,PI 为接口中定义的常量。虽然定义 PI 时只用了 double 指定常量的存储类型属性,但该常量默认应当是 public、static 类型的。在类 DemoInterface 中的 main( )方法中可以直接使用 PI,恰恰说明 PI 是静态的,否则不能直接使用。

接口中定义的两个方法也只是指定了返回值类型,并没有指定其他属性。但这两个方法是抽象方法,如果实现该接口的类 DemoInterface 不实现其中的任何一个方法,编译时将提示:DemoInterface should be declared abstract; it does not define…,提示 DemoInterface 类应为抽象类,并指出哪个方法没有定义。

在类中实现两个接口中的方法时,给方法指定了 public 属性,其原因是接口中定义的方法默认为 public 属性,实现这个接口的子类中重定义的该方法也必须指定 public 属性,否则编译时将提示错误信息,原因是重写的方法不能比被重写的方法拥有更严格的访问权限。

接口和抽象类的区别如下。

(1) 接口是一种"纯粹"的抽象类,它所有的方法都是抽象的(即只有声明,没有定义);而抽象类可以允许包含有定义的方法。

(2) 子类实现接口用 implements 关键字;继承抽象类用 extends 关键字。

(3) 子类可以实现多个接口,但只能继承一个抽象类。

(4) 一个子类如果实现了一个接口,那么子类必须重写这个接口里的所有方法;抽象类的子类可以不重写抽象父类的所有方法,但这个子类会自然成为抽象类。

知识点七:对象的多态性

Java 语言中的"多态性"一方面体现在方法重载和方法重写上,另一方面体现在对象的多态性上。前者已做过详细介绍,在此重点介绍对象的多态性。

类的继承和方法的重写是实现多态的基础,对象的多态性是指在具有继承关系的情况下,父类的对象可以指向子类的对象,且父类对象在调用相同的方法时,具有多种不同的形式或状态。编程时父类的对象或引用可以指向子类的对象,比如 Parents 类和 Children 类,Children 继承自 Parents,下面的语句是合法的:

```
Parents    parentsWang;                    // 定义 Parents 的对象
parentsWang = new Children( );             // 将该对象指向子类 Children 的对象
```

这说明父类对象可以存储子类对象。如果执行 parentsWang.favorite( )语句,该语句调用的方法将是子类的方法。但这种调用是有前提的,即父类定义了 favorite( )方法或者子类覆盖父类的 favorite( )方法,否则会出现编译错误。

【例 2.21】 对象的多态性实例。

```
abstract class Employee{                   // 定义雇员类,它是抽象类
    int salary;                            // 定义雇员薪水
    void setSalary(int salary){            // 设置薪水
        this.salary = salary;
    }
    abstract void showSalary( );           // 显示薪水,是抽象方法
}
class Saler extends Employee{              // 销售员类,是雇员类的子类
    void showSalary( ){                    // 重写了父类的 showSalary( )方法
        System.out.println("销售员的月薪为:¥" + salary * 8 * 30);
    }
}
class Manager extends Employee{            // 定义经理类,是雇员类的子类
    void showSalary( ){                    // 重写了父类的 showSalary( )方法
        System.out.println("经理的年薪为:¥" + salary);
    }
}
public class EmpDemo{                      // 主类
    public static void main(String[] args) {
        Employee emp;                      // 定义父类的引用
        emp = new Saler( );                // 父类的引用指向子类 Saler 的实例
        emp.setSalary(15);
        emp.showSalary( );                 // 显示销售员的月薪
        emp = new Manager( );              // 父类的引用指向子类 Manager 的实例
        emp.setSalary(50000);
        emp.showSalary( );                 // 显示经理的年薪
    }
}
```

【运行结果】

销售员的月薪为:¥3600
经理的年薪为:¥50000

【代码说明】

程序中定义了 4 个类,其中 Employee 是抽象父类,Saler 类和 Manager 类是它的子类。

Employee类中有抽象方法showSalary( )（代码第8行），用来显示雇员的薪水，Saler类和Manager类重写了showSalary( )方法的功能，用以完成销售员和经理不同的输出显示。而父类中的setSalary( )方法有方法体，所以两个子类没有重写它，而是从父类自然继承了它。

在主类中Employee类的引用emp，分别指向了Saler类的实例和Manager类的实例，当emp指向Saler类的实例时（new运算符创建了Saler类的实例，并把实例的地址赋给引用名emp），emp就代表Saler类的实例使用，当emp操作setSalary( )方法和showSalary( )方法时，调用的就是Saler类的setSalary( )方法和showSalary( )方法；同样当emp代表Manager类的实例使用时，调用的就是Manager类的setSalary( )方法和showSalary( )方法。同一个引用名emp，操作名称相同的方法，但呈现出了不同的状态结果，这就是"对象的多态性"。

1. 接口的多态性实例

如果父类替换为接口，那么接口多态的调用方式与抽象类相同。简要代码如下。

```
interface Employee{
    void setSalary(int salary);
    void showSalary(  );
}
class Saler implements Employee{
    public void setSalary(int salary){ … }
    public void showSalary(  ){ … }
}
class Manager implements Employee{
    public void setSalary(int salary){ … }
    public void showSalary(  ){ … }
}
```

接口Employee中的两个方法都是抽象的，因此两个子类Saler和Manager中必须要重写这两个方法。两个子类Saler和Manager中方法的访问控制权限都设为public，是因为接口Employee中的方法默认访问控制权限都为public，而类继承时子类重写方法的访问控制权限不能低于被重写方法的权限。

2. 多态性的作用

由于父类的引用可以代替子类的对象使用，这样只要定义一个printInfo(Employee)方法就行了，实际运行时JVM会根据实际的参数对象类型来决定运行哪个对象的方法，这样大大改善了程序的扩展性和可维护性。例如，改造例2.21的代码如下。

```
class Show{
    public static void printInfo(Employee obj){            // 使用父类的引用作参数
```

```
        obj.showSalary( );
    }
    public static void main(String args[]){
        printInfo(new Saler(   ).setSalary(10));
        printInfo(new Manager(   ).setSalary(5000));
    }
}
```

【运行结果】

```
销售员的月薪为：￥2400
经理的年薪为：￥5000
```

这样无论子类如何增加，printInfo( )都不用做任何改变，可以直接接受任何子类对象。同样的多态优势也体现在接口与其子类中，请读者自行试验。

| 知识点八：包的定义与使用 |

1. 包的概念

在 Java 语言中可以将一个大型项目中的类分别独立出来，分门别类地存放在文件里，再将这些文件一起编译执行，这使得程序代码更易于维护。包实际就是一个文件夹，在需要定义多个类或者接口时，为了避免名称重复而采取的措施。包是 Java 代码复用的重要特色之一，它实现了对类库的封装，并在代码层面上实现了包机制的 OOP 调用形式。

在 Java 语言提供的类库中，将一组相关的类或接口放在同一目录下，这个目录就称作"包"(package)。包内可以包含其他目录（即"子包"），同一包内不允许有重名的类和接口，但在不同的包中则没有此限制，因此包有助于区分和管理类，避免命名冲突。

2. 包的声明

声明包用关键字 package，该语句必须是类文件的第一条语句，具体格式如下：

package 包名标识符；

下面声明的类则属于由包名标识符指定的包。实际上，包名和存放类文件的目录名存在一定的关系，包名必须和目录名相同。例如，源文件 Calculate.java 放在 c:\mysrc 目录中，如果想将编译成的类文件 Calculate.class 打包在 mysrc 包中，类定义的方法如下：

```
package mysrc;
public class Calculate{ … }
```

如果源文件中没有 package 语句，则默认情况下，此源文件会打包到当前源文件所在的目录下。另外，类的修饰符 public 指明该类可以被包以外的类访问，如果不加 public 关键字，类只能被同一包中的类访问。

3. 包的编译

包编译的基本格式如下：

DOS 提示符＞ javac -d 目录名 源文件名

-d 参数：表示源文件编译后生成的类文件所在的包的位置。

假设有源文件 Calculate.java 放在 c:\mysrc 目录中，那么编译这个源文件的格式为：

DOS 提示符＞ javac -d c:\ Calculate.java

Calculate.java 编译完成后会生成 mysrc 文件夹，-d 参数指定将此文件夹放置在 c:\ 目录下，最后的文件目录结构为：c:\ mysrc\ Calculate.class。

当然在实际操作中，也可以自行建立文件夹 mysrc，然后将 Calculate.java 复制到这个文件夹中再编译，效果与使用-d 参数相同。

4. import 语句

导入包成员需使用 import 关键字，其语法有以下 3 种：

import 包名.*;   （使用通配符*，导入包中的通用类和接口，不含子包）
import 包名.类名;   （导入包中指定的类）
import 父包名.子包名.*;   （导入父包内子包中的通用类和接口）

而 import 语句的位置在 package 语句之后，类定义之前，例如：

package mypack;
import mysrc.*;
class Demo{ ... }

当然，在导入包进行编译和运行之前，必须要让编译器和 JRE 能识别你的包，这需要配置 classpath 变量，配置的过程可以参考后面的示例。

如果程序中调用使用频率不高的类，可以不用 import 关键字导入而直接给出包封装的全名也可，例如：

  mysrc.Calculate cal = new mysrc.Calculate( );   // 创建包 mysrc 中的类 Calculate 的实例
  int i = java.lang.Math.random( );   // 获取一个随机整数，因为 java.lang 包是自
                                             动导入的，可以省略，所以表达式也可以写
                                             成 int i = Math.random( );

5. 访问包成员

访问包成员的格式为：包名.类名

访问包成员多见于运行时和程序源代码调用两种情况。但访问格式都是一样的。

运行时访问包成员格式：DOS 提示符＞java 包名.类名；

程序源代码调用包成员格式：包名．类名．类成员。如上例：java.lang.Math.random( );。

6. 系统常见包

在 JDK 中为了方便用户开发程序，它提供了大量的系统功能包。下面简单介绍各基本系统包中的常用类（见表 2-7）。

表 2-7　Java 基本系统包中的常用类

包名称	用途说明与常用类举例
java.lang	是包含了 Java 语言的基本核心类的包
java.lang	常用类如数据类型包装类——Double、Float、Byte、Short、Integer、Long、Boolean 等；基本数学函数 Math 类；字符串处理的 String 类和 StringBuffer 类；异常类 Runtime；线程 Thread 类、ThreadGroup 类、Runnable 类；System、Object、Number、Cloneable、Class、ClassLoader、Package 类等
java.awt	是存放 AWT（Abstract Window Toolkit,抽象窗口工具包）组件类的包，用于构建和管理应用程序的图像用户界面 GUI
java.awt	常用类如组件 Button、TextField 类等，以及绘图类 Grahpics、字体类 Font、事件子包 event 包
java.awt.event	是 awt 包的一个子包，存放用于事件处理的相关类和监听接口
java.awt.event	常用类如 ActionEvent 类、MouseEvent 类、KeyListener 接口等
java.net	提供了与网络操作功能相关的类和接口的包
java.net	常用类如套接字 Socket 类、服务器端套接字 ServerSocket、统一定位地址 URL 类、数据报 DatagramPacket 类等
java.io	提供了处理输入、输出类和接口的包
java.io	常用类如文件类 File，输入流类 InputStream、Reader 类及其子类，输出流类 OutputStream、Writer 类及其子类
java.util	提供了一些常用程序类和集合框架类
java.util	常用类如列表 List、数组 Arrays、向量 Vector、堆栈 Stack、日期类 Date 和日历类 Calendar、随机数类 Random 等
javax.swing	是 Java 扩展包，用于存放 swing 组件以构建图形用户界面
javax.swing	常用类如 JButton、JTable、控制界面风格显示 UIManager 类、LookAndFeel 类等

7. 包定义与使用的实例

【例 2.22】 包的定义与使用。

包的定义：

```java
package mypackage;
public class Calculate{
    public int sum(int x,int y){
        return x + y;
    }
}
```

包的导入：

```java
import mypackage.Calculate;
public class PackageDemo {
    public static void main(String[] args) {
        Calculate cal = new Calculate( );
        int a = 3, b = 4;
        System.out.println(a + " + " + b + " = " + cal.sum(3,4));
    }
}
```

【运行结果】

```
3 + 4 = 7
```

【运行过程说明】

为了运行简便，把源文件 Calculate.java 和 PackageDemo.java 放置在同一目录下，如 c:\mysrc 目录。其中 PackageDemo.java 为主调文件，Calculate.java 为被调文件。

按照次序编译文件，先编译 Calculate.java，再编译 PackageDemo.java，因为 PackageDemo.java 程序中引用了 Calculate 类，若找不到 Calculate.class 文件会提示编译错误。编译格式为：

DOS 提示符＞javac -d c:\mysrc Calculate.java

在 c:\mysrc 目录下，生成 mypackage 目录，内有 Calculate.class 文件，其完整路径为：c:\mysrc\mypackage\Calculate.class。再编译 PackageDemo.java，编译格式为：

DOS 提示符＞javac PackageDemo.java

在 c:\mysrc 目录下生成 PackageDemo.class 文件，其完整路径为：

c:\mysrc\PackageDemo.class

最后解释执行 PackageDemo.class 即可。解释执行格式为：

DOS 提示符＞java PackageDemo

当然也可在集成环境中直接编译运行,无须以上过程,在此介绍的是运行过程。

知识点九:访问控制权限

访问控制修饰符有 3 种(public、protected、private),但修饰等级为 4 种(public、protected、缺省、private),通常用于修饰类、成员方法和成员变量,但大致可以分为以下两种情况:
(1)修饰类和接口(只有 public 和缺省两种)。
(2)修饰成员方法或成员变量(包括 public、protected、缺省、private)。
Java 语言的成员访问控制修饰符作用如表 2-8 所示。

表 2-8 Java 语言的访问控制修饰符

访问途径 \ 成员的修饰符	private	缺省	protected	public
同一类内的方法	√	√	√	√
同一包中类的方法		√	√	√
不同包子类的方法			√	√
不同包非子类的方法				√

注:"√"号表示可以访问。

private:类中被限定为私有(private)的成员只能被这个类本身的方法访问。

缺省:类成员不作任何访问控制修饰时为缺省访问状态,缺省访问控制符时成员只能被同一包内的类访问。

protected:类中被限定为保护(protected)的成员能被这个类的子类的方法访问,而不必关心子类与父类是否处于同一包中。需要注意的是,同一包的非子类也可以访问父类的 protected 成员,也就是说 protected 访问权限包括缺省访问的所有情况。

public:类中被限定为公有(public)的成员能被其他类无限制地访问,而不必在乎访问类是否为子类或与被访问类在同一包中。当在包外访问某类的成员属性时,只有 public 成员支持"对象名.成员名"的访问格式。

【例 2.23】 包访问中访问修饰符的作用。
包的定义:

```
package mypackage;
public class Pack{                    // 试去掉 public
    public int data = 3;              // 试将 public 去掉,或改为 protected、private
}
```

包的导入:

```
import mypackage.Pack;
public class PackAccess {
    Pack pack = new Pack( );
    void showPackData( ){
        System.out.println("pack's data is:" + pack.data);
    }
    public static void main(String[ ] args) {
        PackAccess obj = new PackAccess( );
        obj.showPackData( );
    }
}
```

【运行结果】

pack's data is:3

【代码说明】

如果去掉定义代码第 2 行的 public,程序会在运行时提示:mypackage.Pack is not public in mypackage;cannot be accessed from outside package(mypackage 包内的 Pack 类不是 public 类型的,因此不能被外部的包所访问)。

如果去掉定义代码第 3 行的 public,程序会在运行时提示:data is not public in mypackage.Pack;cannot be accessed from outside package(Pack 类的 data 属性不是 public 类型的,因此不能被外部的包所访问)。

PackAccess.java 代码第 5 行的 pack.data 语法(实例名.成员属性)格式仅适用于 public 成员的调用,其他访问属性(protected、缺省、private)的成员都不能在包外这样直接调用。

▶ 2.2.3 任务实施

1. 任务分析图示(见图 2-5)

宠物商店PetShop　　　　　　　　　　　　　宠物商店中的各种宠物

图 2-5　任务分析图示

2. 类与接口的关系图示（见图 2-6）

(1) 宠物商店与其接口的类图关系

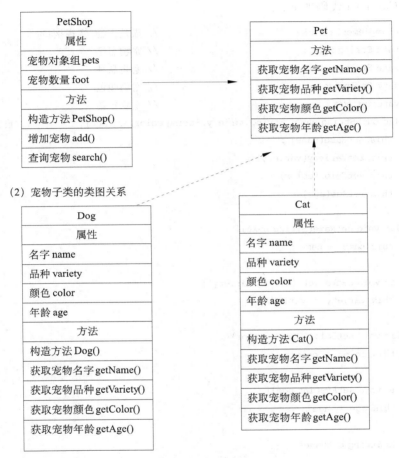

(2) 宠物子类的类图关系

图 2-6　宠物类与接口关系图示

由图 2-6 可知，制定了宠物标准接口后，程序可以任意扩充具体的宠物对象，因为宠物商店只与宠物标准接口相关。

3. 程序实现代码

（1）宠物接口

```
interface Pet{                              // 定义宠物接口
    public String getName(  );              // 获取宠物名字
    public String getVariety(  );           // 获取宠物品种
    public String getColor(  );             // 获取宠物颜色
```

```java
    public int getAge( ) ;                    // 获取宠物年龄
}
```

(2)定义宠物子类

宠物猫 Cat.java 代码如下:

```java
class Cat implements Pet{                                    // 猫是宠物,实现接口
    private String name ;                                    // 宠物名字
    private String variety ;                                 // 宠物品种
    private String color ;                                   // 宠物颜色
    private int age ;                                        // 宠物年龄
    public Cat(String name, String variety,String color, int age){    // 设置宠物属性
        this.setName(name) ;
        this.setVariety(variety) ;
        this.setColor(color) ;
        this.setAge(age) ;
    }
    public void setName(String name){
        this.name = name ;
    }
    public void setVariety(String variety){
        this.variety = variety ;
    }
    public void setColor(String color){
        this.color = color;
    }
    public void setAge(int age){
        this.age = age ;
    }
    public String getName( ){
        return this.name ;
    }
    public String getVariety( ){
        return this.variety ;
    }
    public String getColor( ){
        return this.color ;
    }
    public int getAge( ){
        return this.age ;
    }
}
```

宠物狗 Dog.java 代码如下：

```java
class Dog implements Pet{                              // 狗是宠物,实现接口
    private String name ;                              // 宠物名字
    private String variety ;                           // 宠物品种
    private String color ;                             // 宠物颜色
    private int age ;                                  // 宠物年龄
    public Dog(String name, String variety,String color,int age){    // 设置宠物属性
        this.setName(name) ;
        this.setVariety(variety) ;
        this.setColor(color) ;
        this.setAge(age) ;
    }
    public void setName(String name){
        this.name = name ;
    }
    public void setVariety(String variety){
        this.variety = variety ;
    }
    public void setColor(String color){
        this.color = color;
    }
    public void setAge(int age){
        this.age = age ;
    }
    public String getName( ){
        return this.name ;
    }
    public String getVariety( ){
        return this.variety ;
    }
    public String getColor( ){
        return this.color ;
    }
    public int getAge( ){
        return this.age ;
    }
}
```

（3）定义宠物商店类,在宠物商店中包含宠物接口的对象数组

```java
class PetShop{                                         // 宠物商店
```

```java
    private Pet[] pets ;                                    // 保存一组宠物,多个属性
    private int foot ;                                      // 保存位置
    public PetShop(int len){                                // 开辟宠物数组空间大小
        if(len>0){                                          // 判断是否大于0
            this.pets = new Pet[len] ;                      // 开辟数组空间大小
        }else{
            this.pets = new Pet[1] ;                        // 至少开辟一个空间
        }
    }
    public boolean add(Pet pet){                            // 增加宠物
        if(this.foot<this.pets.length){                     // 判断宠物商店中的宠物是否已满
            this.pets[this.foot] = pet ;                    // 增加宠物
            this.foot + + ;                                 // 修改保存位置
            return true ;                                   // 增加成功
        }else{
            return false ;                                  // 增加失败
        }
    }
    public Pet[] search(String keyWord){                    // 确定符合要求的宠物
        Pet p[] = null ;                                    // 存放查找之后的结果
        int count = 0 ;                                     // 记录下会有多少个宠物符合查询结果
        for(int i = 0;i<this.pets.length;i + +){
            if(this.pets[i]! = null){                       // 判断对象数组中的内容是否为空
                if(this.pets[i].getName( ).indexOf(keyWord)! = -1
                    ||this.pets[i].getColor( ).indexOf(keyWord)! = -1){
                    count + + ;                             // 统计符合条件的宠物个数
                }
            }
        }
        p = new Pet[count] ;                                // 开辟指定的空间大小
        int f = 0 ;                                         // 增加元素的位置标记
        for(int i = 0;i<this.pets.length;i + +){
            if(this.pets[i]! = null){                       // 判断对象数组中的内容是否为空
                if(this.pets[i].getName( ).indexOf(keyWord)! = -1
                    ||this.pets[i].getColor( ).indexOf(keyWord)! = -1){
                    p[f] = this.pets[i] ;                   // 保存符合查询条件的宠物信息
                    f + + ;
                }
            }
        }
```

```
            return p ;
        }
}
```

① search( )方法设计时将所有的内容交给被调用处输出,类中不直接输出内容,因此方法中必须有一个返回值;因为查询的结果会有多个,所以返回值的类型定义为对象数组。

```
public Pet[ ] search(String keyWord)
```

② 一个宠物商店中会有多个宠物,而符合查询条件的宠物只有几个,所以要想返回一个对象数组,必须要确定此数组需要开辟的空间大小。

```
int count = 0 ;                    // 记录下会有多少个宠物符合查询结果
for( int i = 0;i<this.pets.length;i++){
    if(this.pets[i]! = null){      // 判断对象数组中的内容是否为空
        if(this.pets[i].getName(   ).indexOf(keyWord)! = -1
           ||this.pets[i].getColor(   ).indexOf(keyWord)! = -1){
            count++ ;              // 统计符合条件的宠物个数
        }
    }
}
p = new Pet[count] ;               // 开辟指定的空间大小
```

查询使用的是 String 类中的 indexOf( )方法,该方法返回值不为-1,表示已经找到查询内容,因为在接口的定义中明确定义了得到信息的操作,所以直接使用接口对象即可。

③ 为返回对象数组开辟空间后,就要把每一个符合条件的对象向数组中依次加入,所以还需要再进行依次循环操作。

```
int f = 0 ;                        // 增加元素的位置标记
for( int i = 0;i<this.pets.length;i++){
    if(this.pets[i]! = null){      // 判断对象数组中的内容是否为空
        if(this.pets[i].getName(   ).indexOf(keyWord)! = -1
           ||this.pets[i].getColor(   ).indexOf(keyWord)! = -1){
            p[f] = this.pets[i] ;  // 保存符合查询条件的宠物信息
            f++ ;
        }
    }
}
```

经过以上步骤就可以把全部符合查询条件的内容查找出来,放在返回的对象数组中。

(4)编写测试类,测试代码结果

```
public class PetShopDemo{
    public static void main(String args[ ]){
```

```
            PetShop ps = new PetShop(5);                    // 五个宠物
            ps.add(new Cat("白猫","波斯猫","白色的",2));    // 增加宠物,成功
            ps.add(new Cat("黑猫","孟买猫","黑色的",3));    // 增加宠物,成功
            ps.add(new Cat("花猫","狸花猫","花色的",3));    // 增加宠物,成功
            ps.add(new Dog("白狗","萨摩耶","白色的",3));    // 增加宠物,成功
            ps.add(new Dog("金毛","拉布拉多","黄色的",2));  // 增加宠物,成功
            ps.add(new Dog("黄狗","中华犬","黑色的",2));    // 增加宠物,失败
            print(ps.search("黑"));
        }
        public static void print(Pet p[]){                  // 输出操作
            for(int i = 0;i<p.length;i++){                  // 循环操作
                if(p[i]! = null){
                    System.out.println(p[i].getName() + "," + p[i].getVariety() +
                    "," +
                    p[i].getColor() + "," + p[i].getAge());
                }
            }
        }
    }
```

【运行结果】

黑猫,孟买猫,黑色的,3

测试类中设计存放五种宠物,加入第六种宠物则会失败,调用查询方法后返回的是一组宠物信息,因此定义了 print( )方法进行内容的输出。当然我们可以将各个不同功能的类放在不同的包中定义,读者可自行对程序进行改造练习。

▶ 2.2.4 技能提高

1. 继承应用训练:反转排序类

【例2.24】 反转排序类。

定义一个整型数组,要求包含构造方法,增加数据和输出数据成员方法,并利用数组实现动态内存分配,在此基础上定义排序子类,实现排序;定义反转子类,实现数据反向存放。

```
class Array{
    private int temp[];                     // 定义整型数组
    private int foot;                       // 定义添加的数组下标
    public Array(int len){                  // 外部决定数组的长度
        if(len<0){                          // 判断传入的长度是否大于0
            this.temp = new int[len];       // 根据传入数组的大小开辟空间
        }else{
```

```java
            this.temp = new int[1] ;                    // 最少维持1个空间
        }
    }
    public boolean add(int i){                          // 增加元素
        if(this.foot<this.temp.length){                 // 判断数组是否还有空间
            this.temp[foot] = i ;                       // 如有空间,则增加元素
            this.foot ++ ;                              // 修改下标
            return true ;                               // 添加元素成功
        }else{                                          // 数组没有空间,不能增加元素
            return false ;                              // 添加元素失败
        }
    }
    public int[] getArray( ){                           // 得到全部数组元素
        return this.temp ;
    }
}
class SortArray extends Array{                          // 排序类
    public SortArray(int len){                          // 构造方法
        super(len) ;
    }
    public int[] getArray( ){                           // 覆写方法
        java.util.Arrays.sort(super.getArray( )) ;      // 排序操作
        return super.getArray( ) ;
    }
}
class ReverseArray extends Array{                       // 反转操作类
    public ReverseArray(int len){                       // 构造方法
        super(len) ;
    }
    public int[] getArray( ) {                          // 覆写方法
        int t[] = new int[super.getArray( ).length] ;   // 开辟一个新的数组
        int count = t.length - 1 ;                      // 计数器
        for(int x = 0 ; x<t.length ; x++){
            t[count] = super.getArray( )[x] ;           // 数组反转
            count -- ;                                  // 计数器减1
        }
        return t ;
    }
}
public class ArrayDemo{
```

```java
    public static void main(String args[]){
        ReverseArray a = null ;                          // 声明反转类对象
        a = new ReverseArray(5) ;                        // 开辟 5 个空间大小
        System.out.print(a.add(23) + "\t") ;             // 添加数组内容
        System.out.print(a.add(21) + "\t") ;             // 添加数组内容
        System.out.print(a.add(2) + "\t") ;              // 添加数组内容
        System.out.print(a.add(42) + "\t") ;             // 添加数组内容
        System.out.print(a.add(5) + "\t") ;              // 添加数组内容
        System.out.print(a.add(6) + "\t") ;              // 添加数组内容失败
        System.out.println( ) ;
        print(a.getArray( )) ;                           // 输出数组内容
        System.out.println( ) ;
        SortArray b = null ;                             // 声明排序类对象
        b = new SortArray(5) ;                           // 开辟 5 个空间大小
        System.out.print(b.add(23) + "\t") ;             // 添加数组内容
        System.out.print(b.add(21) + "\t") ;             // 添加数组内容
        System.out.print(b.add(2) + "\t") ;              // 添加数组内容
        System.out.print(b.add(42) + "\t") ;             // 添加数组内容
        System.out.print(b.add(5) + "\t") ;              // 添加数组内容
        System.out.print(b.add(6) + "\t") ;              // 添加数组内容失败
        System.out.println( ) ;
        print(b.getArray( )) ;                           // 输出数组内容
    }
    public static void print(int i[ ]){                  // 输出数组内容方法定义
        for(int x = 0;x<i.length;x++){
            System.out.print(i[x] + "\t ") ;
        }
    }
}
```

【运行结果】

```
true   true   true   true  true   false
5  42  2  21  23
true   true   true   true   true   false
2  5  21  23  42
```

2. 接口应用训练：设计模式

【例 2.25】 工厂设计。

程序在接口和子类之间加入一个过渡端，通过过渡端取得接口的实例化对象，这个过渡端就是工厂设计类。以后再有子类扩充，无须修改主方法，直接修改工厂设计类就可以根据标记得到相应的实例,灵活性较高。

```java
interface Fruit{                                    // 定义一个水果接口
    public void eat( ) ;                            // 吃水果的方法
}
class Apple implements Fruit{                       // 定义 Apple 子类
    public void eat( ){                             // 覆写 eat( )方法
        System. out. println(" * * 吃苹果.") ;
    }
}
class Orange implements Fruit{                      // 定义 Orange 子类
    public void eat( ){                             // 覆写 eat( )方法
        System. out. println(" * * 吃橘子.") ;
    }
}
class Factory{                                      // 定义工厂类
    public static Fruit getInstance(String className){
        Fruit f = null ;                            // 定义接口对象
        if("apple". equals(className)){             // 判断是哪个子类的标记
            f = new Apple( ) ;                      // 通过 Apple 类实例化接口
        }
        if("orange". equals(className)){            // 判断是哪个子类的标记
            f = new Orange( ) ;                     // 通过 Orange 类实例化接口
        }
        return f ;
    }
}
public class InterfaceCaseDemo{
    public static void main(String args[]){
        Fruit f = Factory.getInstance(args[0]) ;    // 实例化接口
        if(f! = null){                              // 判断是否取得实例
            f.eat( ) ;
        }
    }
}
```

程序可以通过控制台输入初始化参数的情况,即可任意选择要使用的子类标记。

【例2.26】 代理设计。

代理设计是指由一个代理主题来操作真实主题,真实主题执行具体的业务操作,而代理主题负责其他相关增值业务的处理。例如以下示例中,客户通过网络代理连接到网络中,由代理服务器完成用户权限和访问控制等上网相关操作,通过审核后,用户可以实现上网操作。由此可见，代理可以完成比真实主题更多的业务操作。

```java
    interface Network{                          // 定义接口
        public void browse( );                  // 定义浏览的方法
    }
    class Real implements Network{              // 定义真实上网操作类
        public void browse( ){                  // 覆写 browse( )方法
            System.out.println("上网浏览信息");
        }
    }
    class Proxy implements Network{             // 定义代理上网操作类
        private Network network ;               // 声明代理对象
        public Proxy(Network network){
            this.network = network ;
        }
        public void check( ){                   // 增加额外相关操作
            System.out.println("检查用户是否合法");
        }
        public void browse( ){
            this.check( ) ;                     // 调用额外相关操作
            this.network.browse( ) ;            // 调用真实的上网操作
        }
    }
    public class ProxyDemo{
        public static void main(String args[]){
            Network net = null ;
            net    = new Proxy(new Real( )) ;   // 指定代理操作
            net.browse( ) ;                     // 客户只关心上网浏览一个操作
        }
    }
```

【运行结果】

检查用户是否合法
上网浏览信息

任务 2.3　异常处理

　　编译通过的程序，在运行时往往会出现意想不到的错误，使程序无法正常运行。如何处理和避免程序运行中可能产生的错误，是异常处理所要解决的问题。Java 提供了完备的异常处理机制，本任务将对异常的概念、类型、处理方法等进行详尽的阐述。

2.3.1 任务内容

设计一个自定义的异常类 MyArrayException,它是系统类 NegativeArraySizeException 的子类,在 MyArrayException 中设计自定义方法 getInfo( ),用以演示自定义异常类的构成,最后在需要的位置用 throw 关键字引发异常即可。操作步骤如下。

(1) 自定义异常类 MyArrayException,它是系统类 NegativeArraySizeException 的子类。

(2) 利用 super(参数)调用父类的构造方法初始化,参数值可以用 getMessage( )获取;getInfo( )方法为自定义方法,用以演示自定义异常类的构成。

(3) 定义检测数组方法 checkArraySize( ),因为方法体内部可能会产生 MyArrayException 异常,因此方法声明后使用 throws 关键字来声明自身抛出了 MyArrayException 异常。

(4) main( )方法调用 checkArraySize( )方法,因此 main( )方法根据其 throws 声明的异常类型 MyArrayException,使用了异常处理机制来捕获该异常并处理它。

2.3.2 相关知识

知识点一:异常的基本概念

在设计程序的过程中,涉及的程序错误包含两类:编译时错误和运行时错误。首先应将源程序进行编译,编译过程中会发现程序中存在的语法错误,编译程序能够检查出这些错误,这是正常现象,不属于异常。而在通过编译之后,在 JVM 中运行程序时可能因某种事件的出现,使程序产生错误而无法正常运行,这种现象称为异常(Exception)。比如,将两个整数进行除法运算,如果除数为零,程序将非法终止,这种现象在编译时不会出现错误,只有程序执行到含有除法运算的语句时才发生错误。为保证程序的健壮性,针对异常的处理工作就称为异常处理。

异常是导致程序中断运行的一种指令流,如果不对异常进行正确的处理,可能导致程序中断执行,造成不必要的损失,所以在程序设计中要考虑各种异常的发生,并正确地做好相应的处理,这样才能保证程序正常执行。在 Java 语言中一切异常都秉承着面向对象的设计思想,所有异常都以类和对象的形式存在,除了 Java 类库中已经提供的各种异常类外,用户可以根据需要定义自己的异常类。

【例 2.27】 异常的实现。

```
public class ExceptionDemo{
    public static void main(String[ ] args){
        int x = 28;                                 // 声明被除数
        int y = 4;                                  // 声明除数
        System.out.println("x/y= " + x/y);          // 显示结果 x/y=7,不会发生错误的语句
```

```
            y = y - 4;                        // 修改除数的值,y = 4 - 4 = 0
            System.out.println("x/y = " + x/y);  // 此时 y = 0,该语句将出现错误
            System.out.println("程序结束!");
    }
}
```

【运行结果】

```
x/y = 7
java.lang.ArithmeticException: / by zero at ExceptionDemo.main(ExceptionDemo.java:7)
```

【代码说明】

从程序的运行结果可看出,在第 7 条语句之前,程序运行情况正常。当运行到第 7 条语句时,由于此时的除数 y 已经等于 0,再进行除法运算,JVM 将运行错误显示出来,第 8 条语句并没有得到运行。

传统的处理方法是在可能出现异常的地方加上判断语句。比如在第 7 条语句执行前,先用判断语句判断 y 是否为零,如果不为零,则执行除法操作,否则执行其他语句。对于简单的程序,这样处理是可行的,但对于复杂的程序,采用这种处理方法便困难了。

┃知识点二:异常类的继承结构┃

java.lang 包中定义了 Throwable 类,该类是异常类的顶级类。Throwable 类有两个直接子类:Error 类和 Exception 类。Java 的错误和异常分别由这两个类的子类来处理,Error 类处理错误,Exception 类处理异常。

Java 中的错误或异常分两类:一类是系统级的错误,比如程序运行过程中内存溢出、堆栈溢出等,这些错误是不可修复的;另一类是用户级的错误,比如程序运行过程中找不到要处理的文件或变量被 0 除等,这些错误是可以修复的。Error 类用于指示系统级的错误,Exception 类用于处理用户级的错误即异常。通常所说的异常处理是指可修复的用户级的错误。图 2-7 给出了异常类的层次关系,功能如表 2-9 和表 2-10 所示。

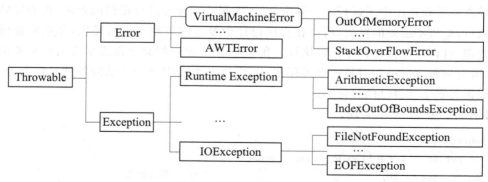

图 2-7 异常类的层次关系

从图 2-7 中可以看出,Error 类的子类名称均以 Error 结束,Exception 类的子类名称均

以 Exception 结束。Java 根据异常(Exception)的性质,通常采用两种处理方式,一种异常是对于一些可预见的异常,如程序要对文件进行操作,可能找不到文件或发生文件读写错误,这类异常是必须处理的,否则编译程序会显示错误;另一种异常是程序运行时可能发生的,这种异常称为运行时(RuntimeException)异常,程序可以不预先处理这类异常。

表 2-9　RuntimeException 类的子类

异常子类	说　明
ArithmeticException	算术错误,如除以 0
IllegalArgumentException	方法收到非法参数
ArrayIndexOutOfBoundsException	数组下标出界
NullPointerException	试图访问 null 对象引用
SecurityException	试图违反安全性
ClassNotFoundException	不能加载请求的类
ClassCastException	试图将对象强制转换为不是该实例的子类时
NegativeArraySizeException	应用程序试图创建大小为负的数组

表 2-10　其他异常类的子类

异常子类	说　明
AWTException	AWT 中的异常
IOException	I/O 异常的根类
FileNotFoundException	不能找到文件
EOFException	文件结束
IllegalAccessException	对类的访问被拒绝
NoSuchMethodException	请求的方法不存在
InterruptedException	线程中断
SQLException	数据库访问错误

知识点三:异常处理机制

对程序中产生的异常进行正确的处理,可以提高程序的安全性和稳定性。Java 提供了处理异常的 try、catch 和 finally 语句。该语句的格式如下:

```
try{
    //产生异常的代码
}catch(ExceptionType1 e1){
    //异常 1 的处理代码
}catch (ExceptionType2 e2) {
    //异常 2 的处理代码
}
    ...
}catch (ExceptionTypeN eN){
```

```
        //异常n的处理代码
    }
    finally{
        //必须执行的代码
    }
```

try 后面的语句是可能产生异常的语句块。程序执行时,先执行 try 语句块的代码,当执行到产生异常的语句时,程序将终止 try 语句的执行,转到 catch 语句执行处理代码。catch 语句中的 ExceptionType1 … ExceptionTypeN 是异常类,e1 … eN 是异常类的对象。try 语句中的代码可能引发多种类型的异常,程序能够根据产生的异常类型转到相应的 catch 语句。finally 语句是可选项,不管产生异常与否,都要执行其中的程序代码。异常处理执行流程如图 2-8 所示,下面举例说明异常处理的方法。

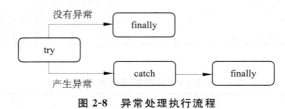

图 2-8 异常处理执行流程

【例 2.28】 改造例 2.27 使得程序产生异常时,能够将异常的信息显示出来,不论发生异常与否,程序结束时显示"程序结束"信息。

```
public class ExceptionDemo{
    public static void main(String[ ] args){
        int x = 28;                                  // 声明被除数
        int y = 4;                                   // 声明除数
        System.out.println("x/y = " + x/y);          // 显示结果
        y = y - 4;                                   // 修改除数的值
        try{
            System.out.println("x/y = " + x/y);      // 由于除数 y 已为零,x/y 将出现异常
        }catch(ArithmeticException e) {              // catch 捕获算术类异常
            System.out.println("发生异常,异常的信息如下:");
            System.out.println(e.toString(   ));
        }
        finally{                                     // 无论是否产生异常,都将输出"程序结束"
            System.out.println("程序结束!");
        }
    }
}
```

【运行结果】

x/y= 7

```
发生异常,异常的信息如下:
java. lang. ArithmeticException: / by zero
程序结束!
```

【代码说明】

程序产生的异常是 RuntimeException 异常,从例 2.27 的结果可以看出,这种类型的异常可以不处理,程序照样能够编译、执行,但执行到异常语句时,程序因产生异常而终止。如果对该异常进行捕获,像本例那样加上处理语句,产生异常后,程序会按照预想的步骤结束运行。本例预先设计了产生异常的条件即 y＝0,执行 x/y 时,产生 ArithmeticException 类异常,catch 语句捕获到该异常后,显示了异常的信息,其中 toString( )是异常类定义的方法,用于返回异常对象的相关信息。执行完 catch( )语句后,程序执行了 finally 语句的相关代码。

由此可见,如果是可以预料到的,通过简单的表达式修改或代码校验就可以处理好的,就不必使用异常(如运行时异常中的数组越界或除数为 0),这是因为 Java 的异常都是异常类的对象,系统处理对象所占用的处理时间远比基本的运算要多得多(效率可能相差几百倍,乃至千倍),这也是为什么对 RuntimeException 建议不做处理的原因。

因为异常占用了 Java 程序的许多处理时间,简单的测试比处理异常的效率更高,所以,建议将异常用于你无法预料或无法控制的情况(如打开远程文件,可能会产生 FileNotFoundException,而从外设读入数据,可能会产生 IOException)。

【例 2.29】 从键盘上读入字符,并显示在屏幕上。

```
import java. io. *;                                  // 导入 IO 包
public class IOExceptionDemo{
    public static void main(String[ ] args) {
        char ch = 'h';                              // 声明并初始化字符型变量 ch
        System. out. println("请输入字符:");         // 以下应用 try,catch 语句处理 I/O 异常
        try{
            ch = (char)System. in. read( );         // read( )方法能够产生 I/O 异常
        }catch(IOException e) {                     // 捕获异常,显示异常信息
            System. out. println("I/O 设备异常,请检查输入设备!");
        }
        System. out. println("您输入的字符是:" + ch);// 没有异常产生,显示输入字符
    }
}
```

【代码说明】

本程序与例 2.28 不同,由于在程序中执行了 I/O 操作即从键盘读入字符,这类操作往往会因为键盘错误而产生异常,编译器会事先检查到异常的存在,要求程序必须处理这种类型的异常,否则编译器将报告错误信息。这种类型的异常是非 RuntimeException,对于该类型的异常,在程序中必须进行处理。

花费时间处理异常可能会影响你的代码的编写和执行速度,但在稍后的项目和在越来越大的程序中再次使用你的类时,这种额外的小心将会给你带来极大的回报。

知识点四:丢弃异常 throws

Java中经常可以这样处理异常:在产生异常的方法体中不做处理,而是在调用此方法的方法体中处理。当然,如果需要的话,可以继续把异常上传到更上一层的方法,这就是异常调用链(见图2-9)。

之所以在程序中将异常上传,是希望尽可能将异常上传到一个集中的块中处理,这样能使程序更简明并易于维护。但需要注意的是,尽量在异常抛离主方法之前把异常处理掉,因为一旦异常被从主方法抛离[如public static void main(String[] args)throws Exception],将由系统接收,我们将无法通过代码编程来处理它。

图 2-9　异常调用链

因此,丢弃异常就是指在产生异常的方法中,不处理异常,而是将异常交给其他方法来处理。一般情况下,如果方法A将可能产生的异常丢弃,调用方法A的方法B应当处理被丢弃的异常。当然,方法B也可以选择再丢弃该异常,直到某一方法处理该异常为止。如果在逐级调用的若干方法中没有任何方法处理产生的异常,这种异常将被提交给系统来处理。一个方法要声明丢弃异常,使用 throws 关键字,格式如下:

方法名称(〈参数列表〉)throws〈异常类名1〉,…〈异常类名2〉,〈异常类名N〉{
　　// 方法体
}

如果一个方法有可能产生多个异常,而方法本身不对这些异常进行处理,则可以将这些异常类名列在 throws 关键字后面,类名之间用",”隔开。见下面的例子。

【例2.30】 用一个方法从键盘上读取字符,在另一个方法中调用该方法,并对可能产生的异常进行处理。

```
import java.io.*;
public class ThrowsDemo{
    char ch;                                    // 声明字符型变量
    void readChar(  )throws IOException{        // 声明方法,同时丢弃 IOException 异常
        System.out.println("请输入一个字符:");
        ch = (char)System.in.read(  );          // 该语句可能产生 IOException 类异常
```

```java
    }
    public static void main(String[ ] args){
        ThrowsDemo td = new ThrowsDemo( );          // 创建主类对象
        try{              // 由于要调用能够产生异常的 readChar( )方法,应当捕获该异常
            td.readChar( );                    // 调用可能引发异常的方法 readChar( )
            System.out.println("您输入的字符为:" + td.ch);
        }
        catch(IOException e){
            System.out.println(e.toString( ));   // 如产生异常,显示异常信息
        }
        System.out.println("Program ends OK.");
    }
}
```

【代码说明】

ThrowsDemo 类中声明了两个方法:readChar( )和 main( )。其中 readChar( )方法中读取键盘字符的语句能够产生 IOException,readChar( )方法没有对该异常进行处理,用 throws 将该异常丢弃。在主方法中,调用 readChar( )方法时,对该异常可能引发的异常进行了处理。如果 main( )方法不对异常进行处理,则程序无法通过编译。当然,main( )方法也可以选择丢弃该异常,方法是在 main( )后加上"throws IOException",这时异常将交由系统来处理。

知识点五:抛出异常 throw

在程序发生异常时,系统自动终止当前语句的执行,或者转到 catch( )语句处理异常,或者转到其他方法继续执行。在某些情况下,可能需要根据某种条件,人为抛出异常,以满足程序设计的要求。

人为抛出异常采用 throw 关键字,其格式如下:

```
throw new 异常类名( )
throw new 异常类名(String str);
```

当程序执行到该语句时,将产生异常类名所对应的异常,应当转到相应的 catch( )语句来处理这种异常。例如:

```
throw new Exception("人为创造的异常");
```

将抛出 Exception 类型的异常,异常信息为"人为创造的异常"。Java 在每种异常类中定义了许多有用的方法,异常信息的内容可以用异常对象的 getMessage( )方法获得。下面举例说明抛出异常的编程方法。

【例 2.31】 利用抛出异常的方法,统计 10 次循环中出现奇数和偶数的个数。

```
public class ThrowDemo{
    public static void main(String[ ]args){
        int countEven = 0,countOdd = 0;          // 声明整型变量,作为奇数和偶数的计数器
        for(int i = 0;i<10;i++){                  // 循环 10 次
            try{                                   //捕获可能产生的异常
                if(i%2 = = 0) {                    // 当 i 的值为偶数时,抛出异常
                    throw new Exception("偶数");   // 抛出异常
                }
                countOdd++;                        // i 为奇数时,奇数计数器加 1
            }
            catch(Exception e) {                   // 捕获抛出的异常
                countEven++;                       // 捕获到 i 为偶数的异常
                System.out.print("第" + countEven + "个" + e.getMessage( ) + ";");
            }
        }
        //循环结束,统计奇数和偶数的个数并显示出结果
        System.out.println("\n偶数 " + countEven + " 个");
        System.out.println("奇数 " + countOdd + " 个");
    }
}
```

【运行结果】

第 1 个偶数;第 2 个偶数;第 3 个偶数;第 4 个偶数;第 5 个偶数;
偶数 5 个
奇数 5 个

【代码说明】

单从程序要实现的功能上来说,是不会产生异常的。为了人为创造异常,程序中使用了"throw new Exception("偶数")"语句。执行到该语句后,产生了 Exception 类型的异常,程序转到 catch( )语句处理该异常。依据程序所要完成的功能,当 i 为偶数时,抛出异常,捕获异常时,实际上是对 i 为偶数的情况的处理,此时,将偶数计数器加 1,并显示出现偶数的顺序;当 i 为奇数时,程序正常执行。

知识点六:自定义异常类

尽管 Java 定义了足够多的异常类,能够满足大多数程序设计的要求,但有时用户可能根据某种需要,创建自定义的异常类。比如,计算一周的天数,如果结果大于 7,则结果错误,尽管不会发生系统定义的异常,用户可以将这种情况定义成一个新的异常类,并用异常的处理方法加以处理。用户自定义异常需要继承现有的异常类 Exception 类或其子类,Java 系统定义的异常是由 JVM 检测的,而用户自定义异常必须由用户通过程序检测并抛出。下面举例说明自定义异常类的编程方法。

【例 2.32】 假设通过某一方法得到一周的日期数,判断该数的大小。如果该数大于 7,则抛出 TooMuchDayException 类异常,然后显示该类异常的相关信息。

定义 TooMuchDayException 类:

```
class TooMuchDayException extends Exception{
    public TooMuchDayException(String message) {        // 构造方法
        super(message);                                  // 调用父类的构造方法
    }
    String getInformation( ) {                           // 定义新的方法
        String info = "There are 7 days in a week. ";
        return info;
    }
}
```

定义主类 UserException:

```
public class UserException{
    static int getDays(int days) {                       // 主类的静态方法
        return days;
    }
    public static void main(String[ ]args){
        int countDays;
        try{
            countDays = getDays(9);
            if(countDays＞7){                            // 抛出自定义异常
                throw new TooMuchDayException("周日期数错误!");
            }
        }
        catch(TooMuchDayException e) {                   // 捕获自定义异常,并显示异常的相关信息
            System. out. println("getMessage( )输出:" + e. getMessage( ));
            System. out. println("getInformation( )输出:" + e. getInformation( ));
            System. out. println("printStackTrace( )输出:");
            e. printStackTrace( );
        }
    }
}
```

【运行结果】

```
getMessage( )输出:周日期数错误!
getInformation( )输出:There are 7 days in a week.
printStackTrace( )输出:
TooMuchDayException:周日期数错误!
        at UserException. main(UserException. java:19)
```

【代码说明】

程序先定义了一个异常类 TooMuchDayException,在该类中,除了实现其父类 Exception 类的构造方法外,还定义了 getInformation( )方法。在主类中,通过 getDays( )方法获得一周的日期数,当该数大于 7 时,应该产生 TooMuchDayException 异常,此时必须用 throw new TooMuchDayException( )语句抛出该异常。这和处理系统定义的异常是有区别的,因为系统定义的异常是由系统检测的,编程时,只需要将可能产生异常的方法或语句放在 try 语句中或用 throws 语句将可能产生的异常丢弃即可;用户自定义异常必须用 throw 语句将异常抛出,否则不会产生异常。

程序中将可能产生异常的代码和普通代码分开处理,能够增加程序的可读性和可维护性,使程序不会因为产生错误而终止,程序就更加稳定。在编程时,应当对可能出现的异常进行处理。

▶ 2.3.3 任务实施

1. 任务分析

尽管 Java 提供了完善的异常处理类库,但有时我们还是需要自行定义一些异常类来满足特殊的要求。

(1) 自定义异常类 MyArrayException,它是系统类 NegativeArraySizeException 的子类。

(2) 利用 super(参数)调用父类的构造方法初始化,参数值可以用 getMessage( )获取;getInfo( )方法为自定义方法,用以演示自定义异常类的构成。

(3) 定义检测数组方法 checkArraySize( ),因为方法体内部可能会产生 MyArrayException 异常,因此在方法声明后使用 throws 关键字来声明自身抛出了 MyArrayException 异常。

(4) main( )方法调用 checkArraySize( )方法,因此 main( )方法根据其 throws 声明的异常类型 MyArrayException,使用了异常处理机制来捕获该异常并处理它。

2. 程序实现代码

```java
class MyArrayException extends NegativeArraySizeException{        //自定义异常类
    public MyArrayException(String message){
        super(message);                        //调用父类构造方法初始化 message
    }
    public String getInfo( ){                  //自定义方法
        String info = "如看到此信息,请重新创建数组!";
        return info;
    }
}
```

```java
public class UserDefExceptionDemo{                          // 主类
    static int size;
    static int a[];
    /*检测数组下标的方法*/
    static void checkArraySize(  ) throws MyArrayException{
        if(size>0){
            a = new int[size];
            System.out.println("数组创建成功!");
        }
        else
            throw new MyArrayException("数组创建错误,请检查下标!");
    }
    public static void main(String[] args) {
        size = Integer.parseInt(args[0]);          // size值由控制台输入
        try{
            checkArraySize(  );
        }
        catch(MyArrayException e){
            System.out.println(e.getMessage(  ));
            System.out.println(e.getInfo(  ));
        }
    }
}
```

【运行结果】

DOS 提示符＞java UserDefExceptionDemo 3
数组创建成功!
DOS 提示符＞java UserDefExceptionDemo -2
数组创建错误,请检查下标!
如看到此信息,请重新设定数组下标值!

▶ 2.3.4 技能提高

下面进行异常处理机制训练。

Java 异常处理的步骤如下：一旦产生异常，首先会产生一个异常类的实例化对象；在 try 语句中对此异常对象进行捕捉；产生的异常对象与 catch 语句中的各个异常类型进行匹配，如果匹配成功，则执行 catch 语句中的代码。

通过对象的多态性，所有子类实例可以全部使用父类类型接收，即所有的异常对象都可以使用 Exception 接收。

【例 2.33】 使用 Exception 处理多个异常。

```java
public class ExceptionDemo{
    public static void main(String args[]){
        System.out.println("* * * * * * * * * * 计算开始 * * * * * * * * * * *");
        int i = 0 ;                                  // 定义整型变量
        int j = 0 ;                                  // 定义整型变量
        try{
            String str1 = args[0] ;                  // 接收第一个参数
            String str2 = args[1] ;                  // 接收第二个参数
            i = Integer.parseInt(str1) ;             // 将第一个参数由字符串变为整型
            j = Integer.parseInt(str2) ;             // 将第二个参数由字符串变为整型
            int temp = i / j ;                       // 此处产生了异常
            System.out.println("两个数字相除的结果:" + temp) ;
            System.out.println("- - - - - - - - - - - - - - - - - - - - - -") ;
        }catch(ArithmeticException e){               // 捕获算术异常
            System.out.println("算术异常:" + e) ;
            e.printStackTrace( ) ;
        }catch(NumberFormatException e){             // 捕获数字转换异常
            System.out.println("数字转换异常:" + e);
        }catch(ArrayIndexOutOfBoundsException e){    // 捕获数组越界异常
            System.out.println("数组越界异常:" + e) ;
        }catch(Exception e){
            System.out.println("其他异常:" + e) ;
        }
        System.out.println("* * * * * * * * * * 计算结束 * * * * * * * * * * *");
    }
}
```

【代码说明】

程序在最后直接使用 Exception 进行其他异常的捕获,但要注意,在 Java 中所有捕获范围小的异常必须放在捕获范围大的异常之前,否则程序在编译时会出现错误提示。将上个实例改造就会出现错误。

```java
public class ExceptionDemo{
    public static void main(String args[]){
        System.out.println("* * * * * * * * * * 计算开始 * * * * * * * * * * *");
        int i = 0 ;                                  // 定义整型变量
        int j = 0 ;                                  // 定义整型变量
        try{
            String str1 = args[0] ;                  // 接收第一个参数
            String str2 = args[1] ;                  // 接收第二个参数
            i = Integer.parseInt(str1) ;             // 将第一个参数由字符串变为整型
```

```
            j = Integer.parseInt(str2);              // 将第二个参数由字符串变为整型
            int temp = i / j;                        // 此处产生了异常
            System.out.println("两个数字相除的结果:" + temp);
            System.out.println("- - - - - - - - - - - - - - - - - - - - - - -");
        }catch(Exception e){
            System.out.println("其他异常:" + e);
        }catch(ArithmeticException e){               // 捕获算术异常
            System.out.println("算术异常:" + e);
            e.printStackTrace();
        }
        System.out.println("* * * * * * * * * 计算结束 * * * * * * * * * *");
    }
}
```

以上代码可以直接使用 Exception 类进行异常处理,无须使用其他异常类。

学 习 领 域 3

图形界面设计

任务 3.1　Swing 程序设计

早期电脑向用户提供的是单调枯燥的纯字符状态的命令操作窗口,当今大多数编程软件都具备了图形用户界面。下面就介绍 Java 中的图形用户界面系统 Swing。

▶ 3.1.1　任务内容

(1) 创建计算器窗体,根据要求需要写出任务包含的所有控件。
(2) 根据要求在计算机窗体中使用相应的布局。

▶ 3.1.2　相关知识

| 知识点一:Swing 与 AWT 包 |

常用的 Java 图形界面开发工具分为以下两种。

AWT(Abstract Window ToolKit,抽象窗口工具包),这个工具包提供了一套与本地图形界面进行交互的接口。AWT 中的图形函数与操作系统所提供的图形函数之间有着一一对应的关系。也就是说,当利用 AWT 来构建图形用户界面的时候,实际上是在利用操作系统所提供的图形库。不同操作系统的图形库所提供的功能是不一样的,因此在一个平台上存在的功能在另一个平台上则可能不存在。为了实现 Java 语言所宣称的"一次编译,到处运行"的概念,AWT 不得不通过牺牲功能来实现其平台无关性,也就是说,AWT 所提供的图形功能是各种通用型操作系统所提供的图形功能的交集。由于 AWT 是依靠本地方法来实现其功能的,我们通常把 AWT 控件称为重量级控件。

Swing 是在 AWT 的基础上构建的一套新的图形界面系统,它提供了 AWT 所能够提供的所有功能,并且用纯粹的 Java 代码对 AWT 的功能进行了大幅度的扩充。例如,并不是所有的操作系统都提供了对树形控件的支持,Swing 利用 AWT 中所提供的基本作图方法对树形控件进行模拟。由于 Swing 控件是用 100% 的 Java 代码来实现的,因此在一个平台上设计的树形控件可以在其他平台上使用。在 Swing 中没有使用本地方法来实现图形功能,因此,通常把 Swing 控件称为轻量级控件。

AWT 和 Swing 的基本区别:AWT 是基于本地方法的程序,其运行速度比较快;Swing 是基于 AWT 的 Java 程序,其运行速度比较慢。对于一个嵌入式应用来说,目标平台的硬件资源往往非常有限,而应用程序的运行速度又是项目中至关重要的因素。在这种矛盾的情况下,简单而高效的 AWT 成了嵌入式 Java 的第一选择。而在普通的基于 PC 或者是工作站的标准 Java 应用中,硬件资源对应用程序所造成的限制往往不是项目中的关键因素,所以在标准版的 Java 中则提倡使用 Swing,通过牺牲速度来实现应用程序的功能。AWT 是抽象窗口组件工具包,是 Java 最早的用于编写图形项目应用程序的开发包。Swing 是为了解决 AWT 存在的问题而新开发的包,它是以 AWT 为基础的。本任务将主要介绍 Swing 组件的使用方法。

知识点二:Swing 顶级容器

图形界面中至少要有一个 Swing 顶级容器,Swing 顶级容器为其他 Swing 组件在屏幕上的绘制和处理事件提供支持。常用的顶级容器包括:

(1)JFrame(框架):表示主程序窗口,在此会详细介绍。
(2)JDialog(对话框):每个 JDialog 对象表示一个对话框,对话框属于二级窗口。
(3)JApplet(小程序):在浏览器内显示一个小程序界面。

1. JFrame(框架)

Swing 顶级容器有 3 个基本构造块:标签、按钮和文本字段。但是现在需要有个地方安放它们,并希望用户知道如何处理它们。JFrame 类就是解决这个问题的——它是一个容器,允许程序员把其他组件添加到它里面,把它们组织起来,并把它们呈现给用户。

JFrame 框架实际上不仅仅让程序员把组件放入其中并呈现给用户,虽然它表面上应用简单,但实际上它是 Swing 包中最复杂的组件。为了最大程度地简化组件,在独立于操作系统的 Swing 组件与实际运行这些组件的操作系统之间,JFrame 起着桥梁的作用。JFrame 在本机操作系统中是以窗口的形式注册的,这样就可以得到许多熟悉的操作系统窗口的特性:最小化、最大化、改变大小、移动。

JFrame 框架的构造方法如表 3-1 所示,常用方法如表 3-2 所示。

表 3-1 JFrame 框架构造方法

访问权限	参 数
public	JFrame( )构造一个初始时不可见的新窗体
public	JFrame(GraphicsConfiguration gc)以屏幕设备的指定 GraphicsConfiguration 和空白标题创建一个 Frame
public	JFrame(String title) 创建一个新的、初始不可见的、具有指定标题的 Frame
public	JFrame(String title,GraphicsConfiguration gc) 创建一个具有指定标题和指定屏幕设备的 GraphicsConfiguration 的 JFrame

表 3-2 JFrame 框架常用方法

返回值及权限	定 义	功 能
Container	getContentPane( )	返回此窗体的 contentPane 对象
int	getDefaultCloseOperation( )	返回用户在此窗体上发起"close"时执行的操作
JMenuBar	getJMenuBar( )	返回此窗体上设置的菜单栏
JLayeredPane	getLayeredPane( )	返回此窗体的 layeredPane 对象
protected void	processWindowEvent(WindowEvent e)	处理此组件上发生的窗口事件
void	remove(Component comp)	从该容器中移除指定组件

续表

返回值及权限	定义	功能
void	setSize(Dimension d)	设置窗体的大小
void	setSize(int width,int height)	设置窗体的大小
void	setContentPane(Container contentPane)	设置 contentPane 属性
void	setDefaultCloseOperation(int operation)	设置用户在此窗体上发起"close"时默认执行的操作
void	setIconImage(Image image)	设置要作为此窗口图标显示的图像
void	setJMenuBar(JMenuBar menubar)	设置此窗体的菜单栏
void	setLayeredPane(JLayeredPane layeredPane)	设置 layeredPane 属性
void	setLayout(LayoutManager manager)	设置 LayoutManager 属性
protected void	setRootPaneCheckingEnabled(boolean enabled)	设置是否将对 add 和 setLayout 的调用转发到 contentPane
void	update(Graphics g)	只是调用 paint(g)
void	setEnabled(boolean b)	根据参数 b 的值启用或禁用此组件
void	setVisible(boolean b)	根据参数 b 的值显示或隐藏此组件

创建一个窗体有两种方法：

(1) 在程序中定义一个 JFrame 类的对象,并且设置 JFrame 对象的相关属性。

(2) 自定义的类继承于 JFrame 类,并设置相关属性。

下面通过实例介绍如何设置一个窗口,并显示这个窗体。

【例 3.1】 通过 JFrame 类的对象创建一个像素为 400×200、标题为"我的第一个窗口"的窗口并显示。

方法 1：通过创建一个 JFrame 类的对象创建一个窗体。

```
package com;
import java.awt.Dimension;
import javax.Swing.JFrame;
public class FirstFrame {
    public static void main(String[] args){
        // 创建一个窗口,并且设置标题为"我的第一个窗体"
        JFrame jf = new JFrame("我的第一个窗体");
        jf.setSize(new Dimension(400,200) );          // 设置窗口的大小
        // jf.setSize(400,200);                         // 设置窗口的大小
        //jf.setTitle("我的第一个窗体");                  // 设置窗口的标题
        jf.setVisible(true);
        /* 设置窗口可见,如果程序中不设置窗口是否显示,窗口是不显示的.
         *  所以这条语句是应该存在的,也可以用 jf.show(true);代替.
         */
    }
}
```

【运行结果】(见图 3-1)

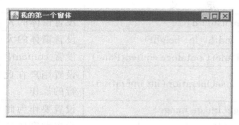

图 3-1　创建一个窗体

方法 2：通过继承 JFrame 类。

```java
package com;
import javax.Swing.JFrame;
class FirstFrame extends JFrame{
    public FirstFrame( ){
        this.setTitle("我的第一个窗体");      // 设置窗口的标题
        this.setSize(400,200);              // 设置窗口的大小
        this.setVisible(true);              //设置窗口的可见性
    }
}
public class MyFrame{
    public static void main(String[ ] args){
        FirstFrame f = new FirstFrame( );    //创建 FirstFrame 类的对象
    }
}
```

通过上面实例可知，当单击窗口关闭按钮时，虽然窗口消失了，但是窗口的进程 javaw.exe 并没有消失，如图 3-2 所示，这是由于没有对窗口设置其关闭属性或者关闭事件。

图 3-2　窗口进程

【例 3.2】 通过 JFrame 类的对象创建一个 400×300 像素大小、标题为"我的测试窗口"（利用构造方法实现）、在屏幕的 400×200 像素位置、背景为蓝色的窗口并显示。

```
package com;
import java.awt.Color;
import java.awt.Point;
import javax.Swing.JFrame;
public class FrameTest {
    public static void main(String[] args){
        JFrame jf = new JFrame("我的测试窗口");          //通过JFrame构造方法设置窗口标题
        jf.setSize(400, 300);                            // 设置窗口的大小
        //创建一个point类的对象为了设置窗口在屏幕中显示的位置
        Point pt = new Point(400,200);
        jf.setLocation(pt);                              // 设置窗口在屏幕中显示的位置
        jf.getContentPane( ).setBackground(Color.BLUE);  // 设置窗口的背景颜色为蓝色
        jf.setDefaultCloseOperation(JFrame.EXIT_ON_CLOSE); // 设置窗口关闭的方式
        jf.setVisible(true);                             // 设置窗口为可见的
    }
}
```

【运行结果】（见图 3-3）

图 3-3　程序运行结果

【代码说明】

JFrame 框架一旦创建，在其中就已经包含了一个内容面板，一般在向 JFrame 框架中添加组件时，都加在了内容面板中，这个面板可以通过 JFrame 的成员方法 getContentPane(　) 取出来。所以即使设置了 JFrame 的背景颜色，也仍然会被内容面板盖住，这样就不如设置内容面板的背景颜色了：通过 JFrame 的 getContentPane(　) 方法先获取窗口的默认面板，再通过设置背景颜色方法 setBackground(Color.BLUE) 来设置窗口的背景颜色。

2. 对话框

JDialog（对话框）与框架（JFrame）有些相似，但它一般是一个临时的窗口，主要用于显

示提示信息或接收用户输入。所以在对话框中一般不需要菜单条,也不需要改变窗口大小。此外,在对话框出现时,可以设定禁止其他窗口的输入,直到这个对话框被关闭。

JDialog 常用的构造方法如表 3-3 所示。

表 3-3　JDialog 构造方法

访问权限	参　　数
public	JDialog(　),创建没有标题且没有指定 Frame 所有者的非模态对话框
public	JDialog(Dialog owner),创建没有标题但指定所有者的非模态对话框
public	JDialog(Dialog owner,Boolean modal),创建具有指定所有者 Dialog 和模态的对话框
public	JDialog(Dialog owner,String title),创建具有指定标题和指定所有者 Dialog 的非模态对话框
public	JDialog(Frame owner),创建没有标题但指定所有者 Frame 的非模态对话框
public	JDialog(Frame owner,Boolean modal),创建具有指定所有者 Frame 和模态的对话框
public	JDialog(Frame owner,String title),创建具有指定标题和指定所有者的非模态对话框
public	JDialog(Window owner),创建具有指定所有者和空标题的非模态对话框

一种是非模态(Modeless)对话框,又叫作无模式对话框。当用户打开非模态对话框时,依然可以操作其他窗口。例如,Windows 提供的记事本程序中的"查找"对话框。"查找"对话框不会垄断用户的输入,打开"查找"对话框后,仍可与其他用户界面对象进行交互。非模态对话框允许用户在处理非模态对话框的同时处理目标对话框,其不会垄断用户的输入。另一种是模态对话框。二者的区别在于当打开对话框时,是否允许用户进行其他对象的操作。

【例 3.3】 对话框实例。

```
package com;
import javax.Swing.JDialog;
import javax.Swing.JFrame;
public class JDialogTest {
    public static void main(String[] args) {
        JFrame jf = new JFrame("对话框实例");           // 创建标题为"对话框实例"窗体
        JDialog jd = new JDialog(jf,"对话框");          // 创建一个"非模态"对话框
        // jd.setModal(true);                           // 设置对话框为模态对话框
        jd.setSize(50,50);                              // 设置对话框的大小
        jd.setVisible(true);                            // 设置对话框的可见性
        jf.setSize(200,100);                            // 设置窗体的大小
        jf.setVisible(true);                            // 设置窗体的可见性
        jf.setDefaultCloseOperation(JFrame.EXIT_ON_CLOSE);// 设置窗体的关闭方式
    }
}
```

【运行结果】(见图 3-4)

图 3-4　程序运行结果

知识点三:Swing 常用组件

1. JLabel(标签)

JLabel(标签)对象可以显示文本、图像或同时显示二者。在图形开发过程中,JLabel(标签)一般用于显示静态文本。可以通过设置垂直和水平对齐方式,指定标签显示区中标签内容在何处对齐。默认情况下,标签在其显示区内垂直居中对齐;只显示文本的标签是开始边对齐;而只显示图像的标签则水平居中对齐。

JLabel 的构造方法如表 3-4 所示,常用方法如表 3-5 所示。

表 3-4 JLabel 构造方法

访问权限	参 数
public	JLabel(String text, Icon icon, int horizontalAlignment),创建具有指定文本、图像和水平对齐方式的 JLabel 实例,该标签在其显示区内垂直居中对齐,文本位于图像的结尾边上
public	JLabel(String text, int horizontalAlignment),创建具有指定文本和水平对齐方式的 JLabel 实例,该标签在其显示区内垂直居中对齐
public	JLabel(String text),创建具有指定文本的 JLabel 实例,该标签与其显示区的开始边对齐,并垂直居中
public	JLabel(Icon image, int horizontalAlignment),创建具有指定图像和水平对齐方式的 JLabel 实例,该标签在其显示区内垂直居中对齐
public	JLabel(Icon image),创建具有指定图像的 JLabel 实例,该标签在其显示区内垂直和水平居中对齐
public	JLabel( ),创建无图像并且其标题为空字符串的 JLabel。该标签在其显示区内垂直居中对齐。一旦设置了标签的内容,该内容就会显示在标签显示区的开始边上

表 3-5 JLabel 常用方法

返回值及权限	定 义	功 能
public void	setText(String text)	定义此组件将要显示的单行文本。如果 text 值为 null 或空字符串,则什么也不显示。属性默认值为 null
public String	getText( )	返回该标签所显示的文本字符串
public void	setIconTextGap(int iconTextGap)	图标和文本的属性都已设置,则此属性定义图标和文本之间的间隔。属性默认值为 4 个像素
public void	setIcon(Icon icon)	定义此组件将要显示的图标。如果 icon 值为 null,则什么也不显示。属性默认值为 null
public Icon	getIcon( )	返回该标签显示的图形图像(字形、图标)

【例 3.4】 通过 JFrame 类的对象创建一个标题为"标签实例"(利用构造方法实现)的窗口。在窗口中添加 5 个标签,标签 1 为黄山的图片,标签 2 为"黄山",标签 3 为泰山的图片,标签 4 为"泰山",标签 5 为庐山的图片及"庐山"。

```java
package com;
import java.awt.FlowLayout;
import javax.Swing.Icon;
import javax.Swing.ImageIcon;
import javax.Swing.JFrame;
import javax.Swing.JLabel;
public class JLabelTest {
    public static void main(String[] args){
        JFrame jf = new JFrame("标签实例");   // 创建一个标题为"标签实例"的窗口
        jf.setLayout(new FlowLayout(  ));     // 设置窗口的布局
        JLabel jlb_hs = new JLabel("黄山");   // 创建一个文本为"黄山"的标签 jlb_hs
        JLabel jlb_icon_hs = new JLabel(  ); // 创建一个空的标签
        Icon icon_hs = new ImageIcon("image/huangshan.jpg");
        //创建一个 Icon 类的对象 icon_hs,存放黄山的图片
        jlb_icon_hs.setIcon(icon_hs);
        // 将存放黄山图片的 icon 加载到 jlb_hs 标签中
        jf.add(jlb_icon_hs);                  // 将 jlb_icon_hs 标签加载到窗体上
        jf.add(jlb_hs);                       // 将 jlb_hs 标签加载到窗体上
        JLabel jlb_ts = new JLabel("泰山");   // 创建一个文本为"泰山"的标签 jlb_ts
        Icon icon_ts = new ImageIcon("image/taishan.jpg");
        //创建一个 Icon 类的对象 icon_ts,存放泰山的图片
        JLabel jlb_icon_ts = new JLabel(icon_ts);
        //创建一个标签将泰山的图片通过 JLabel 的构造方法加载到标签 jlb_icon_ts 中
        jf.add(jlb_icon_ts);                  // 将带有泰山图片的标签加载到窗体上
        jf.add(jlb_ts);                       // 将文本为"泰山"的标签 jlb_ts 加载到窗体上
        Icon icon_ls = new ImageIcon("image/lushan.jpg");
        //创建一个 Icon 类的对象 icon_ls,存放黄山的图片
        JLabel jlb_ls = new JLabel("庐山",icon_ls,JLabel.LEFT);
        //创建一个文本为"庐山",图片为庐山,对齐方式为左对齐的标签 jlb_ls
        jf.add(jlb_ls);                       // 将 jlb_ls 加载到窗体上
        jf.pack(  );                          // 设置窗体显示方式为紧凑的显示方法
        jf.setDefaultCloseOperation(JFrame.EXIT_ON_CLOSE);   // 设置窗体的关闭方式
        jf.setVisible(true);                  // 设置窗体为可见的
    }
}
```

【运行结果】(见图 3-5)

图 3-5 程序运行结果

【代码说明】
JFrame 中的 add( )方法是向 JFrame 中添加相应的控件或者容器。
jf.setLayout(new FlowLayout( ))这条语句是设置窗体的布局。
jf.pack( )这条语句表示设置窗体为紧凑方式显示,这样设置就不用计算这个窗体需要多大才能将窗体中的所有控件都显示出来,在一些简单的程序设计中这样使用是十分方便的。

2. JButton(按钮)

JButton(按钮)是用户在图形界面设计中使用率最高的控件之一。它一般用于完成用户的提交操作(如注册、修改等)。它只有按下和释放两种状态,用户可以通过捕获按下并释放的动作执行一些操作。

JButton 的构造方法如表 3-6 所示,常用方法如表 3-7 所示。

表 3-6 JButton 构造方法

访问权限	参　　数
public	JButton( ),建立一个按钮
public	JButton(String text),创建一个带文本的按钮
public	JButton(Icon icon),创建一个带图标的按钮
public	JButton(String text,Icon icon),创建具有图像和文本的按钮

表 3-7 JButton 常用方法

返回值及权限	定　　义	功　　能
public void	addActionListener(ActionListener 1)	将一个 ActionListener 添加到按钮中,也就是对按钮添加事件监听
public String	getActionCommand( )	返回此按钮的动作命令
public Icon	getIcon( )	返回默认图标
public String	getText( )	返回按钮的文本
public void	setEnabled(boolean b)	启用(或禁用)按钮。当设置参数为 false 时,按钮将不能被按下,系统默认为 true

续表

返回值及权限	定　　义	功　　能
public void	setIcon(Icon defaultIcon)	设置按钮的默认图标
public void	setText(String text)	设置按钮的文本

【例 3.5】 设计一个窗体，窗体中包含 3 个按钮，按钮 1 是只有文字的"文字按钮"，按钮 2 是只有图片的按钮，按钮 3 是既有图片也有文字的"文本及图像按钮"。

```java
package com;
import java.awt.Color;
import java.awt.FlowLayout;
import javax.Swing.Icon;
import javax.Swing.ImageIcon;
import javax.Swing.JButton;
import javax.Swing.JFrame;
public class JButtonTest {
    public static void main(String[] args){
        JFrame jf = new JFrame("按钮实例");            // 创建标题为"按钮实例"的窗体
        jf.setLayout(new FlowLayout(   ));              // 设置窗体的布局为 FlowLayout
        JButton jb = new JButton(   );                   // 创建一个按钮 jb
        jb.setText("文字按钮");                          // 设置 jb 按钮的文本为"文字按钮"
        Icon icon = new ImageIcon("image/button.jpg");   // 加载图片 button.jpg
        JButton jb_icon = new JButton(icon);             // 创建一个带图片的按钮 jb_icon
        JButton jb_texticon = new JButton("文本及图像按钮",icon);
        //创建一个带图片和文字的按钮 jb_texticon
        jf.add(jb);                                      // 向窗体中添加按钮 jb
        jf.add(jb_icon);                                 // 向窗体中添加按钮 jb_icon
        jf.add(jb_texticon);                             // 向窗体中添加按钮 jb_texticon
        jf.setDefaultCloseOperation(JFrame.EXIT_ON_CLOSE); // 设置窗体关闭的方式
        jf.pack(  );                                     // 设置窗体以紧凑的方式显示
        jf.setVisible(true);                             // 设置窗体显示方式
    }
}
```

【运行结果】（见图 3-6）

图 3-6　程序运行结果

3. JTextField（文本框）

JTextField（文本框）实现一个文本框，用来接受用户输入的单行文本信息。JPasswordField 控件扩展了 JTextField 的功能，提供了类似密码的服务。JTextArea 控件提供了输入多行文本的功能。

JTextField 的常用构造方法如表 3-8 所示，常用方法如表 3-9 所示。

表 3-8　JTextField 构造方法

访问权限	参　　数
public	JTextField( )，构造一个新的 JTextField 控件
public	JTextField(int columns)，构造一个具有指定列数的新的空 TextField 控件
public	JTextField(String text)，构造一个用指定文本初始化的新 TextField 控件
public	JTextField(String text, int columns)，构造一个用指定文本和列初始化的新 TextField 控件

表 3-9　JTextField 常用方法

返回值及权限	定　　义	功　　能
public void	addActionListener(ActionListener 1)	将一个 ActionListener 添加到文本框中，也就是对文本框添加事件监听
public void	setColumns(int columns)	设置此 TextField 中的列数，然后验证布局
public Icon	setText(String text)	设置文本框里的内容
public String	getText( )	返回文本框里的内容
public void	setFont(Font f)	设置当前字体
public void	setEditable(boolean enable)	设置文本框是否可编辑
public void	setEnable(boolean enable)	设置文本框是否可用

JPasswordField 控件与 JTextField 控件用法类似。在 JPasswordField 类中还常用 setEchoChar(char c)方法，setEchoChar( )方法实现在文本框中用设置的字符显示用户输入的字符。如果用户不使用 setEchoChar( )方法，则系统默认密码提示字符是"＊"。

【例 3.6】 设计一个窗体，窗体的标题是"文本实例"，窗体中包含 1 个可编辑的文本框，文本框内容是"enedit"；1 个不可编辑的文本框，文本框内容是"enable"；1 个密码框，密码的提示字符为"♯"；1 个可编辑的多行文本框。

```
package com;
import java.awt.FlowLayout;
import javax.Swing.BorderFactory;
import javax.Swing.JFrame;
import javax.Swing.JPasswordField;
import javax.Swing.JTextArea;
import javax.Swing.JTextField;
public class JTextFieldTest {
    public static void main(String[] args){
```

```
        JFrame jf = new JFrame("文本实例");           // 创建一个标题为"文本实例"的窗体
        jf.setLayout(new FlowLayout( ));              // 设置窗体的布局为 FlowLayout
        JTextField jtxt = new JTextField(10);         // 创建一个文本框 jtxt
        JTextField jtxt_enedit = new JTextField(10);  // 创建一个文本框 jtxt_enedit
        JTextField jtxt_enenable = new JTextField(10);// 创建一个文本框 jtxt_enenable
        JPasswordField jpw = new JPasswordField(10);  // 创建一个文本框 jpw
        JTextArea jta = new JTextArea(3,10);          // 创建一个3行10列的多行文本框
        jtxt_enedit.setText("enedit");
        // 设置 jtxt_enedit 文本框的初始文本为"enedit"
        jtxt_enenable.setText("enable");
        // 设置 jtxt_enenable 文本框初始文本为"enable"
        jtxt_enedit.setEditable(false);               // 设置 jtxt_enedit 为不可编译
        jtxt_enenable.setEnabled(false);              // 设置 jtxt_enenable 为不可用
        jpw.setEchoChar('#');                         // 设置 jpw 密码框的显示文本为#
        jta.setBorder(BorderFactory.createLoweredBevelBorder( ));// 设置 jta 的边框样式
        jta.setLineWrap(true);                        // 设置 jta 自动换行
        jf.add(jtxt);                                 // 向 jf 中添加 jtxt
        jf.add(jtxt_enedit);                          // 向 jf 中添加 jtxt_enedit
        jf.add(jtxt_enenable);                        // 向 jf 中添加 jtxt_enenable
        jf.add(jpw);                                  // 向 jf 中添加 jta
        jf.add(jta);                                  // 向 jf 中添加 jta
        jf.pack( );                                   // 设置 jf 的显示方式为紧凑显示
        jf.setDefaultCloseOperation(JFrame.EXIT_ON_CLOSE); // 设置 jf 的关闭方式
        jf.setVisible(true);                          // 设置 jf 窗体的可见性
    }
}
```

【运行结果】(见图 3-7)

图 3-7 程序运行结果

【代码说明】

文本框的 enedit 属性和 enable 属性的区别如下：如果 enedit 属性设置为 false,文本框的内容是不可编辑的,但是文本框里的内容还是可以复制的,而 enable 属性设置为 false 的话,文本框里的内容是不可以被复制的。

jta.setLineWrap(true);这条语句设置多行文本框的内容是自动换行的,默认多行文本框的内容是不自动换行的。

JTextArea 与 JTextField 用法基本一致,在这里就不单独讲解了。

4. JRadioButton(单选按钮)

Swing 组件中的选择按钮分为单选按钮(JRadioButton)和多选按钮(JCheckBox)。JRadioButton(单选按钮)的常用构造方法如表 3-10 所示,常用方法如表 3-11 所示。

表 3-10　JRadioButton 构造方法

访问权限	参　　数
public	JRadioButton( ),构造一个新的 JRadioButton
public	JRadioButton(Icon icon),构造一个带有图片的 JRadioButton
public	JRadioButton(String text),构造一个用指定文本初始化的新 JRadioButton
public	JRadioButton(String text,boolean sele),构造一个用指定文本和列初始化的新 JRadioButton

表 3-11　JRadioButton 常用方法

返回值权限	定　　义	功　　能
public void	addActionListener(ActionListener 1)	将一个 ActionListener 添加到文本框中,也就是对文本框添加事件监听
public Icon	setText(String text)	设置文本框里的内容
public String	getText( )	返回文本框里的内容

JCheckBox(多选按钮)的构造方法和常用方法与 JRadioButton 的构造方法和常用方法基本类似,在这里就不过多列举了。

【例 3.7】 设计一个窗体,窗体标题为"选择按钮实例",窗体包含 4 个单选按钮,3 个多选按钮。第一个单选显示内容为本科,第二个单选显示内容为专科,第三个单选显示内容为男,第四个单选显示内容为女,其中第三个、第四个按钮设置为一组单选按钮。3 个多选按钮的内容分别是篮球、足球、排球。

```
package com;
import java.awt.FlowLayout;
import javax.Swing.ButtonGroup;
import javax.Swing.JCheckBox;
import javax.Swing.JFrame;
import javax.Swing.JRadioButton;
public class JRadioTest {
    public static void main(String[] args) {
        JFrame jf = new JFrame("选择按钮实例");          //创建标题为"选择按钮实例"的窗体
        jf.setLayout(new FlowLayout( ));                //设置窗体的布局为 FlowLayout
        ButtonGroup group = new ButtonGroup( );         //定义一个按钮组
        //创建一个没有内容的单选按钮 jrb_bk
        JRadioButton jrb_bk = new JRadioButton( );
        //创建一个没有内容的单选按钮 jrb_zk
```

```
        JRadioButton jrb_zk = new JRadioButton(   );
        //创建一个没有内容的单选按钮 jrb_man
        JRadioButton jrb_man = new JRadioButton(   );
        //创建一个内容为"女"的单选按钮 jrb_women
        JRadioButton jrb_women = new JRadioButton("女");
        // 创建一个内容为"篮球"的多选按钮 jcb_lq
        JCheckBox jcb_lq = new JCheckBox("篮球");
        //创建一个内容为"足球"的多选按钮 jcb_zq
        JCheckBox jcb_zq = new JCheckBox("足球");/
        JCheckBox jcb_pq = new JCheckBox(   );      // 创建一个没有内容的多选按钮 jcb_pq
        jrb_bk.setText("本科");                      //设置 jrb_bk 的内容为"本科"
        jrb_zk.setText("专科");                      // 设置 jrb_zk 的内容为"专科"
        jrb_man.setText("男");                       // 设置 jrb_man 的内容为"男"
        jcb_pq.setText("排球");                      // 设置 jcb_pq 的内容为"排球"
        group.add(jrb_women);                       // 将 jrb_women 添加到按钮组 group 中
        group.add(jrb_man);                         // 将 jrb_man 添加到按钮组 group 中
        jf.add(jrb_bk);                             // 将 jrb_bk 添加到按钮组窗体中
        jf.add(jrb_zk);                             // 将 jrb_zk 添加到按钮组窗体中
        jf.add(jrb_man);                            // 将 jrb_man 添加到按钮组窗体中
        jf.add(jrb_women);                          // 将 jrb_women 添加到按钮组窗体中
        jf.add(jcb_lq);                             // 将 jcb_lq 添加到按钮组窗体中
        jf.add(jcb_zq);                             // 将 jcb_zq 添加到按钮组窗体中
        jf.add(jcb_pq);                             // 将 jcb_pq 添加到按钮组窗体中
        jf.setDefaultCloseOperation(JFrame.EXIT_ON_CLOSE);
                                                    //设置窗体的关闭方式
        jf.pack(   );                               // 设置 jf 的显示方式为紧凑显示
        jf.setVisible(true);                        // 设置 jf 窗体的可见性
    }
}
```

【运行结果】(见图 3-8)

图 3-8　程序运行结果

【代码说明】

如果不将多个单选按钮设置为 1 个按钮组的话,那么单选按钮就不能实现单选功能,如实例中"本科"与"专科",这两个单选按钮是可以同时被选择的。只有将多个单选按钮设置为 1 个按钮组,单选按钮才能实现单选功能,如实例中"男"与"女"按钮。

5. JList（列表）

由 JList 类代表的 Swing 列表显示一个可选取对象列表，它支持三种选取模式：单选取、单间隔选取和多间隔选取。JList 类把维护和绘制列表的工作委托给一个对象来完成。一个列表的模型维护一个对象列表，列表单元绘制器将这些对象绘制在列表单元中。

JList（列表）的常用构造方法如表 3-12 所示，常用方法如表 3-13 所示。

表 3-12　JList 构造方法

访问权限	参　　数
public	JList( )，构造一个使用空模型的 JList
public	JList(ListModel dataModel)，构造一个 JList，使其使用指定的非 null 模型显示元素
public	JList(Object[ ] listData)，构造一个 JList，使其显示指定数组中的元素
public	JList(Vector<?> listData)，构造一个 JList，使其显示指定 Vector 中的元素

表 3-13　JList 常用方法

返回值权限	定　义	功　能
public void	addListSelectionListener(ListSelectionListener listener)	为每次选择发生更改时要通知的列表添加监听器
public int	getSelectedIndex( )	返回所选的第一个索引；如没有选择项，则返回 −1
public String	getSelectedValue( )	返回所选的第一个值，如果选择为空，则返回 null
public boolean	isSelectionEmpty( )	如果什么也没有选择，则返回 true
public void	setListData(Object[ ] listData)	根据 Object 数组构造 ListModel，对其应用 setModel
public void	setListData(Vector<?> listData)	根据 Vector 构造 ListModel，对其应用 setModel
public void	setSelectedIndex(int index)	选择单个单元
public void	setSelectionMode(int selectionMode)	确定允许单项选择还是多项选择

【例 3.8】　设计一个窗体，窗体标题为"列表实例"。窗体包含 1 个列表，列表的内容是"第一行、第二行……第六行"。

```
package com;
import javax.Swing.BorderFactory;
import javax.Swing.JFrame;
import javax.Swing.JList;
import javax.Swing.border.Border;
public class JListTest {
    public static void main(String[] args) {
        JFrame frame = new JFrame("列表实例");        // 创建标题为"列表实例"的窗体
        String[] bruteForceCode = {"第一行","第二行","第三行","第四行","第五行",
                        "第六行"};        // 列表中显示的字符串
```

```
        // 创建一个列表,并将列表中要显示的字符串添加到列表中
        JList list = new JList(bruteForceCode);
        Border etch = BorderFactory.createEtchedBorder( );   // 创建边框
        // 设置列表的边框样式
        list.setBorder(BorderFactory.createTitledBorder(etch, "列表内容"));
        list.setSelectedIndex(2);                // 将列表的第三项选中,列表元素是从 0 开始
        frame.add(list);                         // 将列表添加到窗体中
        frame.setDefaultCloseOperation(JFrame.EXIT_ON_CLOSE); //设置窗体关闭方式
        frame.pack( );                           // 设置窗体中控件以紧凑方式显示
        frame.setVisible(true);                  // 设置窗体的可见性
    }
}
```

【运行结果】(见图 3-9)

图 3-9 程序运行结果

JComboBox 组件和 JList 组件很相似,因为这两个组件都显示一个项列表。因此,它们都有扩展 ListModel 接口的模型。而且这两个组件都有绘制器,这些绘制器通过实现 ListCellBenderer 接口来绘制列表单元。但是列表和组合框在应用方面还是有差别的。列表单是不可编辑的,但是组合框可以配备一个编辑器。JComboBox 组件把编辑工作交给实现 ComboBoxEdit 接口的一个对象来处理。

列表支持三个选取模式,并把选取工作当作实现 ListSelectionModel 接口的一个对象来处理。组合框在一个时刻只有一个可选取的项,而且选取工作由组合框模型来处理。另外,组合框支持键选取,即在某项上可以进行按键选取,但列表不能这样做。

JComboBox 的常用构造方法如表 3-14 所示,JComboBox 常用的方法与 JList 相似,这里就不再重复列举了。

表 3-14 JComboBox 构造方法

访问权限	参 数
public	JComboBox( ),创建具有默认数据模型的 JComboBox
public	JComboBox(ComboBoxModel aModel),创建一个 JComboBox,其项取自现有的 ComboBoxModel 中
public	JComboBox(Object[] items),创建包含指定数组中的元素的 JComboBox
public	JComboBox(Vector<?> items),创建包含指定 Vector 中的元素的 JComboBox

【例3.9】 设计一个窗体,窗体标题为"下拉列表实例"。窗体包含一个列表,列表的内容是"狗、猫、鱼、鸟、虫"。

```java
package com;
import javax.Swing.JComboBox;
import javax.Swing.JFrame;
public class JComboBoxTest {
    public static void main(String []args){
        JFrame frame = new JFrame("下拉列表实例");         // 创建"下拉列表实例"窗体
        String[] str = { "狗", "猫", "鱼", "虫"};          // 列表中显示的字符串
        //创建一个下拉列表,并将列表中要显示的字符串添加到列表中
        JComboBox jcb = new JComboBox(str);
        //将新字符添加到下拉列表的第四个位置,下拉列表元素是从0开始
        jcb.insertItemAt("鸟", 3);
        jcb.setSelectedIndex(2); // 将下拉列表的第三项选中,下拉列表元素是从0开始
        frame.add(jcb);                                    // 将下拉列表添加到窗体中
        frame.setDefaultCloseOperation(JFrame.EXIT_ON_CLOSE);  //设置窗体关闭方式
        frame.pack( );                                     // 设置窗体中控件以紧凑方式显示
        frame.setVisible(true);                            // 设置窗体的可见性
    }
}
```

【运行结果】(见图3-10)

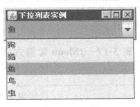

图3-10　程序运行结果

6. JMenu(菜单)

在窗口中,我们经常需要给它添加菜单条。在Java中这一部分是由三个类实现的,它们是JMenuBar、JMenu和JMenuItem,分别对应菜单条、菜单和菜单项。

(1)菜单条(JMenuBar)

JMenuBar的构造方法是JMenuBar( )。在构造之后,还要将它设置成窗口的菜单条,这里要用setJMenuBar方法:

JMenuBar TestJMenuBar = new JMenuBar( );
TestFrame.setJMenuBar(TestJMenuBar);

需要说明的是,JMenuBar类根据JMenu添加的顺序从左到右显示,并建立整数索引。

JMenuBar 的常用方法如表 3-15 所示。

表 3-15　JMenuBar 常用方法

返回值权限	定　义	功　能
public Component	add(JMenu c)	将指定的菜单添加到菜单栏的末尾
public Menu	getMenu(int index)	获取菜单栏中指定位置的菜单
public int	getMenuCount( )	获取菜单栏上的菜单数

（2）菜单（JMenu）

在添加完菜单条后并不会显示任何菜单，还需要在菜单条中添加菜单。菜单 JMenu 类的构造方法如表 3-16 所示。

表 3-16　JMenu 构造方法

访问权限	参　数
public	JMenu( )构造一个空菜单
public	JMenu(Action a)构造一个菜单，菜单属性由相应的动作来提供
public	JMenu(String s)用给定的标志构造一个菜单
public	JMenu(String s,Boolean b)用给定的标志构造一个菜单。如果值为 false，当释放鼠标按钮后，菜单项会消失；如果值为 true，当释放鼠标按钮后，菜单项仍将显示。这时的菜单称为 tearOff 菜单。在构造完后，使用 JMenuBar 类的 add 方法添加到菜单条中

JMenu 的常用方法如表 3-17 所示。

表 3-17　JMenu 常用方法

返回值权限	定　义	功　能
public void	isPopupMenuVisible( )	如果菜单的弹出菜单可见，则返回 true
public void	setPopupMenuVisible(boolean b)	设置弹出菜单的可见性。如果未启用菜单，则此方法无效
public void	setMenuLocation(int x,int y)	设置弹出菜单的位置
public JMenuItem	add(JMenuItem c)	组件追加到此菜单的末尾，返回添加的控件
public void	addSeparator( )	在当前的位置插入分隔符
public void	addMenuListener(MenuListener l)	添加菜单事件的监听器

（3）菜单项（JMenuItem）

接下来是向菜单中添加内容。菜单中可以添加不同的内容，可以是菜单项（JMenuItem），可以是一个子菜单，也可以是分隔符。子菜单的添加是直接将一个子菜单添加到母菜单中，而分隔符的添加只需要将分隔符作为菜单项添加到菜单中。

【例3.10】 创建"菜单实例"的窗体,窗体中包含一个菜单,菜单中包括"文件""编辑""视图""选项""帮助"选项。其中"文件"菜单下包含"新建""打开""保存""退出"选项,在"新建"和"保存"选项下添加分割线。在"新建"菜单中包含"文档"和"图片"两个菜单。

```
package com;
import javax.Swing.JFrame;
import javax.Swing.JMenu;
import javax.Swing.JMenuBar;
import javax.Swing.JMenuItem;
public class JMenuBarTest {
    public static void main(String[] args){
        JFrame jf = new JFrame("菜单实例");          // 创建标题为"菜单实例"的窗体
        JMenuBar TestJMenuBar = new JMenuBar( );    // 创建一个菜单条对象
        jf.setJMenuBar(TestJMenuBar);                // 将菜单条 TestJMenuBar 设置为窗体的菜单条
        JMenu TestMenu = new JMenu("文件");          // 创建"文件"菜单对象
        TestJMenuBar.add(TestMenu);                  // 将"文件"菜单添加到菜单条中
        JMenu jmnew = new JMenu("新建");             // 将"新建"菜单添加到"文件"菜单中
        jmnew.add(new JMenuItem("文档"));            // 将"文档"菜单项添加到"新建"菜单中
        jmnew.add(new JMenuItem("图片"));            // 将"图片"菜单项添加到"新建"菜单中
        TestMenu.add(jmnew);                         // 将"新建"菜单添加到"文件"菜单中
        TestMenu.addSeparator( );                    // 在"新建"菜单下添加分割线
        TestMenu.add(new JMenu("打开"));             // 将"打开"菜单添加到"文件"菜单中
                                                     // 将"保存"菜单项添加到"文件"菜单中
        TestMenu.add(new JMenuItem("保存"));
        TestMenu.addSeparator( );                    // 在"保存"菜单下添加分割线
        TestMenu.add(new JMenuItem("退出"));         // 将"退出"菜单项添加到"文件"菜单中
        JMenu edit = new JMenu("编辑");              // 创建"编辑"菜单对象
        TestJMenuBar.add(edit);                      // 将"编辑"菜单添加到菜单条中
        JMenu view = new JMenu("视图");              // 创建"视图"菜单对象
        TestJMenuBar.add(view);                      // 将"视图"菜单添加到菜单条中
        JMenu opt = new JMenu("选项");               // 创建"选项"菜单对象
        TestJMenuBar.add(opt);                       // 将"选项"菜单添加到菜单条中
        JMenu help = new JMenu("帮助");              // 创建"帮助"菜单对象
        TestJMenuBar.add(help);                      // 将"帮助"菜单添加到菜单条中
        jf.setDefaultCloseOperation(JFrame.EXIT_ON_CLOSE);// 设置窗体的关闭方式
        jf.pack( );                                  // 设置窗体控件以紧凑方式显示
        jf.setVisible(true);                         // 设置窗体的可见性
    }
}
```

【运行结果】(见图 3-11)

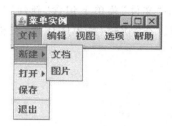

图 3-11 程序运行结果

【代码说明】

添加菜单的顺序：在窗体上只能添加菜单栏（JMenuBar）。菜单栏中一般存放菜单（JMenu）。菜单中可以嵌套菜单，也可以存放菜单项（JMenuItem）。当用户存放菜单（JMenu）时，不论菜单中是否包含菜单项，菜单的样式和"打开"菜单一样；当用户存放菜单项（JMenuItem）时，菜单的样式和"保存"菜单项一样。一般将对菜单的监听代码都加载到菜单项中。

7. JToolBar（工具栏）

JToolBar（工具栏）的功能是用来放置各种常用的功能或控制组件，这个功能在各类软件中都可以很轻易地看到。一般在设计软件时，会将所有功能依类放置在菜单中（JMenu），但当功能数量相当多时，会造成用户进行一个简单的操作就须反复地寻找菜单中相关的功能，这将造成用户操作上的负担。若我们能将一般常用的功能以工具栏方式呈现在菜单下，让用户很快得到他想要的功能，不仅能增加用户使用软件的意愿，也能提高工作效率。这就是使用 JToolBar 的好处。

JToolBar 常用的构造方法如表 3-18 所示。

表 3-18 JToolBar 构造方法

访问权限	参　　数
public	JToolBar( )，创建新的工具栏；默认的方向为 HORIZONTAL（垂直）
public	JToolBar(int orientation)，创建具有指定 orientation 的新工具栏。orientation 不是 HORIZONTAL 就是 VERTICAL
public	JToolBar(String name)，创建一个具有指定 name 的新工具栏。名称用作浮动式（undocked）工具栏的标题。默认的方向为 HORIZONTAL
public	JToolBar(String name, int orientation)，创建一个具有指定 name 和 orientation 的新工具栏。所有其他构造方法均调用此构造方法。如果 orientation 是一个无效值，则将抛出异常

JToolBar 常用方法如表 3-19 所示。

表 3-19 JToolBar 常用方法

返回值权限	定　　义	功　　能
public JButton	add(Action a)	添加一个指派动作的新的 JButton
public void	addSeparator( )	将默认大小的分隔符添加到工具栏的末尾。默认大小由当前外观确定

续表

返回值权限	定 义	功 能
public void	setFloatable(boolean b)	将浮动工具栏拖动到同一个容器中的不同位置,或者拖动到自己的窗口时,此属性的设置值为 true
public void	setOrientation(int o)	设置工具栏的方向为 HORIZONTAL 或者 VERTICAL,如果 orientation 是一个无效值,则将抛出异常

【例 3.11】 创建一个标题为"工具栏实例"的窗体,窗体包含一个水平的工具栏,工具栏上包含"新建""保存"按钮。

```java
import java.awt.BorderLayout;
import java.awt.Color;
import javax.swing.JButton;
import javax.swing.JFrame;
import javax.swing.JPanel;
import javax.swing.JToolBar;
public class JToolBarTest {
    public static void main(String[] args){
        JFrame frame = new JFrame("工具栏实例");        // 创建标题为"工具栏实例"的窗体
        JPanel jp = new JPanel(  );                     // 创建一个面板
        jp.setBackground(Color.BLUE);                   // 设置面板的颜色为蓝色
        JToolBar jtb = new JToolBar(  );                // 创建一个默认的工具栏
        JButton jbnew = new JButton("新建");            // 创建一个文本为"新建"的按钮
        JButton jbsave = new JButton("保存");           // 创建一个文本为"保存"的按钮
        jtb.add(jbnew);                                 // 将"新建"按钮添加到工具栏上
        jtb.addSeparator(  );                           // 在"新建"按钮后添加分割线
        jtb.add(jbsave);                                // 将"保存"按钮添加到工具栏上
        frame.add(jp);                                  // 将面板添加到窗体中
        frame.add(jtb, BorderLayout.NORTH);             // 将工具栏添加到窗体的上方
        frame.setDefaultCloseOperation(JFrame.EXIT_ON_CLOSE);//设置窗体关闭方式
        frame.setSize(200,150);                         // 设置窗体的大小
        frame.setVisible(true);                         // 设置窗体的可见性
    }
}
```

【运行结果】(见图 3-12)

图 3-12 程序运行结果

【代码说明】

JPanel 是 Swing 组件中的面板,在程序中出现是为了衬托工具栏的位置。

JToolBar 的 addSeparator( )方法添加的分割线只是将工具栏中的按钮间隔设置较大,用户在当前的环境下是看不出效果的。

知识点四:常用布局管理器

在 Swing 顶级容器里面,任何一个控件都是一个容器。Swing 顶级容器里所有的控件都继承自 JComponent 这个类。JComponent 类继承自 Container 容器类。容器可以看成一个层面,在它的上面可以添加其他组件或者容器,称为它的子控件(children)。添加到同一个容器内的子控件位于同一层,比容器本身高一层。Swing 的绘图方式是从最底层开始一层一层来绘制的,高层的绘制覆盖低层的绘制。一个容器,负责完成自己所有子控件的布局排列和绘制。在 Swing 顶级容器里面,一个通用的接口用来帮助容器完成布局排列,这个接口就是 LayoutManager 接口,常用的 BorderLayout、FlowLayout、GridLayout 等都是由其实现。

在实际应用中,LayoutManager 负责两件事:给定当前容器的实际大小,尽最大努力对所有的子控件进行布局排列;给定当前容器所有的子控件,以及它们"喜欢的"大小,计算出容器本身"喜欢的"大小[一个容器,假如没有特别指定 setPreferredSize( ),那么 getPreferredSize( ) 方法返回的就是 LayoutManager 帮它算出的大小]。

仔细想一下就会发现,这两件事的思维方向正好相反,一个是"从外向内",即在外部环境已经确定的情况下,运算解决内部细节;另一个是"从内向外",即在内部细节确定的情况下,通知外部环境自己需要的空间大小。

Frame、JDialog、JWindow 等都继承自 Window 类,而 Window 类又继承自 Container,就是说窗口也是一个容器。假如这个最底层的容器的大小已经确定,那么所有的问题都能推知答案:这个最底层容器所用的 LayoutManager 会帮助它确定内部细节,即所有子容器的位置和大小。如果这些子容器的大小被确定了,这些子容器的 LayoutManager 就有了依据可以继续运算,所有控件的位置和大小都可以确定下来。窗口的大小可以用 setSize( )方法来确定。

1. 绝对布局

NullLayout 也称绝对布局管理器,如果一个容器使用绝对布局,那么其中的组件要调用 setBounds( )方法以确定在哪个位置显示组件,否则组件将不显示。如果不用 WindowsBuilder 之类的界面开发插件,使用绝对定位将是一件痛苦的事。在界面较复杂的情况下,一般不会使用绝对布局。

【例 3.12】 空布局实例。

```
package com;
import javax.Swing.JButton;
import javax.Swing.JFrame;
public class NullLayoutTest {
    public static void main(String[] args) {
```

```
        JFrame jf = new JFrame("绝对布局实例");      // 定义标题为"绝对布局实例"的窗体
        JButton jb1 = new JButton("1");              // 创建一个文本为"1"的按钮
        JButton jb2 = new JButton("2");              // 创建一个文本为"2"的按钮
        JButton jb3 = new JButton("3");              // 创建一个文本为"3"的按钮
        jf.setLayout(null);                          // 设置窗体的布局为绝对布局
        jb1.setBounds(0, 0, 60, 40);                 // 设置按钮 1 的起始位置及大小
        jb2.setBounds(60, 60, 60, 40);               // 设置按钮 2 的起始位置及大小
        jb3.setBounds(120, 120, 60, 40);             // 设置按钮 3 的起始位置及大小
        jf.add(jb1);                                 // 将按钮 1 添加到窗体中
        jf.add(jb2);                                 // 将按钮 2 添加到窗体中
        jf.add(jb3);                                 // 将按钮 3 添加到窗体中
        jf.setSize(200,200);                         // 设置窗体的大小为 200,200
        jf.setDefaultCloseOperation(JFrame.EXIT_ON_CLOSE);//设置窗体的关闭方式
        jf.setVisible(true);                         // 设置窗体的可见性
    }
}
```

【运行结果】(见图 3-13)

图 3-13　程序运行结果

2. 流水布局

FlowLayout 流式布局管理器把容器看成一个行集,好像平时在一张纸上写字一样,写满一行就换下一行。行高是由一行中的控件高度决定的。FlowLayout 是所有容器的默认布局。在生成流式布局时能够指定显示的对齐方式,默认情况下是居中(FlowLayout.CENTER)。FlowLayout 布局管理器,组件从左上角开始,按从左至右的方式排列。当容器的大小发生变化时,用 FlowLayout 管理的组件会发生变化,其变化规律是:组件的大小不变,但是相对位置会发生变化。

流水布局常用的构造方法如表 3-20 所示。

表 3-20　流水布局构造方法

访问权限	参数
public	FlowLayout(　)生成一个默认的流式布局,组件在容器里居中,每个组件间距离 5 个像素

访问权限	参　　数
public	FlowLayout(int alinment)可以设定每行组件的对齐方式
public	FlowLayout(int alignment,int horz,int vert)设定对齐方式,设定组件水平和垂直距离

【例 3.13】 流水布局实例。

```
package com;
import java.awt.FlowLayout;
import javax.Swing.JButton;
import javax.Swing.JFrame;
public class FlowLayoutTest {
    public static void main(String[] args) {
        JFrame jf = new JFrame("绝对布局实例");    // 定义标题为"绝对布局实例"的窗体
        FlowLayout fl = new FlowLayout(   );      // 定义一个流水布局对象
        jf.setLayout(fl);                          // 设置窗体的布局为流水布局
        JButton []jb = new JButton[5];             // 创建 5 个按钮
        for(int i = 0;i<5;i++){                    // 实例化 5 个按钮,设置按钮文本为 1~5
            jb[i] = new JButton(String.valueOf(i+1));
            jf.add(jb[i]);                         // 将 5 个按钮分别添加到窗体中
        }
        jf.pack(   );                              // 设置窗体显示方式
        jf.setDefaultCloseOperation(JFrame.EXIT_ON_CLOSE);// 设置窗体关闭方式
        jf.setVisible(true);                       // 设置窗体的可见性
    }
}
```

【运行结果】(见图 3-14)

图 3-14　程序运行结果

3. 边界布局

BorderLayout 边界布局管理器,可以对容器组件进行安排,并调整其大小,使其符合下列 5 个区域:北、南、东、西、中。每个区域最多只能包含一个组件,并通过相应的常量进行标识:North、South、East、West、Center。当使用边界布局将一个组件添加到容器中时,要使用这 5 个常量之一。

【例 3.14】 边界布局实例。

```java
import java.awt.BorderLayout;
import javax.Swing.JButton;
import javax.Swing.JFrame;
public class BorderLayoutTest {
    public static void main(String[] args) {
        JFrame jf = new JFrame("边界布局实例");        // 定义标题为"边界布局实例"的窗体
        BorderLayout bl = new BorderLayout(  );        // 定义一个流水布局对象
        jf.setLayout(bl);                              // 设置窗体的布局为流水布局
        JButton jbeast = new JButton("东");            // 创建一个文本为"东"的按钮
        JButton jbwest = new JButton("西");            // 创建一个文本为"西"的按钮
        JButton jbsouth = new JButton("南");           // 创建一个文本为"南"的按钮
        JButton jbnorth = new JButton("北");           // 创建一个文本为"北"的按钮
        JButton jbcenter = new JButton("中");          // 创建一个文本为"中"的按钮
        jf.add(jbeast,"East");                         // 将"东"按钮添加到窗体的东部
        jf.add(jbwest,"West");                         // 将"西"按钮添加到窗体的西部
        jf.add(jbsouth,"South");                       // 将"南"按钮添加到窗体的南部
        jf.add(jbnorth,"North");                       // 将"北"按钮添加到窗体的北部
        jf.add(jbcenter,"Center");                     // 将"中"按钮添加到窗体的中部
        jf.pack(  );                                   // 设置窗体的显示方式
        jf.setDefaultCloseOperation(JFrame.EXIT_ON_CLOSE);// 设置窗体的关闭方式
        jf.setVisible(true);                           // 设置窗体的可见性
    }
}
```

【运行结果】(见图 3-15)

图 3-15　程序运行结果

4. 网格布局

GridLayout 网格布局管理器提供了放置控件的灵活手段。程序员可以建立一个有多行和多列的布局管理器,然后控件就可以按一定的次序(从左到右,从上到下)进行排列。当网格布局管理器对应的窗口发生变化时,内部控件的相对位置并不变化,只有大小发生变化。网格布局管理器总是忽略控件的大小,它把每个 component 的大小设置成相同的。

网格布局常用的构造方法如表 3-21 所示。

表 3-21 网格布局构造方法

访问权限	参　　数
public	GridLayout( )缺省建立一行的布局,每个控件占居一列
public	GridLayout(int rows,int cols)建立指定行和列的布局,rows 和 cols 对应行数和列数
public	GridLayout(int rows,int cols,int hgap,int vgap)建立指定行列数和间距的布局,hgap 和 vgap 分别对应水平和垂直间距

【例 3.15】 网格布局实例。

```
package com;
import java.awt.GridLayout;
import javax.Swing.JButton;
import javax.Swing.JFrame;
public class GridLayoutTest {
    public static void main(String[] args) {
        JFrame jf = new JFrame("网格布局实例");        // 定义标题为"网格布局实例"的窗体
        GridLayout gl = new GridLayout(3,3,10,10);
        jf.setLayout(gl);
        JButton []jb = new JButton[9];                 // 创建9个按钮
        for(int i = 0;i<9;i++){
            jb[i] = new JButton(String.valueOf(i+1));//实例化9个按钮,按钮文本为1～9
            jf.add(jb[i]);                             // 将5个按钮分别添加到窗体中
        }
        jf.pack( );                                    // 设置窗体的显示方式
        jf.setDefaultCloseOperation(JFrame.EXIT_ON_CLOSE); // 设置窗体的关闭方式
        jf.setVisible(true);                           // 设置窗体的可见性
    }
}
```

【运行结果】(见图 3-16)

图 3-16 程序运行结果

5. 卡片布局

CardLayout 卡片布局管理器,将容器中的每个组件看作一张卡片。一次只能看到一张卡片,容器则充当卡片的堆栈。当容器第一次显示时,第一个添加到 CardLayout 对象的组件为可见组件。卡片的顺序由组件对象本身在容器内部的顺序决定。CardLayout 定义了一组方法,这些方法允许应用程序按顺序浏览这些卡片,或者显示指定的卡片。

知识点五:Swing 常用面板——JPanel 面板

面板是一个容器,并且是一个纯粹的容器,它不能作为独立的窗口使用。默认情况下,面板使用 FlowLayout 布局管理器,同样可以使用 setLayout( )方法对此进行修改。面板可以像按钮那样被创建并加入到其他容器中。当面板被加入某个容器时,可以对它执行以下两项重要操作:为面板指定一个布局管理器,使得在整个显示区域中,面板部分具有特殊的布局;向面板中加入组件。

JPanel 面板是一般轻量级容器。JPanel 面板位于 javax.Swing 包中,可以加入到 JFrame 中,它自身是一个容器,可以把其他 component 加入到 JPanel 面板中,如 JButton、JTextArea、JTextFiled 等,另外也可以在它上面绘图。

JPanel 面板常用的构造方法如表 3-22 所示。

表 3-22 JPanel 面板构造方法

访问权限	参 数
public	JPanel( )创建具有双缓冲和流布局的新 JPanel
public	JPanel(boolean isDoubleBuffered)创建具有 FlowLayout 和指定缓冲策略的新 JPanel
public	JPanel(LayoutManager layout)创建具有指定布局管理器的新缓冲 JPanel
public	JPanel(LayoutManager layout, boolean isDoubleBuffered)创建具有指定布局管理器和缓冲策略的新 JPanel

【例 3.16】 JPanel 面板及 CardLayout 布局实例。

```
package com;
import java.awt.BorderLayout;
import java.awt.CardLayout;
import java.awt.Color;
import java.awt.FlowLayout;
import java.awt.event.ActionEvent;
import java.awt.event.ActionListener;
import javax.Swing.JButton;
import javax.Swing.JFrame;
import javax.Swing.JLabel;
import javax.Swing.JPanel;
public class CardLayoutTest {
    CardLayout card = new CardLayout( );      // 创建一个 CardLayout 的布局
    JPanel jpcenter = new JPanel(card);        // 创建一个面板 jpcenter 为 CardLayout 布局
    public void init( ){
```

```java
JFrame jf = new JFrame("JPanel 面板及 CardLayout 布局实例");
jf.setLayout(new BorderLayout( ));          // 设置窗体的布局为 BorderLayout 布局
JPanel jpnorth = new JPanel( );             // 创建一个面板 jpnorth,此面板在窗体
                                            // 中显示
JPanel p1 = new JPanel( );      // 创建一个面板 p1,此面板在 jpcenter 面板中显示
JPanel p2 = new JPanel( );      // 创建一个面板 p2,此面板在 jpcenter 面板中显示
JPanel p3 = new JPanel( );      // 创建一个面板 p3,此面板在 jpcenter 面板中显示
JLabel lb1 = new JLabel( );          // 创建一个标签 lb1
JLabel lb2 = new JLabel( );          // 创建一个标签 lb2
JLabel lb3 = new JLabel( );          // 创建一个标签 lb3
lb1.setText("<html>床前明月光,<br>疑是地上霜.<br>举头望明月,<br>低头
    思故乡.</html>");                 // 设置标签 lb1 的文字
p1.add(lb1);// 将 lb1 标签添加到面板 p1 中
lb2.setText("<html>白日依山尽,<br>黄河入海流.<br>欲穷千里目,<br>更上
    一层楼.</html>");                 // 设置标签 lb2 的文字
p2.add(lb2);                          // 将 lb2 标签添加到面板 p2 中
lb3.setText("<html>千山鸟飞绝,<br>万径人踪灭.<br>孤舟蓑笠翁,<br>独钓
    寒江雪.</html>");                 // 设置标签 lb3 的文字
p3.add(lb3);                          // 将 lb3 标签添加到面板 p3 中
JButton jbfirst = new JButton("上一首");  // 创建一个按钮"上一首"
JButton jbnext = new JButton("下一首");   // 创建一个按钮"下一首"
jpnorth.setLayout(new FlowLayout( ));     // 设置 jpnorth 的布局为流水布局
jpnorth.add(jbfirst);     //将按钮 jbfirst 添加到 jpnorth 面板中
jpnorth.add(jbnext);      //将按钮 jbnext 添加到 jpnorth 面板中
jpnorth.setBackground(Color.RED);     // 设置 jpnorth 面板的背景颜色
jpcenter.add(p1,"p1");    //将 p1 面板添加到 jpcenter 面板中,并命名为 p1
jpcenter.add(p2,"p2");    //将 p2 面板添加到 jpcenter 面板中,并命名为 p2
jpcenter.add(p3,"p3");    //将 p3 面板添加到 jpcenter 面板中,并命名为 p3
jbfirst.addActionListener(new ActionListener( ){   // 对 jbfirst 做事件处理
    public void actionPerformed(ActionEvent arg0) {
        card.previous(jpcenter);
    }
});
jbnext.addActionListener(new ActionListener( ){    // 对 jbnext 做事件处理
    public void actionPerformed(ActionEvent arg0) {
        card.next(jpcenter);
    }
});
jf.add(jpnorth,"North");     // 将面板 jpnorth 添加到窗体 jf 的北面
jf.add(jpcenter,"Center");   // 将面板 jpcenter 添加到窗体 jf 的中间
```

```
        jf.setSize(300,200);                              // 设置窗体的大小
        jf.setDefaultCloseOperation(JFrame.EXIT_ON_CLOSE); // 设置窗体关闭方式
        jf.setVisible(true);                              // 设置窗体的可见性
    }
    public static void main(String[ ] args) {
        CardLayoutTest t = new CardLayoutTest(   );
        t.init(   );
    }
}
```

【运行结果】(见图 3.17)

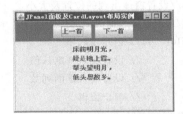

图 3-17　程序运行结果

▶ 3.1.3　任务实施

本任务为计算器窗口设计。计算器窗口如图 3-18 所示。

图 3-18　计算器窗口

具体代码如下。

```java
import java.awt.BorderLayout;
import java.awt.GridLayout;
import javax.Swing.JButton;
import javax.Swing.JFrame;
import javax.Swing.JPanel;
import javax.Swing.JTextField;
import javax.Swing.SwingConstants;
public class Calculator extends JFrame {
    public Calculator( ) {           // 初始化界面的构造方法
        super("计算器");              //设置窗体的标题为"计算器"
        this.setBounds(100, 100, 230, 230);//设置窗体出现的位置及大小
        JPanel vp = new JPanel( );         // 创建输入框面板
        JTextField textField = new JTextField( );// 创建输入框
        textField.setText("0.");                 // 设置输入框默认值
        textField.setColumns(18);                // 设置输入框的列数
        textField.setEditable(false);            // 禁止编辑
        textField.setHorizontalAlignment(SwingConstants.RIGHT);
        //设置文本框的对其格式为右对齐
        vp.add(textField);                       // 将输入框添加到面板中
        this.add(vp, BorderLayout.NORTH);        // 将输入框面板添加到窗体顶部
        JPanel cbp = new JPanel( );              // 创建清除按钮面板
        this.add(cbp, BorderLayout.CENTER);      // 将面板添加到窗体中间
        String[] clearButtonNames = { "CE", "C", "BackSpace" };//定义清除按钮名称数组
        JButton bc[ ] = new JButton[3];          //创建三个清除按钮
        for (int i = 0; i < clearButtonNames.length; i++) {
            bc[i] = new JButton(clearButtonNames[i]); //实例化清除按钮并设置按钮文本
            cbp.add(bc[i]);                      // 将清除按钮添加到清除按钮面板中
        }
        JPanel bp = new JPanel( );               // 创建输入按钮面板
        GridLayout gridLayout = new GridLayout(4, 0,5,5); // 创建网格布局管理器
        bp.setLayout(gridLayout);                // 输入按钮面板使用网格布局
        this.add(bp, BorderLayout.SOUTH);        // 将输入按钮面板添加到窗体底部
        String[][] inputButtonNames = { { "1", "2", "3", "+" },{ "4", "5", "6", "-" },
                { "7", "8", "9", "*" },{ ".", "0", "=", "/" } };// 定义输入按钮名称数组
        JButton binput[ ] = new JButton[16];
        for (int row = 0; row < inputButtonNames.length; row++) {
            for (int col = 0; col < inputButtonNames.length; col++) {
                binput [row * 4 + col] = new JButton(inputButtonNames[row][col]);
                // 创建输入按钮
                // 设置输入按钮的名称,由其所在行和列的索引组成
```

```
                binput[row * 4 + col].setName(row + "" + col);
                bp.add(binput[row * 4 + col]);              // 将按钮添加到按钮面板中
            }
        }
        this.setDefaultCloseOperation(JFrame.EXIT_ON_CLOSE);
        this.setVisible(true);                              // 显示窗体
    }
    public static void main(String args[]) {
        new Calculator(   );                                // 创建窗体
    }
}
```

3.1.4 技能提高

1. JScrollPane 面板

JScrollPane 面板即滚动条面板。现在很多 Swing 组件自身都不直接支持滚动操作,而是将这种功能委托由 JScrollPane 来实现。

JScrollPane1 面板常用的构造方法如表 3-23 所示。

表 3-23 JScrollPane1 面板构造方法

访问权限	参数
public	JScrollPane( ),建立一个空的 JScrollPane 对象
public	JScrollPane(Component view),建立一个新的 JScrollPane 对象,当组件内容大于显示区域时会自动产生滚动轴
public	JScrollPane(Component view, int vsbPolicy, int hsbPolicy),建立一新的 JScrollPane 对象,里面含有显示组件,并设置滚动轴出现时机
public	JScrollPane(int vsbPolicy, int hsbPolicy),建立一个新的 JScrollPane 对象,里面不含有显示组件,但设置滚动轴出现时机

JScrollPane 的以下参数设置滚动轴出现时机,参数定义在 ScrollPaneConstants interface 中。

HORIZONTAL_SCROLLBAR_ALAWAYS(/NEVER):(不)显示水平滚动轴。

VERTICAL_SCROLLBAR_ALWAYS(/NEVER):(不)显示垂直滚动轴。

HORIZONTAL_SCROLLBAR_AS_NEEDED:当组件内容水平区域大于显示区域时出现水平滚动轴。

VERTICAL_SCROLLBAR_AS_NEEDED:当组件内容垂直区域大于显示区域时出现垂直滚动轴。

【例 3.17】 JScrollPane 面板实例。

```java
package com;
import javax.Swing.JFrame;
import javax.Swing.JScrollPane;
import javax.Swing.JTextArea;
public class JScrollPaneTest {
    public static void main(String[] args) {
        JFrame jf = new JFrame("滚动条面板实例");    //创建"滚动条面板实例"窗体
        JTextArea jtxt = new JTextArea(20,50);       // 创建文本域组件(行数,列数)
        JScrollPane sp = new JScrollPane(jtxt);      // 创建JScrollPane 对象添加 jtxt
        jf.add(sp);                                   // 将该面板添加到该容器中
        jf.setSize(200,200);                          // 设置窗体的大小
        jf.setDefaultCloseOperation(JFrame.EXIT_ON_CLOSE);  // 设置窗体关闭方式
        jf.setVisible(true);                          // 设置窗体的可见性
    }
}
```

【运行结果】(见图 3-19)

图 3-19　程序运行结果

2. JSplitPane 面板

JSplitPane 分割面板,一次可将两个组件同时显示在两个显示区中。若想要同时在多个显示区显示组件,必须同时使用多个 JSplitPane。JSplitPane 提供两个常数来设置:水平分割 HORIZONTAL_SPLIT 和垂直分割 VERTICAL_SPLIT。

JSplitPane 面板常用的构造方法如表 3-24 所示。

表 3-24　JSplitPane1 面板构造方法

访问权限	参　　数
public	JSplitPane( ),建立一个新的 JSplitPane,里面含有两个默认按钮,并以水平方向排列,且没有 Continuous Layout 功能
public	JSplitPane(int newOrientation),建立一个指定水平或垂直方向切割 JSplitPane,但没有 Continuous Layout 功能

续表

访问权限	参　　数
public	JSplitPane(int newOrientation,boolean newContinuousLayout),建立一个指定水平或垂直方向切割的 JSplitPane,且指定是否具有 Continuous Layout 功能
public	JSplitPane(int newOrientation,boolean newContinuousLayout,Component newLeftComponent,Component newRightComponent),建立一个指定水平或垂直方向切割的 JSplitPane,且指定显示区所要显示的组件,并设置是否有 Continuous Layout 功能
public	JSplitPane(int newOrientation,Component newLeftComponent,Component newRightComponent),建立一个指定水平或垂直方向切割的 JSplitPane,且指定显示区所要显示的组件,但没有 Continuous Layout 功能

Continuous Layout 是指当拖动切割面板的分隔线时,窗口内的组件是否会随着分隔线的拖动而动态改变大小。newContinuousLayout 是一个 boolean 值,若设为 true,则组件大小会随着分隔线的拖动而一起改动;若设为 false,则组件大小在分隔线停止改动时才确定。也可以使用 JSplitPane 中的 setContinuousLayout(　)方法来设置此项目。

【例 3.18】 JSplitPane 面板实例。

```
import java.awt.Color;
import javax.Swing.JFrame;
import javax.Swing.JLabel;
import javax.Swing.JSplitPane;
public class JSplitPaneTest{
    public static void main(String[] args){
        JFrame jf = new JFrame("JSplitPane 实例");    // 创建 JSplitPane 实例的窗体
        JLabel lb1 = new JLabel("红色标签");          // 创建"红色标签"的标签
        lb1.setBackground(Color.RED);               // 设置 lb1 标签的背景颜色为红色
        // setOpaque(ture)让组件变成不透明,这样在 JLabel 上所设置的颜色显示出来
        lb1.setOpaque(true);
        JLabel lb2 = new JLabel("绿色标签");          // 创建"绿色标签"的标签
        lb2.setBackground(Color.GREEN);             // 设置 lb2 标签的背景颜色为绿色
        lb2.setOpaque(true);
        //将 label1,label2 加入到 splitPane 中
        JSplitPane sp = new JSplitPane(JSplitPane.HORIZONTAL_SPLIT,false,lb1,lb2);
        sp.setResizeWeight(0.5);
        /*设置 splitPane1 的分隔线位置,0.3 是相对于 splitPane1 的大小而定,因此这个值的范围在 0.0～1.0 中.若你使用整数值来设置 splitPane 的分隔线位置,所定义的值以 pixel 为计算单位 */
        // 设置 JSplitPane 是否可以展开或收起,设为 true 表示打开此功能.
        sp.setOneTouchExpandable(true);
```

```
            sp.setDividerSize(10);              // 设置分隔线宽度大小,以 pixel 为计算单位
            jf.add(sp);                         // 将面板 sp 添加到窗体中
            jf.setSize(250,100);                // 设置窗体的大小
            jf.setVisible(true);                // 设置窗体的可见性
            //sp.setDividerLocation(0.5);
            jf.setDefaultCloseOperation(JFrame.EXIT_ON_CLOSE);// 设置窗体的关闭方式
        }
    }
```

【运行结果】(见图 3-20)

图 3-20　程序运行结果

3. JTabbedPane 面板

JTabbedPane 选项卡面板是指在一个窗体中多个容器的输入或输出,每次只显示一个。JTabbedPane 面板常用的构造方法如表 3-25 所示。

表 3-25　JTabbedPane1 面板构造方法

访问权限	参　　数
public	JTabbedPane( ),建立一个空的 JTabbedPane 对象
public	JTabbedPane(int tabPlacement),建立一个空的 JTabbedPane 对象,并指定摆放位置
public	JTabbedPane(int tabPlacement,int tabLayoutPolicy),创建一个空的 JTabbedPane,使其具有特定选项卡布局和选项卡策略。其选项卡策略有两种：JTabbedPane.WRAP_TAB_LAYOUT、JTabbedPane.SCROLL_TAB_LAYOUT

【例 3.19】 JTabbedPane 面板实例。

```
import java.awt.Color;
import javax.Swing.JFrame;
import javax.Swing.JPanel;
import javax.Swing.JTabbedPane;
public class JTabbedPaneTest {
    public static void main(String[] args){
        JFrame jf = new JFrame ("选项卡实例");        // 创建标题为"选项卡实例"的窗体
        JTabbedPane pane = new JTabbedPane( );        // 创建选项卡面板
        JPanel panel1 = new JPanel ( );               // 创建面板 panel1
        JPanel panel2 = new JPanel ( );               // 创建面板 panel2
        JPanel panel3 = new JPanel ( );               // 创建面板 panel3
```

```java
        panel1.setBackground(Color.RED);           // 设置面板 panel1 的背景颜色为红色
        panel2.setBackground(Color.GREEN);         // 设置面板 panel2 的背景颜色为绿色
        panel3.setBackground(Color.BLUE);          // 设置面板 panel3 的背景颜色为蓝色
        pane.add ("红色",panel1);// 将面板 1 添加到选项卡面板中,设置标题为"红色"
        // 将面板 2 添加到选项卡面板的位置 1 中
        pane.add (panel2, 1);
        // 设置选项卡面板位置 1 的选项卡标题的背景颜色为黑色
        pane.setBackgroundAt(1,Color.BLACK);
        // 设置选项卡面板位置 1 的选项卡标题的前景颜色为白色
        pane.setForegroundAt(1,Color.WHITE);
        pane.setTitleAt (1,"绿色");// 设置选项卡位置 1 的标题为"绿色"
        pane.addTab ("蓝色", panel3);// 将面板 3 添加选项卡面板中,设置标题为"蓝色"
        pane.setToolTipTextAt (2, "蓝色");// 设置选项卡位置为 2 的提示内容为"蓝色"
        pane.setTabPlacement (JTabbedPane.BOTTOM);// 设置标签的位置
        // 设置在一次运行中不能放入所有选项卡时,选项卡窗格进行的布局管理
        pane.setTabLayoutPolicy (JTabbedPane.SCROLL_TAB_LAYOUT);
        jf.setDefaultCloseOperation (JFrame.EXIT_ON_CLOSE);// 设置窗体关闭方式
        jf.setSize(400,200);                       // 设置窗体的大小
        jf.setVisible (true);                      // 设置窗体的可见性
        jf.add(pane);                              // 将 pane 面板添加窗体中
    }
}
```

【运行结果】(见图 3-21)

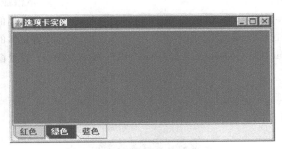

图 3-21　程序运行结果

4. JDesktopPane 面板与 JInternalFrame 窗体

JDesktopPane 用于创建多文档界面或虚拟桌面的容器。用户可创建 JInternalFrame 对象并将其添加到 JDesktopPane 面板。JDesktopPane 扩展了 JLayeredPane,以管理可能重叠的内部窗体。它还维护了对 DesktopManager 实例的引用,这是由 UI 类为当前的外观所设置的。注意,JDesktopPane 不支持边界布局。

JInternalFrame 的使用方法与 JFrame 几乎一样,可以实现最大化、最小化、关闭窗口及

加入菜单等功能,唯一不同的是 JInternalFrame 是轻量级组件,也就是说 JInternalFrame 不能单独出现,必须依附在最上层组件上。由于这个特色,JInternalFrame 能够利用 Java 提供的 Look and Feel 功能作出完全不同于原有操作系统所提供的窗口外形,也比 JFrame 更具有弹性。一般我们会将 Internal Frame 加入 Desktop Pane 方便管理。Desktop Pane 是一种特殊的 Layered Pane,用来建立虚拟桌面(Vitual Desktop)。它可以显示并管理众多 Internal Frame 之间的层次关系。

【例 3.20】 JDesktopPane 面板和 JInternalFrame 窗体实例。

```java
import javax.Swing.JDesktopPane;
import javax.Swing.JFrame;
import javax.Swing.JInternalFrame;
public class JDesktopPaneTest {
    public static void main(String[] args) {
        JFrame jf = new JFrame("多文档窗体实例");      // 创建"多文档窗体实例"的窗体
        JDesktopPane dp = new JDesktopPane( );         // 创建一个多文档的面板
        JInternalFrame if1 = new JInternalFrame("第一个文档",true,true,true,true);
        JInternalFrame if2 = new JInternalFrame("第二个文档",true,true,true,true);
        if1.setSize(200,100);                          // 设置 if1 的大小
        if2.setSize(200,80);                           // 设置 if2 的大小
        if1.setVisible(true);                          // 设置 if1 的可见性
        if2.setVisible(true);                          // 设置 if2 的可见性
        dp.add(if1);                                   // 将 if1 添加到 dp 中
        dp.add(if2);                                   // 将 if2 添加到 dp 中
        jf.add(dp);                                    // 将 dp 添加到 jf 中
        jf.setSize(400,200);                           // 设置窗体的大小
        jf.setVisible(true);                           // 设置窗体的可见性
        jf.setDefaultCloseOperation(JFrame.EXIT_ON_CLOSE);// 设置窗体关闭方式
    }
}
```

【运行结果】(见图 3-22)

图 3-22　程序运行结果

任务 3.2　事件处理

图形界面制作完成后,要想使每个组件发挥自己的作用,就必须对所有的组件进行事件处理。本任务学习 Java 中的事件处理机制,掌握事件处理过程。

▶ 3.2.1　任务内容

创建一个窗体实现通过方向键移动背景图片的功能,操作要点如下。
(1) 对窗体添加相应的事件处理监听。
(2) 在事件处理中完成相应的功能。

▶ 3.2.2　相关知识

┃知识点一:事件处理机制┃

在大多数的编程语言里,事件处理机制大同小异,都有事件、事件源、事件处理方法,只是实现方式有些不同。在 C♯ 里产生一个事件很方便、很简单,例如要产生一个按钮的事件,在界面中放置一个 BUTTON 按钮,双击一下,就可以进入事件处理方法里直接写代码了。之所以这么方便,是因为在 Visual Studio 开发环境帮助下完成了很多事情。

Java 在事件处理的过程中,是围绕着一个称为"监听器"(Listener)的对象来进行的。事件的接收、判断和处理都是委托"监听器"来全权完成,这称为"基于委托的事件处理模型"(Delegation Event Model)。Java 基于委托的事件处理模型流程如图 3-23 所示。

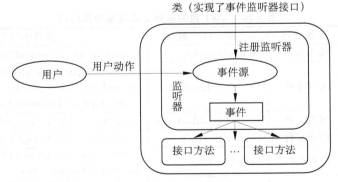

图 3-23　Java 基于委托的事件处理模型流程

Java 的事件处理过程是这样的:程序中使用"监听器"对想要接收事件的组件进行监视,当用户动作触发事件时,"监听器"会接收到它所监听组件上的事件,然后根据事件类型,自行决定使用什么方法来处理。在整个事件处理过程中,"监听器"都是关键的核心。

事件是组件对用户的动作的响应。而响应用户动作并产生事件的组件就是事件源。如果组件有监听器监听,组件产生的事件就会以消息的形式传递给监听器。监听器根据监听到的事件类型,调用相应的方法去执行用户的需求。而事件类和事件类的方法的应用则在事件接口方法中体现。

| 知识点二:相关类和接口 |

AWT 组件事件都是由 java.awt.AWTEvent 类派生得到的,它也是 EventObject 类的子类。AWT 事件共有 12 种类型,如图 3-24 所示。

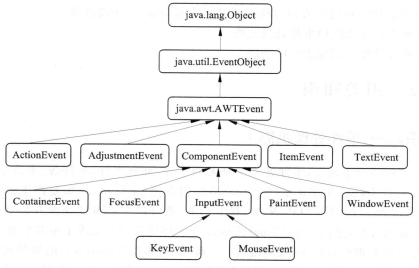

图 3-24 AWT 包的事件处理类层次

而 AWT 事件类及其监听器接口的对应关系及功能如表 3-26 所示。

表 3-26 AWT 包的事件类及其监听器接口

事件类别	功能描述	接 口 名	接口中的方法
ActionEvent	动作事件	ActionListener	actionPerformed(ActionEvnet e)
DocumentEvent	文本事件	DocumentListener	changedUpdate(DocumentEvent e) insertUpdate(DocumentEvent e) removeUpdate(DocumentEvent e)
ListSelectionEvent	列表事件	ListSelectionListener	valueChanged(ListSelectionEvent e)
ItemEvent	选项事件	ItemListener	itemStateChanged(ItemEvent e)
FocusEvent	焦点事件	FocusListener	focusGained(FocusEvent e) focusLost(FocusEvent e)
WindowEvent	窗口事件	WindowListener	windowActived(WindowEvent e) windowClosed(WindowEvent e) windowClosing(WindowEvent e) windowDeactivated(WindowEvent e) windowDeiconified(WindowEvent e) windowIconified(WindowEvent e) windowOpened(WindowEvent e)

续表

事件类别	功能描述	接口名	接口中的方法
MouseEvent	鼠标事件	MouseListener	mouseClicked(MouseEvent e) mouseEntered(MouseEvent e) mouseExited(MouseEvent e) mousePressed(MouseEvent e) mouseReleased(MouseEvent e)
	鼠标移动事件	MouseMotionListener	mouseDragged(MouseMotionEvent e) mouseMoved(MouseMotionEvent e)
KeyEvent	键盘事件	KeyListener	keyPressed(KeyEvent e) keyReleased(KeyEvent e) keyTyped(KeyEvent e)

知识点三：事件处理方法与处理类型

1. 窗口事件处理

本事件采用匿名类实现事件监听及处理方法，这是事件处理的一种方法。

【例3.21】 窗口事件实例。

```java
package com;
import java.awt.event.WindowEvent;
import java.awt.event.WindowListener;
import javax.Swing.JFrame;
import javax.Swing.JLabel;
public class WindowListenerTest {
    JLabel jlb = new JLabel( );
    public void init( ){
        JFrame jf = new JFrame("窗口事件实例");
        jf.add(jlb);
        jf.addWindowListener(new WindowListener(  ){ //添加窗口事件监听以及事件处理
            public void windowActivated(WindowEvent arg0) {
                //jlb.setText("窗口被激活");
            }
            public void windowClosed(WindowEvent arg0) {
            }
            public void windowClosing(WindowEvent arg0) {
                jlb.setText("窗口正在被关闭");
                System.exit(0);
            }
            public void windowDeactivated(WindowEvent arg0) {
```

```java
            // jlb.setText("窗口变成后台窗口时发生");
            }
            public void windowDeiconified(WindowEvent arg0) {
                // jlb.setText("窗口被还原");
            }
            public void windowIconified(WindowEvent arg0) {
                jlb.setText("窗口最小化");
            }
            public void windowOpened(WindowEvent arg0) {
                jlb.setText("窗口被打开");
            }
        });
        jf.setSize(100,100);
        jf.setVisible(true);
    }
    public static void main(String[] args) {
        new WindowListenerTest(  ).init(  );
    }
}
```

【代码说明】

事件监听的过程：确定对哪个控件进行监听，通过控件的对象调用 addXXXXXXListener( )方法。addXXXXXXListener( )的参数有两种，一种是实现 XXXXXXListener 的类，另一种是继承适配器 XXXXXXAdapter 的类。

2. 键盘事件处理

本事件采用适配器实现事件监听及处理方法，这是事件处理的另一种方法。

【例 3.22】 键盘事件实例。

```java
package com;
import java.awt.Color;
import java.awt.FlowLayout;
import java.awt.event.KeyAdapter;
import java.awt.event.KeyEvent;
import javax.Swing.JFrame;
import javax.Swing.JLabel;
public class KeyListenerTest extends KeyAdapter {
    JLabel jlb1 = new JLabel(  );
    JLabel jlb2 = new JLabel(  );
    JLabel jlb3 = new JLabel(  );
    public void keyPressed(KeyEvent e){
```

```
            jlb1.setText( e.getKeyChar( ) + "键被按下");
        }
        public void keyReleased(KeyEvent e){
            jlb2.setText( e.getKeyChar( ) + "键被松开");
        }
        public void keyTyped(KeyEvent e){
            jlb3.setText( e.getKeyChar( ) + "键被输入");
        }
        public void init( ){
            JFrame jf = new JFrame("适配器实例");          // 创建"适配器实例"的窗口
            jf.addKeyListener(this);                      // 添加键盘的事件监听
            jf.setLayout(new FlowLayout( ));              // 设置窗口的布局为 FlowLayout
            jf.add(jlb1);                                 // 将 jlb1 添加到窗口中
            jf.add(jlb2);                                 // 将 jlb2 添加到窗口中
            jf.add(jlb3);                                 // 将 jlb3 添加到窗口中
            jf.setSize(200,100);                          // 设置窗口的大小
            jf.setVisible(true);                          // 设置窗口的可见性
            jf.setDefaultCloseOperation(JFrame.EXIT_ON_CLOSE);// 设置窗口的关闭方式
        }
        public static void main(String[] args) {
            new KeyListenerTest( ).init( );
        }
    }
```

【运行结果】(见图 3-25)

图 3-25　程序运行结果

【代码说明】

适配器与事件监听接口的区别：事件监听接口是 Java 的接口，如果使用事件监听接口实现 Java 的事件响应的话，程序必须实现接口中所有的抽象方法。如例 3.22 中，用户使用事件监听接口实现窗体事件，那么用户就必须实现这个接口中所有的抽象方法。但实际开发中，用户只想实现接口中某一事件，比如窗口关闭事件，如果用户想使用监听器完成此功能，则必须实现接口中所有的抽象方法，这时利用事件监听接口实现事件处理的方法就显得烦琐了。

适配器实现了相应的接口，在程序使用过程中只需覆盖掉相应的方法，不用对接口中所有的抽象方法进行实现。但是适配器是一个实体类，Java 中只支持单继承，也就是说如果程

序使用适配器实现事件处理功能的话,就不能继承其他的类了,所以读者需自己权衡使用哪种方法实现窗体的事件监听。

3. 鼠标事件处理

【例 3.23】 鼠标事件实例。

```java
package com;
import java.awt.Color;
import java.awt.FlowLayout;
import java.awt.event.MouseEvent;
import java.awt.event.MouseListener;
import java.awt.event.MouseMotionListener;
import javax.Swing.JFrame;
import javax.Swing.JLabel;
import javax.Swing.JPanel;
public class MouseListenerTest extends JFrame implements MouseListener,MouseMotionListener{
    JPanel jp1 = new JPanel( );
    JPanel jp2 = new JPanel( );
    JPanel jp3 = new JPanel( );
    JLabel jlb1 = new JLabel( );
    JLabel jlb2 = new JLabel( );
    JLabel jlb3 = new JLabel( );
    JLabel jlb4 = new JLabel( );
    JLabel jlb5 = new JLabel( );
    JLabel jlb6 = new JLabel( );
    JLabel jlb7 = new JLabel( );
    public void init( ){
        this.setTitle("鼠标实例");              // 设置窗体的标题
        this.add(jp1);                          // 将 jp1 添加到窗体中
        this.add(jp2);                          // 将 jp2 添加到窗体中
        this.add(jp3);                          // 将 jp3 添加到窗体中
        jp1.setLayout(new FlowLayout( ));       // 设置 jp1 的布局
        jp2.setLayout(new FlowLayout( ));       // 设置 jp2 的布局
        jp3.setLayout(new FlowLayout( ));       // 设置 jp3 的布局
        jp1.setBounds(0, 0, 150, 200);          // 设置 jp1 的位置及大小
        jp2.setBounds(150, 0, 150, 200);        // 设置 jp2 的位置及大小
        jp2.setBackground(Color.GREEN);         // 设置 jp2 的背景颜色
        jp3.setBounds(300, 0, 150, 200);        // 设置 jp3 的位置及大小
        // 将 jlb1~jlb7 添加到 3 个 jp 中
        jp1.add(jlb1);
```

```java
        jp1.add(jlb2);
        jp1.add(jlb3);
        jp3.add(jlb4);
        jp3.add(jlb5);
        jp2.add(jlb6);
        jp2.add(jlb7);
        jp1.addMouseListener(this);              // 对 jp1 添加 MouseListener 事件监听
        jp2.addMouseMotionListener(this);        // 对 jp2 添加 MouseMotionListener 事件监听
        jp3.addMouseListener(this);              // 对 jp3 添加 MouseListener 事件监听
        this.setLayout(null);                    // 设置窗体的布局
        this.setSize(450,200);                   // 设置窗体的大小
        this.setDefaultCloseOperation(EXIT_ON_CLOSE); // 设置窗体的关闭方式
        this.setVisible(true);                   // 设置窗体的可见性
    }
    public void mouseDragged(MouseEvent arg0) {
        // 鼠标拖拽事件,在鼠标拖动的时候触发
        jlb7.setText("鼠标拖拽了");
    }
    public void mouseMoved(MouseEvent arg0) {
        // 鼠标移动事件,在鼠标移动时触发
        jlb6.setText("鼠标移动了");
    }
    public void mouseClicked(MouseEvent arg0) {
        // 鼠标单击事件,在鼠标单击时触发
        jlb5.setText("鼠标单击了一次");
    }
    public void mouseEntered(MouseEvent arg0) {
        // 鼠标进入事件,在鼠标进入某控件时触发
        jlb4.setText("鼠标进入当前控件了");
    }
    public void mouseExited(MouseEvent arg0) {
        // 鼠标退出事件,在鼠标退出某控件时触发
        jlb3.setText("鼠标退出当前控件了");
    }
    public void mousePressed(MouseEvent arg0) {
        // 鼠标按下事件,在鼠标按下时触发
        int x = arg0.getX( );//获取鼠标当前的 X 坐标
        int y = arg0.getY( );//获取鼠标当前的 Y 坐标
        jlb2.setText("鼠标被按下 X = " + x + "Y = " + y);
    }
```

```
        public void mouseReleased(MouseEvent arg0) {
            // 鼠标释放事件,在鼠标释放时触发
            jlb1.setText("鼠标被释放了");
        }
        public static void main(String[] args) {
            new MouseListenerTest(   ).init(   );
        }
    }
```

【运行结果】(见图3-26)

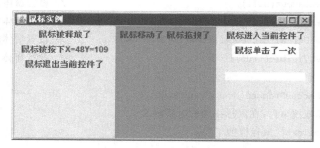

图3-26 程序运行结果

【代码说明】

鼠标事件最常用的是捕获鼠标事件发生的坐标,比如鼠标被按下时的坐标,通常通过MouseEvent类中的getX( )方法和getY( )方法获取。

▶ 3.2.3 任务实施

通过方向键改变背景图片位置代码如下。

```
package com;
import java.awt.event.KeyAdapter;
import java.awt.event.KeyEvent;
import javax.Swing.Icon;
import javax.Swing.ImageIcon;
import javax.Swing.JFrame;
import javax.Swing.JLabel;
import javax.Swing.JPanel;
public class ImageMove extends KeyAdapter {
    // 创建标题为"通过方向键改变背景图片位置"的窗体
    JFrame jf = new JFrame("通过方向键改变背景图片位置");
    Icon icon = new ImageIcon("image/xiaolian.jpg");    // 获取图片
    JLabel jlb = new JLabel(icon);                      // 创建一个带图片的标签
```

```java
        int x = 50;                      // 定义x坐标
        int y = 50;                      // 定义y坐标
        public void keyPressed(KeyEvent e){
            if(e.getKeyCode( ) == KeyEvent.VK_UP){
                if(y>10)
                    y = y - 10;
            }
            if(e.getKeyCode( ) == KeyEvent.VK_DOWN){
                if(y<240)
                    y = y + 10;
            }
            if(e.getKeyCode( ) == KeyEvent.VK_LEFT){
                if(x>10)
                    x = x - 10;
            }
            if(e.getKeyCode( ) == KeyEvent.VK_RIGHT){
                if(x<240)
                    x = x + 10;
            }
            jlb.setBounds(x,y,150,150);
        }
        public void init( ){
            jf.setLayout(null);                  // 设置窗体的布局
            jlb.setBounds(x,y,150,150);          // 设置标签的位置及大小
            jf.add(jlb);                         // 将标签添加到窗体中
            jf.addKeyListener(this);             // 对窗体添加键盘事件监听
            jf.setSize(400,400);                 // 设置窗体的大小
            jf.setVisible(true);                 // 设置窗体的可见性
            jf.setDefaultCloseOperation(JFrame.EXIT_ON_CLOSE);// 设置窗体的关闭方式
        }
        public static void main(String[] args) {
            ImageMove i = new ImageMove( );
            i.init( );
        }
}
```

【运行结果】(见图 3-27)

图 3-27 程序运行结果

3.2.4 技能提高

【例 3.24】 常用事件实例综合练习,学会多种事件综合处理方式。

```
package com;
import java.awt.FlowLayout;
import java.awt.GridLayout;
import java.awt.event.ActionEvent;
import java.awt.event.ActionListener;
import java.awt.event.FocusEvent;
import java.awt.event.FocusListener;
import java.awt.event.ItemEvent;
import java.awt.event.ItemListener;
import java.awt.event.MouseAdapter;
import java.awt.event.MouseEvent;
import javax.Swing.JButton;
import javax.Swing.JCheckBox;
import javax.Swing.JFrame;
import javax.Swing.JLabel;
import javax.Swing.JList;
import javax.Swing.JMenuItem;
```

```java
import javax.Swing.JPanel;
import javax.Swing.JPopupMenu;
import javax.Swing.JTextField;
import javax.Swing.event.DocumentEvent;
import javax.Swing.event.DocumentListener;
import javax.Swing.event.ListSelectionEvent;
import javax.Swing.event.ListSelectionListener;
public class ListenerTest extends MouseAdapter implements ActionListener,
ItemListener,FocusListener,DocumentListener,ListSelectionListener {
    // 创建相应的控件及窗体
    JTextField jt = new JTextField( );
    JButton jb = new JButton("点我");
    String[] str = { "红","黄"};
    JCheckBox jcb_lq = new JCheckBox("篮球");
    JCheckBox jcb_zq = new JCheckBox("足球");
    JPanel jp = new JPanel(new FlowLayout( ));
    JList jl = new JList(str);
    JLabel []jlb = new JLabel[6];
    JPopupMenu popMenu = new JPopupMenu( );         // 创建弹出菜单
    JMenuItem open = new JMenuItem("打开");          // 创建菜单项"打开"
    JMenuItem save = new JMenuItem("保存");          // 创建菜单项"保存"
    JFrame jf = new JFrame( );
    GridLayout gl = new GridLayout(5,2,5,5);
    public void init( ){
        jf.setTitle("事件相应实例");                   // 设置窗体标题"事件相应实例"
        jf.setLayout(gl);                            // 设置窗体的布局
        jf.add(jt);                                  // 将文本框添加到窗体中
        for(int i = 0;i<6;i + + ){                   // 初始化标签组
            jlb[i] = new JLabel( );
        }
        popMenu.add(open);                           // 将"打开"菜单添加到弹出菜单中
        popMenu.add(save);                           // 将"保存"菜单添加到弹出菜单中
        jp.add(jcb_lq);                              // 将篮球选项添加到jp面板中
        jp.add(jcb_zq);                              // 将足球选项添加到jp面板中
        // 向窗体中添加相应控件
        jf.add(jlb[0]);
        jf.add(jb);
        jf.add(jlb[1]);
        jf.add(jl);
        jf.add(jlb[2]);
```

```java
        jf.add(jp);
        jf.add(jlb[3]);
        jf.add(jlb[4]);
        jf.add(jlb[5]);
        jt.add(popMenu);                                    // 向文本框中添加右键菜单
        open.addActionListener(this);                       // 对"打开"菜单添加事件响应
        save.addActionListener(this);                       // 对"保存"菜单添加事件响应
        jt.getDocument( ).addDocumentListener(this);// 对文本框添加文本改变事件监听
        jcb_lq.addItemListener(this);                       // 对篮球选项添加 ItemListener 监听
        jcb_zq.addItemListener(this);                       // 对足球选项添加 ItemListener 监听
        jt.addFocusListener(this);
        // 通过实现 FocusListener 对文本框添加焦点事件
        // 通过继承 MouseAdapter 对文本框添加鼠标单击事件的监听
        jt.addMouseListener(this);
        jb.addActionListener(this);// 通过 ActionListener 对按钮添加事件监听
        jl.addListSelectionListener(this);// 通过 ListSelectionListener 对列表添加事件监听
        jf.setVisible(true);                                // 设置窗体的可见性
        jf.setSize(300,250);                                // 设置窗体的大小
        jf.setDefaultCloseOperation(JFrame.EXIT_ON_CLOSE);// 设置窗体的关闭方式
    }
    public static void main(String[] args) {
        ListenerTest t = new ListenerTest( );
        t.init( );
    }
    public void focusGained(FocusEvent e) {                 // 获得焦点事件
        jlb[4].setText("文本框获得焦点");
    }
    public void focusLost(FocusEvent e) {                   // 失去焦点事件
        jlb[4].setText("文本框失去焦点");
    }
    public void itemStateChanged(ItemEvent e) {             // 选项改变事件
        String temp = jlb[3].getText( );
        if(e.getSource( ) = = jcb_lq){
            if(jcb_lq.isSelected( )){
                if(temp! = null&&temp.length( )< = 2){
                    temp = temp+"篮球";
                }
            }else{
                temp = temp.replace("篮球", "");
            }
```

```java
        }
        if(e.getSource( ) == jcb_zq){
            if(jcb_zq.isSelected( )){
                if(temp!=null&&temp.length( )<=2){
                    temp = temp+"足球";
                }
            }else{
                temp = temp.replace("足球", "");
            }
        }
    jlb[3].setText(temp);
    }
    public void changedUpdate(DocumentEvent e) {      // 文本改变事件
        jlb[0].setText(jt.getText( ));
    }
    public void insertUpdate(DocumentEvent e) {       // 文本插入事件
        jlb[0].setText(jt.getText( ));
    }
    public void removeUpdate(DocumentEvent e) {       // 文本删除事件
        jlb[0].setText(jt.getText( ));
    }
    public void actionPerformed(ActionEvent e) {      // 单击事件
        if(e.getSource( ) == jb){
            jlb[1].setText("你点中按钮了");
        }
        if(e.getSource( ) == open){
            jlb[5].setText("打开");
        }
        if(e.getSource( ) == save){
            jlb[5].setText("保存");
        }
    }
    public void valueChanged(ListSelectionEvent arg0) {   // 列表框事件
        jlb[2].setText(jl.getSelectedValue( ).toString( ));
    }
    public void mousePressed(MouseEvent e){           // 鼠标事件
        if(e.getButton( ) == MouseEvent.BUTTON3){
            popMenu.show(jf, e.getX( ), e.getY( )+10);
        }
    }
}
```

【运行结果】(见图 3-28)

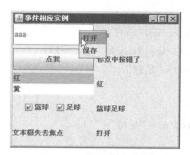

图 3-28 程序运行结果

任务 3.3 多线程

线程是 Java 语言的关键技术之一,在 Swing 顶级容器中扮演重要角色。本任务介绍什么是线程,如何创建并控制线程。

3.3.1 任务内容

通过多线程实现在窗体中同时移动多个标签,操作要点如下。
(1) 掌握线程概念及常用方法。
(2) 掌握多线程及线程同步。

3.3.2 相关知识

| 知识点一:线程的概念与应用 |

(1) 程序是计算机指令的集合,它以文件的形式存储在磁盘上。程序是写好的存储于计算机上没有执行的指令的集合,通俗地讲就是程序员自己写的代码。写好的代码不可能只是为了存储,必须运行才不会浪费辛苦的工作,等到代码运行了,就产生了进程。

(2) 进程是一个程序在其自身的地址空间中的一次执行活动。通常程序是不能并发执行的。为了使程序能够独立运行,应该为之配置一些进程控制块(PCB);而进程就是由程序段、相关数据段和 PCB 三部分构成的实体。一般来说,我们并不区分进程和进程实体,它们代表同一事物。进程是资源申请、调度和独立运行的单位,它使用系统中的运行资源,而程序不能申请系统资源,不能被系统调度,也不能作为独立运行的单位。因此,它不占用系统的运行资源。

(3) 线程是比进程更小的单位,一个进程执行过程中可以产生多个线程,每个线程有自身的产生、存在和消亡的过程,也是一个动态的概念。每个进程都有一段专用的内存区域,而线程间可以共享相同的内存区域(包括代码和数据),并利用这些共享单元来实现数据交换、实时通信与必要的同步操作。

注意：Java 中的多线程是一种抢占机制而不是分时机制。抢占机制指的是有多个线程处于可运行状态，但是只允许一个线程在运行，它们通过竞争的方式抢占 CPU。

1. 线程的实现

Java 中提供了两种实现多线程的方法：从 Thread 类继承和实现 Runnable 接口。

(1) 采用 Runnable 接口实现线程

优势在于线程类实现了 Runnable 接口，同时还可以继承其他的类。在这种方式下，多个线程可以共享同一个目标对象，所以很适合多个线程来处理同一份资源的情况，从而可以将 CPU、代码和数据分开，形成清晰的模型，较好的面向对象思想。而劣势在于编程稍微复杂，如果需要访问当前线程需要用 Thread.currentThread 方法来获取。

(2) 采用继承 Thread 类的方式实现线程

优势在于编写简单，如果要获得当前线程直接用 this 关键字表示即可。劣势在于线程类继承了 Thread 类，不能再继承其他类。相对而言，用 Runnable 接口的方式更好，具体可以根据当前需要而定。

2. 线程的生命周期与状态（见图 3-29）

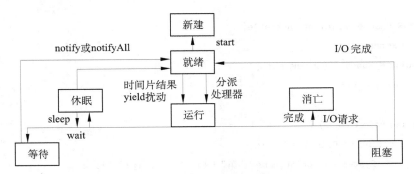

图 3-29　线程的生命周期

新建的线程在它的一个完整生命周期中通常要经历如下四种状态：新建、运行、中断/挂起/阻塞、消亡。一个线程在任何时候都会处于某一种状态。创建一个新的线程处于新建状态。在调用它的 start 方法之前，该线程将一直处于新建状态。当线程调用了 run 方法后进入运行状态。在运行中的线程也可以通过相应的方法进入中断或挂起或阻塞的状态。最终线程通过执行完 run 方法或者其他相关操作方法结束。

【例 3.25】　创建一个线程并运行。

```
package com;
public class ThreadTest{
    public static void main(String[] args) {
```

```java
        MyThread t1 = new MyThread("线程 1");
        MyRunnable t2 = new MyRunnable("线程 2");
        t1.run( );
        System.out.println( );
        t2.run( );
    }
}
class MyThread extends Thread{
    String name;
    public MyThread(String str){
        super(str);
        name = str;
    }
    public void run( ){
        for(int i = 0;i<5;i++){
            System.out.print(name+"第"+(i+1)+"次运行,");
        }
    }
}
class MyRunnable implements Runnable{
    String name;
    public MyRunnable(String str){
        name = str;
    }
    public void run( ) {
        for(int i = 0;i<5;i++){
            System.out.print(name+"第"+(i+1)+"次运行,");
        }
    }
}
```

【运行结果】

线程 1 第 1 次运行,线程 1 第 2 次运行,线程 1 第 3 次运行,线程 1 第 4 次运行,线程 1 第 5 次运行。
线程 2 第 1 次运行,线程 2 第 2 次运行,线程 2 第 3 次运行,线程 2 第 4 次运行,线程 2 第 5 次运行。

知识点二:线程的操作方法

线程的构造方法如表 3-27 所示,常用的操作方法如表 3-28 所示。

表 3-27　线程的构造方法

访问权限	参　　数
public	Thread(Runnable target)接收 Runnable 接口的子类对象
public	Thread(Runnable target,String name)接收 Runnable 接口的子类对象并命名
public	Thread(String name)设置一个名为 name 的线程

表 3-28　线程常用操作方法

返回值及权限	定　　义	功　　能
public JButton	add(Action a)	添加一个指派动作的新的 JButton
public static Thread	currentThread( )	返回正在执行的线程
public final String	getName( )	返回线程的名字
public final int	getPriority( )	返回线程的优先级
public boolean	isInterrupted( )	返回线程是否被中断
public final void	join( )	join 等待被 join 的线程执行完成
public void	run( )	运行线程
public void	start( )	开始执行线程
public void	setPriority(int newPriority)	设置线程的优先级
public void	setName( )	设置线程的名字
public static void	yield( )	让当前线程暂停,让系统线程调度器重新调度
public static void	sleep(long millis)	当前线程暂停 millis 毫秒,并进入阻塞状态
public final void	notify( )	当前线程被阻塞,直到被另一个线程唤醒,然后当前进程继续执行上次未完成的操作
public final void	wait( )	当前线程等待其他线程的 notify,当获取 notify 信号后继续执行后面的代码

sleep( )方法和 yield( )方法的区别:

（1） sleep( )方法暂停当前线程后,会给其他线程执行集合,不会理会线程的优先级;但 yield( )方法则会给优先级相同或高优先级的线程执行机会。

（2） sleep( )方法会将线程转入阻塞状态,直到经过阻塞时间才会转入到就绪状态;而 yield( )方法则不会将线程转入到阻塞状态,它只是强制当前线程进入就绪状态。因此完全有可能调用 yield( )方法暂停之后,立即再次获得处理器资源继续运行。

（3） sleep( )方法声明抛出了 InterruptedException 异常,所以调用 sleep( )方法时,要么捕获异常,要么抛出异常。而 yield( )方法没有声明抛出任何异常。

知识点三:线程调度与优先级

JVM(Java 虚拟机)的线程调度器负责管理线程,调度器把线程的优先级分为 10 个级别,分别用 Thread 类中的类常量表示。每个 Java 线程的优先级都在常数 1～10 之间。Thread 类优先级常量有三个:

static int MIN_PRIORITY   // 1

```
static int NORM_PRIORITY     // 5
static int MAX_PRIORITY      // 10
```

如果没有明确设置,默认线程优先级为常数 5 即 Thread. NORM_PRIORITY。线程优先级可以用 setPriority(int grade)方法调整,如果参数 grade 不在 1~10 范围内,那么 setPriority 产生一个 IllegalArgumenException 异常。用 getPriority( )方法返回线程优先级(注意:有些操作系统只能识别 3 个级别:1、5、10)。

│知识点四:多线程│

在实际生活中我们经常遇到以下问题:同时有多个窗口在卖同一次列车的车票,我们可以把多个窗口理解为多个线程。运行如下代码。

【例 3.26】 多线程实例。

```
package com;
class MyThread extends Thread{
    private int ticket = 5 ;                    // 假设一共有 5 张票
    public void run( ){
        for(int i = 0;i<100;i + +){
            if(ticket>0){                       // 还有票
                try{
                    Thread. sleep(200) ;        // 加入延迟
                }catch(InterruptedException e){
                    e. printStackTrace( ) ;
                }
                System. out. println("卖票:ticket = " + ticket - - );
            }
        }
    }
}
public class SynchronizedTest01 {
    public static void main(String args[]){
        MyThread mt = new MyThread( ) ;         // 定义线程对象
        Thread t1 = new Thread(mt) ;            // 定义 Thread 对象
        Thread t2 = new Thread(mt) ;            // 定义 Thread 对象
        Thread t3 = new Thread(mt) ;            // 定义 Thread 对象
        t1. start( ) ;
        t2. start( ) ;
        t3. start( ) ;
    }
}
```

【运行结果】

```
卖票:ticket = 5
卖票:ticket = 4
卖票:ticket = 3
卖票:ticket = 2
卖票:ticket = 1
卖票:ticket = 0
卖票:ticket = -1
```

此时出现一个问题,就是票数被卖出负数了。这是十分不合理的。为什么会产生这个情况呢?原因是在程序运行过程中,在检查票是否够卖和如果够卖则卖票的逻辑之间有延时。当某一个线程检查完是否有票卖的时候,可能另一个线程就抢占进来,将票买走。这样一来就出现了票被卖成负数的现象了。解决这个问题之前,需要了解锁与同步的概念。

Java中每个对象都有一个内置锁,当程序运行到非静态的synchronized同步方法上时,自动获得与正在执行代码类的当前实例(this实例)有关的锁。获得一个对象的锁也称为获取锁、锁定对象、在对象上锁定或在对象上同步。当程序运行到synchronized同步方法或代码块时该对象锁才起作用。一个对象只有一个锁,所以,如果一个线程获得该锁,就没有其他线程可以获得锁,直到第一个线程释放(或返回)锁。这也意味着任何其他线程都不能进入该对象上的synchronized方法或代码块,直到该锁被释放。释放锁是指持锁线程退出了synchronized同步方法或代码块。

关于锁和同步,要注意以下几个要点。

(1)只能同步方法,而不能同步变量和类。当提到同步时,应该清楚在什么上同步。也就是说,在哪个对象上同步,要获取哪个对象的锁。不必同步类中所有的方法,类可以同时拥有同步和非同步方法。同步损害并发性,应该尽可能缩小同步范围。同步不但可以同步整个方法,还可以同步方法中一部分代码块。

(2)每个对象只有一个锁;如果两个线程要执行一个类中的synchronized方法,并且两个线程使用相同的实例来调用方法,那么一次只能有一个线程能够执行方法,另一个需要等待,直到锁被释放。即如果一个线程在对象上获得一个锁,就没有任何其他线程可以进入(该对象的)类中的任何一个同步方法。

(3)如果线程拥有同步和非同步方法,则非同步方法可以被多个线程自由访问而不受锁的限制。线程睡眠时,它所持的任何锁都不会释放。线程可以获得多个锁。比如,在一个对象的同步方法里面调用另外一个对象的同步方法,则获取了两个对象的同步锁。

对上面代码中MyThread类进行如下修改就可以实现多网点同时卖票的功能了。

方法一:同步方法。

```
class MyThread02 extends Thread{
    private int ticket = 5 ;                    // 假设一共有5张票
    public void run(  ){
```

```
        for(int i = 0;i<100;i++){
            this.fun( );
        }
    }
    public synchronized void fun( ){
        if(ticket>0){                          // 还有票
            try{
                Thread.sleep(200);             // 加入延迟
            }catch(InterruptedException e){
                e.printStackTrace( );
            }
            System.out.println("卖票:ticket = " + ticket--);
        }
    }
}
```

方法二:同步代码。

```
class MyThread03 extends Thread{
    private int ticket = 5;                    // 假设一共有5张票
    public void run( ){
        for(int i = 0;i<100;i++){
            synchronized(this){
                if(ticket>0){                  // 还有票
                    try{
                        Thread.sleep(200);     // 加入延迟
                    }catch(InterruptedException e){
                        e.printStackTrace( );
                    }
                    System.out.println("卖票:ticket = " + ticket--);
                }
            }
        }
    }
}
```

▶ 3.3.3 任务实施

本任务为一个综合实例。

同时移动多个标签,程序运行结果如图3-30所示。

(a)　　　　　　　　　　　　　(b)

图 3-30　程序运行结果

具体代码如下。

```
package com;
import java.awt.EventQueue;
import javax.Swing.ImageIcon;
import javax.Swing.JFrame;
import javax.Swing.JLabel;
public class MoveLabelTest extends JFrame {
    private Balloon[] balloons;
    public static void main(String args[]) {
        EventQueue.invokeLater(new Runnable( ) {
            public void run( ) {
                try {
                    MoveLabelTest frame = new MoveLabelTest( );
                    frame.setVisible(true);
                } catch (Exception e) {
                    e.printStackTrace( );
                }
            }
        });
    }
    /**
     * 创建窗体的构造方法
     */
    public MoveLabelTest( ) {
        setBounds(100, 100, 750, 430);
        getContentPane( ).setLayout(null);              // 使用 null 布局
        setDefaultCloseOperation(JFrame.EXIT_ON_CLOSE);
        balloons = new Balloon[3];                      // 创建标签数组
        for (int i = 0; i < 3; i++) {                   // 遍历并初始化标签数组
            balloons[i] = new Balloon(getHeight( ));    // 初始化标签组件
```

```java
            getContentPane( ).add(balloons[i]);           // 添加标签到窗体
            ImageIcon icon = new ImageIcon("image/" + (i + 1) + ".jpg");// 创建图标对象
            balloons[i].setIcon(icon);                    // 设置标签图标
            balloons[i].setLocation(getWidth( ) / 3 * (i + 1) - 250,
                getHeight( ) - 100);                      // 设置标签位置
            balloons[i].setSize(icon.getIconWidth( ), icon.getIconHeight( ));
            // 设置标签与图标相同大小
            new Thread(balloons[i]).start( );             // 启动每个标签的线程
        }
        // 创建背景图标
        setResizable(false);                              // 禁止调整窗体大小
    }
}
class Balloon extends JLabel implements Runnable {
    private boolean running = true;                       // 线程标识变量
    private int i;
    private int height;                                   // 窗体高度
    public Balloon( ) {
        super( );
        this.height = 300;                                // 默认窗体高度
    }
    /**
     * 创建组件
     * @param height 窗体的高度
     */
    public Balloon(int height) {
        super( );
        this.height = height;                             // 记录窗体高度
    }
    public void run( ) {
        while (running) {                                 // 线程循环
            for (i = height - getHeight( ); i > 0; i -= 3) {   // 移动组件的循环
                EventQueue.invokeLater(new Runnable( ) {
                    public void run( ) {
                        setLocation(getLocation( ).x, i);// 在事件队列中改变组件位置
                    }
                });
                try {
                    Thread.sleep(100);                    // 线程休眠时间与窗体宽度有关
                } catch (InterruptedException e) {
```

```
                    e.printStackTrace( );
                }
            }
        }
    }
}
```

3.3.4 技能提高

本节进行线程操作案例训练——生产者及消费者。

在线程操作中有一个经典的案例程序,即生产者和消费者问题,生产者不断生产,消费者不断取走生产者生产的产品。

生产者生产出信息后将其放到一个区域之中,消费者从此区域中取出信息,但是在本程序中因为涉及线程运行的不确定性,所以会存在以下两点问题。

(1) 假设生产者线程刚向数据存储空间添加了信息的名称,还没有加入该信息内容,程序就切换到了消费者线程,消费者线程将把信息的名称和上一个信息的内容联系到一起。

(2) 生产者放了若干次的信息,消费者才开始取信息,或者是,消费者取完一个信息后,还没等到生产者放入新的信息,又重复取出已取过的信息。

1. 程序的基本实现

因为现在程序中生产者不断生产的是信息,而消费者不断取出的也是信息,所以定义一个保存信息的类 Info.java。

```
class Info{                                         // 定义信息类
    private String name = "孙莉娜";                  // 定义 name 属性
    private String content = "JAVA 讲师" ;          // 定义 content 属性
    public void setName(String name){
        this.name = name ;
    }
    public void setContent(String content){
        this.content = content ;
    }
    public String getName( ){
        return this.name ;
    }
    public String getContent( ){
        return this.content ;
    }
}
```

Info 类的组成非常简单,只包含了用于保存信息名称的 name 属性和用于保存信息内容的 content 属性。因为生产者和消费者要操作同一个空间的内容,所以生产者和消费者分别实现 Runnable 接口,并接受 Info 类的引用。

生产者类的实现:

```java
class Producer implements Runnable{              // 通过 Runnable 实现多线程
    private Info info = null ;                   // 保存 Info 引用
    public Producer(Info info){
        this.info = info ;
    }
    public void run( ){
        boolean flag = false ;                   // 定义标记位
        for(int i = 0;i<50;i++){
            if(flag){
                this.info.setName("孙莉娜") ;     // 设置名称
                try{
                    Thread.sleep(90) ;
                }catch(InterruptedException e){
                    e.printStackTrace( ) ;
                }
                this.info.setContent("JAVA 讲师") ;  // 设置内容
                flag = false ;
            }else{
                this.info.setName("lnjd") ;      // 设置名称
                try{
                    Thread.sleep(90) ;
                }catch(InterruptedException e){
                    e.printStackTrace( ) ;
                }
                this.info.setContent("www.lnjd.cn") ; // 设置内容
                flag = true ;
            }
        }
    }
}
```

在生产者类的构造方法中传入了 Info 类的实例化对象,然后在 run( )方法中循环 50 次以产生信息的具体内容。此外,为了让读者更容易发现问题,本程序中在设置信息名称和内容的地方加入了延迟操作[Thread.sleep( )]。

消费者类的实现:

```java
class Consumer implements Runnable{
    private Info info = null ;
    public Consumer(Info info){
        this.info = info ;
    }
    public void run(   ){
        for(int i = 0;i<50;i + + ){
            try{
                Thread.sleep(90) ;
            }catch(InterruptedException e){
                e.printStackTrace(   ) ;
            }
            System.out.println(this.info.getName(   ) +
                " - -> " + this.info.getContent(   )) ;
        }
    }
}
```

在消费者线程类中也同样接受了一个 Info 对象的引用,并采用循环的方式取出 50 次信息并输出。

测试程序:

```java
public class ThreadCaseDemo01{
    public static void main(String args[ ]){
        Info info = new Info(   );            // 实例化 Info 对象
        Producer pro = new Producer(info) ;   // 生产者
        Consumer con = new Consumer(info) ;   // 消费者
        new Thread(pro).start(   ) ;
        new Thread(con).start(   ) ;
    }
}
```

【运行结果】(部分)

lnjd - ->JAVA 讲师

孙莉娜 - -> www.lnjd.cn

孙莉娜 - -> www.lnjd.cn

lnjd - ->JAVA 讲师

孙莉娜 - -> www.lnjd.cn

lnjd - ->JAVA 讲师

lnjd - ->JAVA 讲师

孙莉娜 - -> www.lnjd.cn

```
lnjd -->JAVA 讲师
lnjd -->JAVA 讲师
```

因为输出较多,所以以上只列出了程序的部分运行结果,但是从这些运行结果中读者应该已经发现,之前提到的两点问题在这里已经全部出现了。下面先来解决第 1 个问题。第 1 个问题肯定要使用同步的方法解决,即在一个线程设置完全部内容之后,另一个线程才能继续操作。

2. 问题解决 1——加入同步

如果要操作加入同步,则可以通过定义同步方法的方式完成,即将设置名称和姓名定义成一个同步方法,代码如下所示。

修改 Info 类:

```java
class Info{                                         // 定义信息类
    private String name = "孙莉娜";                 // 定义 name 属性
    private String content = "JAVA 讲师" ;          // 定义 content 属性
    public synchronized void set(String name,String content){
        this.setName(name) ;                        // 设置名称
        try{
            Thread.sleep(300) ;
        }catch(InterruptedException e){
            e.printStackTrace( ) ;
        }
        this.setContent(content) ;                  // 设置内容
    }
    public synchronized void get( ){
        try{
            Thread.sleep(300) ;
        }catch(InterruptedException e){
            e.printStackTrace( ) ;
        }
        System.out.println(this.getName( ) +
            " -->  " + this.getContent( )) ;
    }
    public void setName(String name){
        this.name = name ;
    }
    public void setContent(String content){
        this.content = content ;
    }
```

```java
    public String getName(){
        return this.name ;
    }
    public String getContent(){
        return this.content ;
    }
}
```

以上类定义了 set( )方法和 get( )方法,并且都使用 synchronized 关键字进行声明,因为现在不希望直接调用 getter( )方法及 setter( )方法,所以修改生产者和消费者类代码如下。

修改生产者类:

```java
class Producer implements Runnable{                // 通过 Runnable 实现多线程
    private Info info = null ;                     // 保存 Info 引用
    public Producer(Info info){
        this.info = info ;
    }
    public void run( ){
        boolean flag = false ;                     // 定义标记位
        for(int i = 0;i<50;i++){
            if(flag){
                this.info.set("孙莉娜","JAVA 讲师") ;  // 设置名称
                flag = false ;
            }else{
                this.info.set("lnjd","www.lnjd.cn") ; // 设置名称
                flag = true ;
            }
        }
    }
}
```

修改消费者类:

```java
class Consumer implements Runnable{
    private Info info = null ;
    public Consumer(Info info){
        this.info = info ;
    }
    public void run( ){
        for(int i = 0;i<50;i++){
```

```
            this.info.get( );
        }
    }
}
```

测试程序：

```
public class ThreadCaseDemo02{
    public static void main(String args[]){
        Info info = new Info( );              // 实例化 Info 对象
        Producer pro = new Producer(info) ;   // 生产者
        Consumer con = new Consumer(info) ;   // 消费者
        new Thread(pro).start( ) ;
        new Thread(con).start( ) ;
    }
}
```

从程序的运行结果中可以发现，信息错乱的问题已经解决了，但是依然存在重复读取的问题。既然有重复读取，就肯定会有重复设置的问题，那么对于这样的问题该如何解决呢？此时，就需要使用 Object 类来帮助解决了。

3. 问题解决 2——加入等待与唤醒，Object 类对线程的支持

从前面的学习读者能知道 Object 类是所有类的父类，在此类中有以下几种方法是对线程操作有所支持的。

可以将一个线程设置为等待状态，但是对于唤醒的操作却有两个，分别为 notify( ) 和 notifyAll( )。一般来说，所有等待的线程会按照顺序进行排列，如果现在使用了 notify( ) 方法，则会唤醒第 1 个等待的线程执行，而如果使用了 notifyAll( ) 方法，则会唤醒所有的等待线程。哪个线程的优先级高，哪个线程就有可能先执行。

如果想让生产者不重复生产，消费者不重复取走，则可以增加一个标志位。假设标志位为 boolean 型变量，如果标志位的内容为 true，则表示可以生产，但是不能取走，此时线程执行到了消费者线程则应该等待；如果标志位的内容为 false，则表示可以取走，但是不能生产，如果生产者线程运行，则消费者线程应该等待。

要完成以上功能，直接修改 Info 类即可。在 Info 类中加入标志位，并通过判断标志位完成等待与唤醒的操作。

修改 Info 类：

```
class Info{                                              // 定义信息类
    private String name = "孙莉娜";                      // 定义 name 属性
    private String content = "JAVA 讲师" ;               // 定义 content 属性
    private boolean flag = false ;                       // 设置标志位
    public synchronized void set(String name,String content){
```

```java
        if(!flag){
            try{
                super.wait( ) ;
            }catch(InterruptedException e){
                e.printStackTrace( ) ;
            }
        }
        this.setName(name) ;                    // 设置名称
        try{
            Thread.sleep(300) ;
        }catch(InterruptedException e){
            e.printStackTrace( ) ;
        }
        this.setContent(content) ;              // 设置内容
        flag = false ;                          // 改变标志位,表示可以取走
        super.notify( ) ;
    }
    public synchronized void get( ){
        if(flag){
            try{
                super.wait( ) ;
            }catch(InterruptedException e){
                e.printStackTrace( ) ;
            }
        }
        try{
            Thread.sleep(300) ;
        }catch(InterruptedException e){
            e.printStackTrace( ) ;
        }
        System.out.println(this.getName( ) +
            "- ->" + this.getContent( )) ;
        flag = true ;                           // 改变标志位,表示可以生产
        super.notify( ) ;
    }
    public void setName(String name){
        this.name = name ;
    }
    public void setContent(String content){
        this.content = content ;
```

```
    }
    public String getName(   ){
        return this.name ;
    }
    public String getContent(   ){
        return this.content ;
    }
}
```

【运行结果】(部分)

```
孙莉娜- ->JAVA 讲师
lnjd - -1 www.lnjd.cn
孙莉娜- ->JAVA 讲师
lnjd - -> www.lnjd.cn
孙莉娜- ->JAVA 讲师
lnjd - -> www.lnjd.cn
```

从程序的运行结果中可以清楚地发现，生产者每生产一个信息就要等待消费者取走，消费者取走一个信息就要等待生产者生产，这样就避免了重复生产和重复取走的问题。

学习领域 4

编程技术应用

任务 4.1　输入输出处理

前面章节对 Java 基础知识做了介绍,本章节利用这些基础知识并结合输入输出知识、数据库编程知识和网络编程知识,分别来实现计数器、登录系统和回应程序。在实际生活中,这三方面的应用非常广泛,比如手机中的存储文件功能、电话簿功能和网络相册功能等,都是利用这些基础知识来实现的。

▶ 4.1.1　任务内容

计数器的应用到处可见,比如点击率的统计、访问量的统计等。本节将实现一个计数器的功能。定义一个 Number 类,当第一次执行 Number 类时,会在 E 盘根目录下创建一个 a.txt 的记事本文件,并在里面写入数字 0;以后每执行一次 Number 类,这个记事本文件中的数字就会相应加 1,即实现了用记事本文件来存储计数器的功能。

(1) 定义 File 文件类对象,利用它判断指定路径的文件是否存在,如果不存在,则创建该文件。

(2) 选择一种输出流,使用输出流向创建的记事本文件中写入计数器初始值 0。

(3) 使用输入流读取计数器的值,将其加 1 运算后,再使用输出流将运算后的结果写入记事本文件中。

(4) 对程序中可能产生异常的程序进行捕获,最后关闭输入与输出流。

▶ 4.1.2　相关知识

| 知识点一：输入/输出概述 |

1. 什么是流(Stream)

程序设计中经常需要处理输入、输出操作,比如从文件或者键盘上读入数据,或者将指定信息输出到屏幕、文件、打印机上,在网络中涉及图片等各种特殊数据类型的转换和传输等。我们知道,计算机中的数据都是以 0 与 1 的方式来存储,两个设备之间进行数据的存取,当然也是以 0 与 1(即位数据 bit)的方式来进行,Java 将目的地和来源地之间的数据 I/O 流动抽象化为一个流(Stream)的概念。

在 Java 中"流"是用来连接数据传输的起点与终点,是与具体设备无关的一种中间介质,它是数据传输的抽象描述。这个概念本身就是很抽象的。为了帮助读者理解"流"的作用,下面请看一个流的比喻,如图 4-1 所示。

"流"就是中间的管道,它负责将水(就是数据)从一端引到另外一端,图 4-1 演示的是水从蓄水池中流向水龙头。实际上如有必要,管道也可以将河流中的水引入蓄水池,即任何方向的水("数据")都可以经由管道("流")来流向目的地。管道("流")只是接通和引导水流的

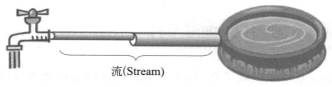

图 4-1 "流"的作用

一种设备,它与水流两端的设备无关(不必理会管道两端连接的到底是水龙头、蓄水池还是河流)。独立的"流"功能有利于其功能的进一步扩展。

从图 4-1 中可以看到"流"的基本特点如下。

(1)虽然"流"与具体设备无关,但是其中水流的方向(数据的输入与输出)却是与设备有一定关联。计算机收发数据的外设大致分为两类:输入设备与输出设备。当数据从输入设备输入到程序区,我们称为数据"输入"(Input);当数据从程序区输出到输出设备,我们称为数据"输出"(Output)。

对于编程而言,涉及的操作区域主要是程序和外设。程序驻留内存,会在内存中开辟存放数据和操作数据的区域,我们称其为"程序区"。计算机外设通常包含的典型的输入设备有键盘、鼠标、扫描仪、数码相机、摄像头等,典型的输出设备有显示器、打印机、音箱等。其中,标准输入设备为键盘,标准输出设备为显示器。默认时如不特别指明要处理的设备,则为标准(输入/输出)设备。

输入数据的功能由"输入流"来实现,如从键盘接收两个数字,在程序区中求它们的和;输出数据的功能由"输出流"来实现,如将程序处理的结果显示在显示器上或存储在文件中。当然,这里的"输入"与"输出"都是基于程序区的位置为出发点的,我们把从外设将数据"输入"到程序区的过程称为"读"(read),而将程序中的数据"输出"到外设的过程称为"写"(write),如图 4-2 所示。

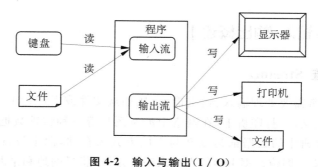

图 4-2 输入与输出(I/O)

(2)"流"作为数据传输的管道,可以互相套接。这样做的目的是改善处理数据的效率。形象点理解就是细的管道水流不畅,接上一个粗管道可以加快水的流量。比如,在处理流的过程中,频繁的读写操作会降低程序的运行效率,在现有流的基础上加入"缓冲流"就可以"成批"地处理数据,从而改善程序的效率和功能。

2. 流的分类

Java 的流类大部分都是由 InputStream、OutputStream、Reader、Writer 这四个抽象类

派生出的。图 4-3、图 4-4、图 4-5 和图 4-6 分别展示了 InputStream、OutputStream、Reader、Writer 这四个抽象类的派生类。

"流"的分类大致可以从三个角度考虑：

(1) 按流所操作的数据的流向可以分为输入流(都是 InputStream 类或 Reader 类的子类)和输出流(都是 OutputStream 类或 Writer 类的子类)。

(2) 按流所操作的数据类型可以分为字节流和字符流。字节流类都是 InputStream 类和 OutputStream 类的子类，字节流类所操作的数据都是以一个字节(8 位)的形式传输。字符流类都是 Reader 类和 Writer 类的子类，字符流所操作的数据都是以两个字节(16 位)的形式传输，因为 Java 的跨平台特性和使用 16 位的 Unicode 字符集，使得字符流类在处理网络程序中的字符时比字节流类更有优势。

(3) 按流在处理过程中能实现的功能可以分为节点流(Node Stream)和处理流(Process Stream)。节点流是直接提供输入/输出功能的流类，它与输入/输出设备直接相连接，从节点流可以知道被操作数据的来源和流向；而处理流主要用于对节点流或其他处理流进一步进行处理(如缓冲、组装对象等)，以增强节点流的功能。

下面用类层次结构图来进一步说明流的分类(见图 4-3～图 4-6)。

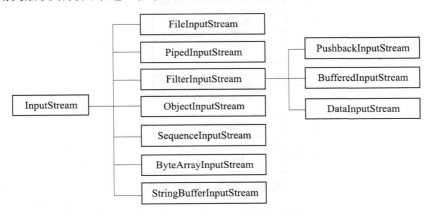

图 4-3　InputStream 类层次结构

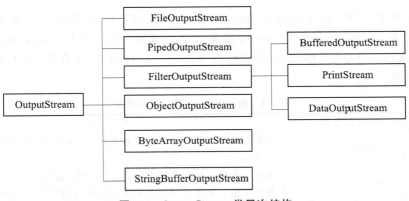

图 4-4　OutputStream 类层次结构

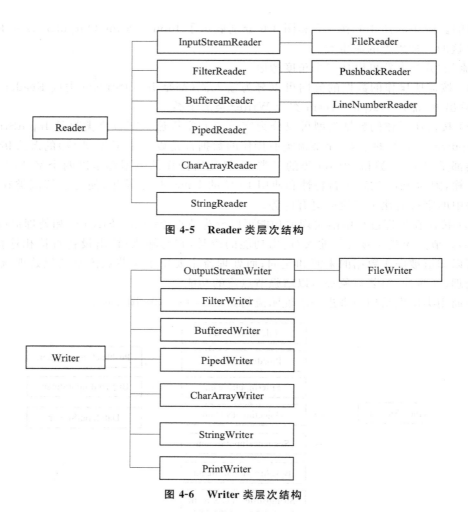

图 4-5　Reader 类层次结构

图 4-6　Writer 类层次结构

3. 输入输出流中的基本方法

在四个抽象类中，输入流超类 InputStream 和 Reader 定义了几乎完全相同的接口，而输出流超类 OutputStream 和 Writer 也是如此。如表 4-1～表 4-4 所示，输入流都具有 read(　)、skip(　)方法，而输出流都具有 write(　)、flush(　)方法，所有的流类都有 close(　)方法。

表 4-1　InputStream 类的基本方法

返回值类型	方法名称	功　　能
int	available(　)	判断是否可以从此输入流读取数据，若可以，则返回此次读取的字节数
int	read(　)	从输入流中读取单个字节到程序内存区，返回 0～255 范围内的 int 型字节值。如果已到达流末尾而没有可用的字节，则返回值 −1

续表

返回值类型	方法名称	功　　能
int	read(byte buf[])	从输入流中读取一定数量的字节并将其存储在缓冲区数组 buf 中，以 int 型值返回实际读取的字节数
int	read(byte buf[], int offset, int length)	从输入流中读取一定数量的字节并将其存储在缓冲区数组 buf 中，以 offset 偏移位置开始，共 length 个字节长度
void	reset( )	将流重新定位到初始位置
long	skip(long n)	跳过和放弃此输入流中的 n 个字节
void	close( )	关闭此输入流并释放与该流关联的所有系统资源

表 4-2　OutputStream 类的基本方法

返回值类型	方法名称	功　　能
int	write(int b)	将整型数 b 的低 8 位作为单个字节写入输出流
int	write(byte buf[])	将字节数组写入输出流
int	write(byte buf[], int offset, int length)	将字节数组的一部分写入输出流
void	flush( )	刷新输出流，并强制将所有缓冲区的字节写入外设
void	close( )	关闭此输出流并释放与此流有关的所有系统资源

表 4-3　Reader 类的基本方法

返回值类型	方法名称	功　　能
int	read( )	读取单个字符到内存，作为整数读取的字符，范围在 0～65 535 之间
int	read(char cbuf[])	将字符读入数组并将其存储在缓冲区数组 cbuf 中
int	read(char cbuf[], int offset, int length)	将字符读入数组 cbuf 的某一部分中
void	reset( )	将流重新定位到初始位置
long	skip(long n)	跳过和放弃此输入流中的 n 个字符
void	close( )	关闭此输入流并释放与该流关联的所有系统资源

表 4-4　Writer 类的基本方法

返回值类型	方法名称	功　　能
int	write(int c)	将整型数 c 的低 16 位作为单个字符写入输出流
int	write(char cbuf[])	将字符数组写入输出流
int	write(char cbuf[], int offset, int length)	将字符数组的一部分写入输出流
void	flush( )	刷新输出流，并强制将所有缓冲区的字符写入外设
void	close( )	关闭此输出流并释放与此流有关的所有系统资源

【例 4.1】 从键盘接收字符,直至输入字符 x 结束,在屏幕上输出结果。

```java
import java.io.*;                           // 导入输入输出包 io
public class SimpleIOTest {
    public static void main(String[] args) throws IOException {
        int b, count = 0;
        while ((b = System.in.read()) != 'x') {
            count++;                        // count 变量自加 1
            System.out.print((char) b);     // 将整型数据 b 强制转换为字符数据并输出
        }
        System.out.println("共计输入了" + count + "个字符");
    }
}
```

【运行结果】

输入字符串 abc 后按 Enter 键
输出:共计输入了 3 个字符

知识点二:File 文件类的使用

File 类是一个抽象类,位于 java.io 包中。File 类提供了一些方法来操作文件和目录,以及获取它们的信息(在 Java 中,把目录也作为一种特殊的文件来使用),如创建和删除文件,以及目录改名、浏览、获取读写性和长度信息等。

1. File 类的定义

File 类构造方法如下。

(1) File(String pathname),将给定路径名字符串转换成抽象路径名创建一个新 File 实例。

(2) File(String pathname,String child),pathname 路径名字符串和 child 路径名字符串创建一个新 File 实例。

(3) File(File parent,String child),File 对象和 child 路径名字符串创建一个新 File 实例。

(4) File(URI uri),给定 file 的 URI 转换成一个抽象路径名来创建一个新的 File 实例。

2. File 类的常用方法

(1)文件操作常用方法如表 4-5 所示。

表 4-5 文件操作常用方法

返回值类型	方法名称	功　　能
boolean	canRead()	测试应用程序是否可以读取此抽象路径名表示的文件

续表

返回值类型	方法名称	功　能
boolean	canWrite( )	测试应用程序是否可以修改此抽象路径名表示的文件
boolean	createNewFile( )	当且仅当不存在具有此抽象路径名指定的名称的文件时,创建由此抽象路径名指定的一个新的空文件
boolean	delete( )	删除此抽象路径名表示的文件或目录
boolean	exists( )	测试此抽象路径名表示的文件或目录是否存在
File	getAbsoluteFile( )	返回抽象路径名的绝对路径名形式
String	getAbsolutePath( )	返回抽象路径名的绝对路径名字符串
String	getName( )	返回由此抽象路径名表示的文件或目录的名称
String	getParent( )	返回此抽象路径名的父路径名的路径名字符串,如果此路径名没有指定父目录,则返回 null
String	getPath( )	将此抽象路径名转换为一个路径名字符串
boolean	isDirectory( )	测试此抽象路径名表示的文件是否是一个目录
boolean	isFile( )	测试此抽象路径名表示的文件是否是一个文件
long	lastModified( )	返回此抽象路径名表示的文件最后一次被修改的时间
long	length( )	返回由此抽象路径名表示的文件的长度

(2)目录操作常用方法如表 4-6 所示。

表 4-6　目录操作常用方法

返回值类型	方法名称	功　能
boolean	mkdir( )	创建此抽象路径名指定的目录
boolean	mkdirs( )	创建此抽象路径名指定的目录,包括创建必需但不存在的父目录
boolean	setReadOnly( )	标记此抽象路径名指定的文件或目录,以便只可对其进行读操作
String	list( )	返回由此抽象路径名所表示的目录中的文件和目录的名称所组成字符串数组
File	listFiles( )	返回由包含在目录中的文件和目录的名称所组成的字符串数组,这一目录是通过指定过滤器的抽象路径名来表示的

【例 4.2】　在"e:\test\5"目录下,创建一个文件"test.txt",然后测试该文件的属性。

```
import java.io.*;                              // 导入输入输出包 io
public class CreateFile {
    public static void main(String args[]){
        try{File f1 = new File("e:\\test\\5","test.txt");   // 生成 File 类型的对象 f1
            f1.createNewFile( );                            // 创建 text.txt 文件
            System.out.println("文件 test.txt 存在吗?" + f1.exists( ));
                                                            // 输出 text.txt 是否存在
            // 输出 text.txt 文件的父目录
            System.out.println("文件 test.txt 的父目录是:" + f1.getParent( ));
            // 输出 text.txt 文件是否可读
```

```
            System.out.println("文件 test.txt 是可读的吗?" + f1.canRead( ));
            // 输出 text.txt 文件的长度
            System.out.println("文件 test.txt 的长度:" + f1.length( ) + "字节");
        }catch(IOException e){
            System.out.print(e.getMessage( ));
        }
    }
}
```

【运行结果】

在 e:\test\5 目录下自动创建了一个 test.txt 文件,然后在控制台输出如下内容:
文件 test.txt 存在吗?true
文件 test.txt 的父目录是:e:\test\5
文件 test.txt 是可读的吗?true
文件 test.txt 的长度:0 字节

提示:本程序在运行前,首先要保证 File 所指向的路径存在,否则创建文件不成功。

知识点三:文件操作

在流类的子类中,有专门用于对文件进行读写的类,如 FileReader、FileWriter、FileInputStream 和 FileOutputStream。前两个类是字符流的子类,后两个类是字节流的子类。

FileReader 类的常用构造方法如下。

(1) FileReader(File file):通过 file 对象创建 FileReader 对象。

(2) FileReader(String name):参数 name 为文件路径名。

FileWriter 类的常用构造方法如下。

(1) FileWriter(File file):通过 file 对象创建 FileWriter 对象。

(2) FileWriter(File file,Boolean append):通过 file 对象创建 FileWriter,append 为 true 或 false 表示是否在文件末尾追加。

(3) FileWriter(String name):参数 name 为文件路径名。

(4) FileWriter(String name,Boolean append):参数 name 为文件路径名,append 为 true 或 false 表示是否在文件末尾追加。

FileInputStream 类的常用构造方法如下。

(1) FileInputStream(File file):通过 file 对象创建 FileInputStream 对象。

(2) FileInputStream(String name):参数 name 为文件路径名。

FileOutputStream 类的常用构造方法如下。

(1) FileOutputStream(File file):通过 file 对象创建 FileOutputStream 对象。

(2) FileOutputStream(File file,Boolean append):通过 file 对象创建 FileWriter,append 为 true 或 false 表示是否在文件末尾追加。

(3) FileOutputStream(String name):参数 name 为文件路径名。

(4) FileOutputStream(String name, Boolean append): 参数 name 为文件路径名, append 为 true 或 false 表示是否在文件末尾追加。

这四个文件操作流的读写方法一般都是从父类继承过来的方法,所以这里不再赘述,读者可以参考表 4-1~表 4-4 中的方法。

【例 4.3】 使用 FileReader 读取文本文件。

```
import java.io.*;                                         // 导入输入输出包
public class FileReaderTest {
    public static void main(String args[]) throws IOException{
        FileReader fr = new FileReader("e:\\test.txt");   // 创建 FileReader 对象
        do{                                               // 循环读取文件中的字符数据
            System.out.println((char)fr.read( ));         // 读取一个字符并打印
        }while(fr.read( )! = -1);                         // 如果读到文件尾,则返回-1
        fr.close( );//关闭流
    }
}
```

【运行结果】
在控制台输出 e 盘下文本文件 test.txt 文件的内容。

知识点四:内存操作

一般输出和输入都是从文件中来的,也可以将传输的位置设置在内存中,此时就要使用 ByteArrayInputStream 和 ByteArrayOutputStream 来完成输入输出功能了。

ByteArrayInputStream 主要功能是将内容写入内存,ByteArrayOutputStream 主要功能是将内存中的数据输出,此时是以内存为操作点。这两个类的构造方法和常用方法如下。

1. 内存操作流的定义

ByteArrayInputStream 类的构造方法如下。
(1) ByteArrayInputStream(byte[] buf):buf 为输入缓冲区。
(2) ByteArrayInputStream(byte[] buf, int offset, int length):buf 为输入缓冲区,offset 为缓冲区中要读取的第一个字节的偏移量,length 为从缓冲区中读取的最大字节数。
ByteArrayOutputStream 类的构造方法如下。
(1) ByteArrayOutputStream( ):创建一个新的字节数组输出流,具有默认缓冲区大小。
(2) ByteArrayOutputStream(int size):创建一个新的字节数组输出流,它具有指定大小的缓冲区容量(以字节为单位)。

2. 内存操作流的常用方法

ByteArrayInputStream 和 ByteArrayOutputStream 类的常用方法如表 4-7 和表 4-8 所示。

表 4-7 ByteArrayInputStream 类的常用方法

返回值类型	方法名称	功能
int	read( )	从此输入流中读取下一个数据字节
int	read(byte[] b, int off, int len)	将最多 len 个数据字节从此输入流读入字节数组
void	close( )	关闭该流

表 4-8 ByteArrayOutputStream 类的常用方法

返回值类型	方法名称	功能
void	write(int b)	将指定的字节写入此字节数组输出流
void	write(byte[] b, int off, int len)	将指定字节数组中从偏移量 off 开始的 len 个字节写入此字节数组输出流
int	size( )	返回缓冲区的当前大小
String	toString( )	将缓冲区的内容转换为字符串

【例 4.4】 使用内存操作，将大写字母转换成小写字母。

```java
import java.io.ByteArrayInputStream;           // 导入内存输入流
import java.io.ByteArrayOutputStream;          // 导入内存输出流
import java.io.IOException;                    // 导入 IO 异常处理类
public class ByteArrayTest {
    public static void main(String[] args) throws Exception {
        String str = "YOURNAME";                // 定义字符串全部是大写
        ByteArrayInputStream bis = null;        // 内存输入流
        ByteArrayOutputStream bos = null;       // 内存输出流
        bis = new ByteArrayInputStream(str.getBytes( ));// 向内存中输入内容
        bos = new ByteArrayOutputStream( );     // 准备从内存中读取内容
        int temp = 0;
        while ((temp = bis.read( )) != -1) {    // 读取内容放到 temp 中
            char c = (char) temp;               // 将读取数字转换成字符
            bos.write(Character.toLowerCase(c));// 将字符变成小写
        }                 // 所有的数据都保存到 ByteArrayOutputStream 中
        String newStr = bos.toString( );        // 将 bos 中的数据转换为字符串
        System.out.println(newStr);
        bis.close( );                           // 关闭 bis 流
        bos.close( );                           // 关闭 bos 流
    }
}
```

【运行结果】

your name

知识点五：线程通信管道流

管道流是一种很特殊的流，可以用在不同的线程之间传输数据。一个线程发送数据到管道流，另一个线程从管道流中读出数据。管道流可以实现多线程之间的数据共享，实现多线程之间的通信。

Java 提供了两个处理管道流的类，分别是 PipedInputStream 和 PipedOutputStream。

PipedInputStream 代表了数据在管道中的输入端，也就是线程向管道读数据的一端；PipedOutputStream 代表了数据在管道中的输出端，也就是线程向管道写数据的一端。这两个类一起使用可以提供数据的管道流。为了创建一个管道流，必须先创建一个 PipedOutputStream 对象，然后再创建 PipedInputStream 对象。

1. 线程通信管道流定义

PipedInputStream 的构造方法如下所示。

（1）PipedInputStream（ ）：创建尚未连接的 PipedInputStream。

（2）PipedInputStream（PipedOutputStream src）：创建 PipedInputStream，以使其连接到传送输出流 src。

PipedOutputStream 的构造方法如下所示。

（1）PipedOutputStream（ ）：创建尚未连接到传送输入流的传送输出流。

（2）PipedOutputStream（PipedInputStream snk）：创建连接到输入流的传送输出流。

下面创建了线程通信管道流 pis 与 pos 的实例：

```
PipedInputStream pis = new PipedInputstream( );
PipedOutputStream pos = new PipedOutputStream(pis);
```

2. 线程通信管道流常用方法

一旦创建了一个管道后，就可以像操作文件一样对管道进行数据的读写，表 4-9 和表 4-10 列出了两个流的常用方法。

表 4-9 PipedInputStream 类的常用方法

返回值类型	方法名称	功　　能
int	read( )	读取此传送输入流中的下一个数据字节
int	read(byte[ ] b, int off, int len)	将最多 len 个数据字节从此传送输入流读入字节数组
void	receive(int b)	接收数据字节
void	connect（PipedOutputStream src）	使此传送输入流连接到传送输出流 src

表 4-10 PipedOutputStream 类的常用方法

返回值类型	方法名称	功　　能
void	write(int b)	将指定 byte 写入传送的输出流
void	write(byte[ ] b, int off, int len)	将 len 字节从指定的初始偏移量为 off 的字节数组写入该传送输出流
void	connect(PipedInputStream snk)	将此传送输出流连接到接收者
void	close( )	关闭该流

【例 4.5】 程序开启一个主线程 PipedStreamTest，主线程下开启两个子线程 Consumer、Procedure。在 consume 中，将数据"hello! welcome you!"写入管道流后，在 produce 中将管道流中的数据读出到控制台。

```java
import java.io.*;                                        // 导入输入输出包 io
public class PipedStreamTest {
    public static void main(String[] args) throws Exception {
        PipedInputStream pis = new PipedInputStream( );  // 构造管道输入流
        // 构造输出流并且连接输入流形成管道
        PipedOutputStream pos = new PipedOutputStream(pis);
        new Procedure(pos).start( );                     // Procedure 线程启动
        new Consumer(pis).start( );                      // Consumer 线程启动
    }
}
class Procedure extends Thread{                          // 线程管道输出流
    private PipedOutputStream pos;
    Procedure(PipedOutputStream pos) {                   // Procedure 类构造方法
        this.pos = pos;
    }
    public void run( ) {                                 // 线程类的 run( )方法
        try {pos.write("hello! welcome you!".getBytes( )); // 向管道流写入数据
        } catch (Exception e) {
            e.printStackTrace( );
        }
    }
}
class Consumer extends Thread {                          // 线程管道输入流
    private PipedInputStream pis;
    Consumer(PipedInputStream pis) {                     // Consumer 类构造方法
        this.pis = pis;
    }
    public void run( ) {
        try {byte[ ] buf = new byte[100];                // 定义一个字节数组 buf
```

```
            int len = pis.read(buf, 0, 100);          // 从管道读取数据,放在数组 buf 中
            System.out.println(new String(buf, 0, len));   // 输出数组 buf 中的内容
        } catch (Exception e) {
            e.printStackTrace( );
        }
    }
}
```

【运行结果】

hello! welcome you!

知识点六:打印流的应用

打印流用于将数据进行格式化输出,打印流在输出时会进行字符格式转换,默认使用操作系统的编码进行字符转换。该流定义了许多 print( )方法用于输出不同类型的数据,同时每个 print( )方法又定义了相应的 println( )方法,用于输出带换行符的数据。打印流分为字节打印流 PrintStream 和 PrintWriter 两种。

1. 打印流定义

PrintStream 类的常用构造方法:

(1) PrintStream(File file):创建指定文件且不带自动行刷新的新 PrintStream。

(2) PrintStream(String filename):创建指定文件名称且不带自动行刷新的新 PrintStream。

(3) PrintStream(File file,String csn):创建指定文件名称和字符集且不带自动行刷新的新 PrintStream。

(4) PrintStream(OutputStream out):使用 OutputStream 类型的对象创建 PrintStream。

PrintWriter 类的常用构造方法:

(1) PrintWriter(File file):创建指定文件且不带自动行刷新的新 PrintWriter。

(2) PrintWriter(String filename):创建指定文件名称且不带自动行刷新的新 PrintWriter。

(3) PrintWriter(File file,String csn):创建指定文件名称和字符集且不带自动行刷新的新 PrintWriter。

(4) PrintWriter(OutputStream out):使用 OutputStream 类型的对象创建 PrintWriter。

2. 打印流常用方法

PrintStream 类和 PrintWriter 类的常用方法相同,如表 4-11 所示。

表 4-11　PrintStream 类和 PrintWriter 类的常用方法

返回值类型	方法名称	功　　能
void	print(int i)	输出 int 类型数据
void	print(float f)	输出 float 类型数据
void	print(String s)	输出 String 类型数据
void	print(Object o)	输出 Object 类型数据
void	println(int i)	输出 int 类型数据及换行符

【例 4.6】 使用 PrintWriter 类写文本文件。

```
import java.io.*;                                      // 导入输入输出包 io
public class PrintWriterTest {
    public static void main(String args[]) throws IOException {
        FileWriter fw = new FileWriter("e:\\test.txt");   // 创建 FileWriter
        PrintWriter pw = new PrintWriter(fw);             // 创建 PrintWriter
        pw.print(true);                                   // 输出 boolean 类型数据
        pw.print(100);                                    // 输出 int 类型数据
        pw.println('a');                                  // 输出 char 类型数据
        pw.println("this is  a test");                    // 输出 String 类型数据
        pw.close( );                                      // 关闭 PrintWriter
    }
}
```

【运行结果】
在 e 盘的 test.txt 文件中写入了如图 4-7 所示的内容。

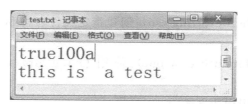

图 4-7　PrintWriterTest 运行结果

｜知识点七：缓冲区流类｜

当程序从外设读取或向外设写入文本或其他类型数据时，如果简单地通过 read( ) 方法或 write( ) 方法逐个字节或字符地处理数据，效率将会很低。缓冲流在内存中设置一个内部缓冲区，用来成批处理数据，可以大幅度提高程序读写效率。缓冲流类都是以 Buffered 字符开头，它们是处理字符的 BufferedReader 类和 BufferedWriter 类，以及处理字节的 BufferedInputStream 类与 BufferedOutputStream 类。

1. 缓冲流类定义

缓冲流典型构造方法有：

（1）BufferedReader(Reader in, int size)：缓冲区输入字符流。
（2）BufferedWriter(Writer out, int size)：缓冲区输出字符流。
（3）BufferedInputStream(InputStream in, int size)：缓冲区输入字节流。
（4）BufferedOutputStream(OutputStream out, int size)：缓冲区输出字节流。

其中参数 size 指定缓冲区大小，如果不设置 size，则使用默认大小的缓冲区。

2. 缓冲流类常用方法

在使用 BufferedOutputStream 进行输出时，数据首先写入缓冲区。当缓冲区满时，其中的数据写入所串接的输出流。用该类所提供的方法 flush( ) 可以强制将缓冲区的内容全部写入输出流。表4-12～表4-15列出了缓冲区字符流 BufferedReader、BufferedWriter 和缓冲区字节流 BufferedInputStream、BufferedOutputStream 四个类的常用方法。

表4-12 BufferedReader 类的常用方法

返回值类型	方法名称	功能
int	read( )	读取单个字符
int	read(char[ ] cbuf, int off, int len)	将字符读入数组的某一部分
String	readLine( )	读取一个文本行
long	skip(long n)	跳过 n 个字符
void	close( )	关闭该流

表4-13 BufferedWriter 类的常用方法

返回值类型	方法名称	功能
void	write(int c)	写入单个字符
void	write(char[ ] cbuf, int off, int len)	写入字符数组的某一部分
void	write(String s, int off, int len)	写入字符串的某一部分
void	newLine( )	写入一个行分隔符
void	flush( )	刷新该流的缓冲
void	close( )	关闭该流

表4-14 BufferedInputStream 类的常用方法

返回值类型	方法名称	功能
int	read( )	从输入流读取下一个数据字节
int	read(byte[ ] b, int off, int len)	在此字节输入流中从给定的偏移量开始将各字节读取到指定的 byte 数组中
void	close( )	关闭此输入流并释放与该流关联的所有系统资源

表 4-15　BufferedOutputStream 类的常用方法

返回值类型	方法名称	功　　能
void	void write(int b)	将指定的字节写入此缓冲的输出流
void	void write(byte[ ] b, int off, int len)	将指定 byte 数组中从偏移量 off 开始的 len 个字节写入此缓冲的输出流
void	flush( )	刷新此缓冲的输出流

【例 4.7】 从指定文件中读取数据，并存入另一个文件中。

```java
import java.io.*;                                    // 导入 io 包
public class BufferTest {
    public static void main(String[] args) {
        try {
            File file1, file2;                       // 定义 File 类的对象 file1,file2
            FileInputStream finStream;               // 定义 FileInputStream 类的对象 finStream
            FileOutputStream foutStream;             // 定义 FileOutputStream 类的对象 foutStream
            // 定义 InputStreamReader 类的对象 inStreamReader
            InputStreamReader inStreamReader;
            // 定义 OutputStreamWriter 类的对象 outStreamWriter
            OutputStreamWriter outStreamWriter;
            BufferedReader br;                       // 定义 BufferedReader 类的对象
            BufferedWriter wr;                       // 定义 BufferedWriter 类的对象
            file1 = new File("e:\\readme1.txt");     // 生成 file1 对象
            file2 = new File("e:\\readme2.txt");     // 生成 file2 对象
            finStream = new FileInputStream(file1);  // 利用 file1 生成 finStream 对象
            foutStream = new FileOutputStream(file2); // 生成 file2 生成 foutStream 对象
            // 利用 finStream 生成 br 对象
            br = new BufferedReader(new InputStreamReader(finStream));
            // 利用 foutStream 生成 wr 对象
            wr = new BufferedWriter(new OutputStreamWriter(foutStream));
            String str = null;
            System.out.println("读写开始……");
            while ((str = br.readLine()) != null) {  // 从缓冲流中读取数据并判断
                str = str + "\r\n";                  // 在写入前每行尾加入回车与换行
                wr.write(str, 0, str.length());      // 写入输出缓冲流中
                wr.flush();                          // 刷新输出流缓冲区
            }
        } catch (FileNotFoundException e) {          // 捕获文件未找到异常
            e.printStackTrace();
        }
        catch (IOException e) {                      // 捕获输入输出异常
```

```
            e.printStackTrace( );
        }
    }
}
```

【运行结果】

在 e 盘 readme1.txt 文件中随意输入内容,运行程序后,在控制台提示内容"读写开始",此时打开 e 盘 reamdme2.txt 文件,可以看到写入了与 readme1.txt 一样的字符。

知识点八:流链

在实际应用中,利用各种流的特点,将多个流套接在一起,形成一个流链。程序通过输入流链读取数据源点数据,通过输出流链向数据终点写数据。这里的数据源点和数据终点一般指文件或内存。下面介绍输入流链模型和输出流链模型。

1. 输入流链

下面有 3 种型号的输入管道(每种管道代表一种流):1 号(FileInputStream)、2 号(BufferedInputStream)和 3 号(DataInputStream)。将它们进行管道套接,可以组成 4 种输入流链。可以选择其中任意一种流链,从数据源点读取数据。

输入流管道模型如图 4-8 所示。

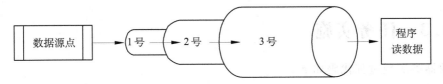

FileInputStream BufferedInputStream DataInputStream

图 4-8　输入流管道模型

四种输入流链如下。

第一种流链是仅由 1 号(FileInputStream)构成的流,程序通过 FileInputStream 对象读数据。

第二种流链是由 1 号(FileInputStream)和 2 号(BufferedInputStream)套接构成的流。程序通过 BufferedInputStream 对象读数据。

第三种流链是由 1 号(FileInputStream)、2 号(BufferedInputStream)和 3 号(DataInputStream)套接构成的流。程序通过 DataInputStream 对象读数据。

第四种流链是由 1 号(FileInputStream)和 3 号(DataInputStream)套接构成的流。程序通过 DataInputStream 对象读数据。

2. 输出流链

下面有 3 种型号的输出管道(每种管道代表一种流):1 号(FileOutputStream)、2 号(BufferedOutputStream)和 3 号(DataOutputStream)。将它们进行管道套接,可以组成 4 种

输出流链。我们可以选择其中任意一种流链,向数据终点写数据。

输出流管道模型如图 4-9 所示。

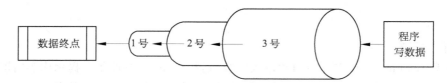

图 4-9　输出流管道模型

四种输出流链如下。

第一种流链是仅由 1 号(FileOutputStream)构成的流。程序通过 FileOutputStream 对象向数据终点写数据。

第二种流链是由 1 号(FileOutputStream)和 2 号(BufferedOutputStream)套接构成的流。程序通过 BufferedOutputStream 对象向数据终点写数据。

第三种流链是由 1 号(FileOutputStream)、2 号(BufferedOutputStream)和 3 号(DataOutputStream)套接构成的流。程序通过 DataOutputStream 对象向数据终点写数据。

第四种流链是由 1 号(FileOutputStream)和 3 号(DataOutputStream)套接构成的流。程序通过 DataOutputStream 对象向数据终点写数据。

▶4.1.3　任务实施

计数器类实现过程代码如下。

```java
import java.io.*;                                          // 导入输入输出包
public class Number {
    public static void main(String args[]){
        String dir = "e:\\a.txt";                          // 定义存放计数器的记事本文件的路径
        // 定义一个文件类型的对象,下面将要用些对象进行一些文件操作
        File f = new File(dir);
        BufferedReader br = null;                          // 定义一个缓存字符输入流
        BufferedWriter bw = null;                          // 定义一个缓存字符输出流
        if(!f.exists(  )){                                 // 判断文件类对象 f 所指向的文件如果不存在
            try{
                f.createNewFile(  );                       // 在指定的路径创建 f 对象
                // 用对象 f 生成缓存字符输出流
                bw = new BufferedWriter(new FileWriter(f));
                // 在 f 对象所指向的记事本文件 a.txt 中写入计数器初始值 0
                bw.write("0");
```

```
            bw.close( );                              //关闭输出流
        }catch(IOException e ){
            System.out.print(e.getMessage( ));
        }
    }
    else{                                //判断文件类对象 f 所指向的文件如果存在
    try{
        //用对象 f 生成缓存字符输入流
        br = new BufferedReader(new FileReader(f)) ;
        //读取计数器中的数字,再将其转换为整型数据
        int n = Integer.parseInt(br.readLine( ));
        n = n + 1;                                    //计数器加 1
        //用对象 f 生成缓存字符输出流
        bw = new BufferedWriter(new FileWriter(f));
        //利用输出流 bw 将加 1 后的数值写入记事本文件
        bw.write(new Integer(n).toString( ));
        br.close( );                                  //关闭输入流
        bw.close( );                                  //关闭输出流
        }catch(Exception e){
            System.out.print(e.getMessage( ));
        }
    }
  }
}
```

【运行结果】

第一次运行该程序,会在 E 盘根目录下创建一个记事本文件 a.txt,并在其中写入计数器的初始值 0,如图 4-10(a)所示。当多次执行该文件时,记事本中的数值就会相应增加,实现计数器的功能,如图 4-10(b)所示。

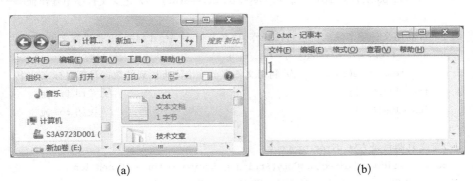

图 4-10 计数器运行结果

4.1.4 技能提高

目录复制,将一个目录下的所有内容(含子目录)全部复制到另一个目录下,这是一个递归问题。

```java
import java.io.*;
public class CopyDirectory {
    public static void main(String args[]) throws Exception {
        if (args.length != 2) {                            // 判断提供给主函数的参数如果不是 2 个
            System.out.println("提供:CopyDirectory 源文件或目录,目标文件或目录");
            System.exit(-1);                                                    // 退出程序
        }
        File f = new File(args[0]);                        // 利用第 1 个参数生成 f 对象
        File d = new File(args[1]);                        // 利用第 2 个参数生成 d 对象
        if (!f.exists( )){                                 // 如果源文件或源目录不存在
            System.out.println("源文件或源目录不存在");
            System.exit( - 1);
        }
        // 如果源是目录,目标目录不存在或者是文件
        if (f.isDirectory( ) && (!d.exists( ) || d.isFile( ))) {
            System.out.println("目标文件或目标目录非法");
            System.exit( - 1);
        }
        //执行 directoryCopy 方法进行文件或目录的复制
        directoryCopy(args[0], args[1]);
    }
    public static void fileCopy(File sf, File df) throws Exception{    // 定义复制文件的方法
        FileInputStream fis = new FileInputStream(sf);      // 定义文件字节输入流
        FileOutputStream fos = new FileOutputStream(df);   // 定义文件字节输出流
        int ch;
        //利用文件字节输入流进行读操作,放在变量 ch 中,并判断 ch 是否到文件尾
        while ((ch = fis.read( )) != - 1)
            fos.write(ch);         // 利用文件字节输出流将读到的数据写到目标文件中
        fis.close( );                                                // 关闭 fis 流
        fos.close( );                                                // 关闭 fos 流
    }
    //定义复制目录方法 directoryCopy
    public static void directoryCopy(String s, String d) throws Exception {
        // 获得 File(s)抽象路径名的规范形式,并生成新对象 sf
        File sf = new File(s).getCanonicalFile( );
```

```
            //获得File(d)抽象路径名的规范形式,并生成新对象 df
            File df = new File(d).getCanonicalFile( );
            if (sf.isFile( )){                                  // 如果源 sf 为文件
                fileCopy(sf, df);                               // 执行文件复制方法 fileCopy( )
            } else{                                             // 如果源 sf 为目录
                String[] lists = sf.list( );    // 列出所有的目录并存放在字符串数组 lists 中
                //得到 sf 对象的抽象路径名的绝对路径名字符串
                String sPath = sf.getAbsolutePath( );
                //得到 df 对象的抽象路径名的绝对路径名字符串
                String dPath = df.getAbsolutePath( );
                File sFile, dFile;
                for (int i = 0; i < lists.length; i++){   //利用循环递归的执行复制文件或目录
                    System.out.println(sPath + "下" + lists[i]);
                    sFile = new File(sPath, lists[i]);       //利用源生成新对象 sFile
                    dFile = new File(dPath, lists[i]);       //利用目标生成新对象 dFile
                    if (sFile.isFile( ))// 如果源为文件
                        fileCopy(sFile, dFile);              // 则执行文件复制方法 fileCopy
                    else{                                    //如果源为目录
                        dFile.mkdir( );                      // 生成目录
                        // 执行目录复制方法 directoryCopy
                        directoryCopy(sFile.getAbsolutePath( ), dFile.getAbsolutePath( ));
                    }
                }
            }
        }
    }
}
```

【运行结果】

假设提供给主函数的两个参数为 e:\a(此文件夹中含有一个文件夹 b 和一个记事本文件 a.txt)和 f:\a,则运行程序后会将 e:\a 目录下的所有目录和文件全部复制到 f:\a 中。注意目标 f:\a 目录必须是已经存在的。

任务4.2　数据库编程

在现代的程序开发中,大量的开发工作都是基于数据库的,使用数据库可以方便地实现数据存储和查找。本任务将讲解 Java 的数据库操作技术——JDBC。同时以 MySQL 数据库为例,进一步介绍使用 JDBC 编写数据库应用程序的步骤和基本方法,为用 Java 进行数据库应用系统开发奠定基础。

▶ 4.2.1 任务内容

利用 Java 面向对象编程基础和图形界面设计结合数据库知识实现一个学生登录程序，利用学生的学号和姓名，对 MySQL 数据库进行查询操作。如果查询到此学生，则弹出登录成功对话框，否则弹出登录失败对话框。操作步骤如下。

(1) 安装与配置 MySQL 数据库，在 MySQL 中创建 xsgl 数据库，在数据库中创建 student 表，在表中录入数据。

(2) 将数据库驱动文件复制到 JDK 安装目录下的 lib 文件夹中，配置 Eclipse 中的 JDK。

(3) 将数据库驱动文件导入类库中，编写数据库连接类 DBConnection 和界面类 Login 并进行事件处理。

▶ 4.2.2 相关知识

┃知识点一：MySQL 数据库安装配置┃

1. MySQL 数据库的下载

MySQL 数据库在一些大的项目开发上受到很多人的青睐，这里我们就来介绍 MySQL 数据库的安装。首先可以到官方网站 http://dev.mysql.com/downloadsiustaller 下载数据库。

(1) 选择版本：在地址栏中输入上面的网址，进入下载的页面，可以选择想要下载的版本，或者直接选择当前最新版本进行下载。如图 4-11 所示，这里直接选择当前版本 8.0.13。进入图 4-12 所示界面，单击页面中第二个 Download 按钮进行下载。

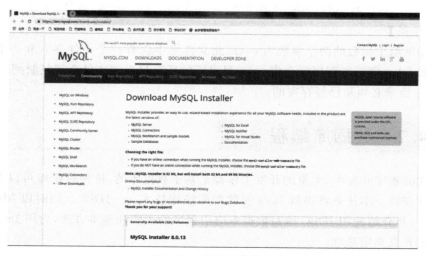

图 4-11 选择安装平台

图 4-12 选择要下载的 MySQL 软件

（2）输入账户信息：进入图 4-13 所示页面，第一个按钮表示利用账号登录；第二个按钮表示跳过，这里单击第一个按钮，然后进入如图 4-14 所示的输入账户信息页面。输入完信息后，单击"创建"按钮。

图 4-13 选择创建账户

图 4-14 创建一个账户

此时进入刚才注册信息里输入的邮箱中,单击链接地址,激活账户后,单击"继续"按钮,输入账户名和密码进行登录,如图 4-15 所示。

图 4-15　登入账户

(3) 下载:单击"登录"按钮后,进入如图 4-16 所示的页面,单击 Download Now 按钮进行下载。

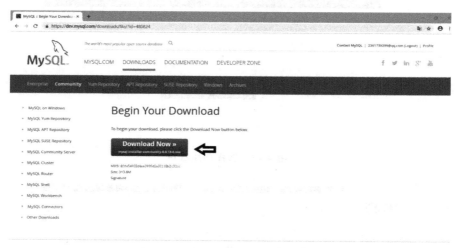

图 4-16　单击 Download Now 按钮

2. MySQL 8.0.13 的安装与配置

(1) 安装 MySQL 数据库

① 下载之后得到软件 mysql-installer-community-8.0.13.0.msi,双击运行该文件。

② 运行成功之后进入欢迎界面,如图 4-17 所示,勾选 I accept the license terms 复选框,不然无法进行下一步,单击 Next 按钮。

③ 进入类型选择页面,选择 developer default 开发者默认选项,安装 MySQL 开发所需的所有产品,单击 Next 按钮。

④ 进入 Path Conflicts 页面,如果之前有安装过 MySQL 软件,这里就会出现警告,提示默认路径已经存在,是否需要修改路径,如果不修改则使用默认选项,单击 Next 按钮。如果修改则可以选择自己指定的路径。如果之前没有安装过,直接跳到下一步。

⑤ 进入 Check Requirements 页面,不需要勾选,直接单击 Next 按钮,后期如果需要,可以进行手动配置。安装程序出现了提示,如图 4-18 所示(一个或者多产品要求没有得到满足,那些符合要求的产品将不会安装/升级,你想要继续吗),这里选择"是"。

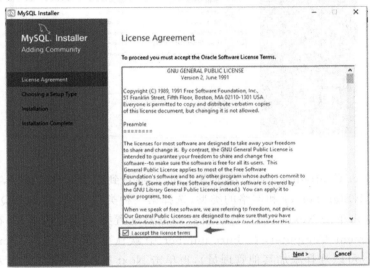

图 4-17 运行安装程序

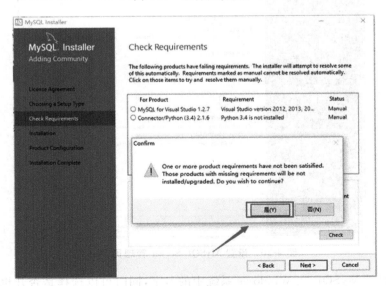

图 4-18 选择组件

⑥ 在 Installation 安装页面,能够看到接下来所需要安装的程序,单击 Execute 按钮进行安装,程序安装完成后,单击 Next 按钮,如图 4-19 所示。

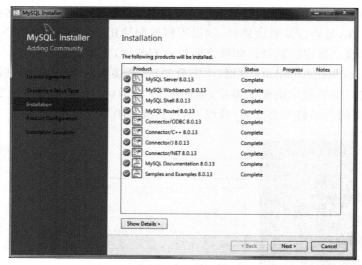

图 4-19　安装成功

⑦ 在 Product Configutration 产品配置页面,能够看到需要配置的程序,直接单击 Next 按钮。先配置 MySQL Server 和网络的类型,选择第一种类型(独立的 MySQL 服务器/经典的 MySQL 复制),单击 Next 按钮。然后设置服务器配置类型及连接端口,在 Config Type 中选择 Development Computer,在 Port number 中默认为 3306,单击 Next 按钮。设置 MySQL 密码后(可以选择添加其他管理员),再单击 Next 按钮,如图 4-20 所示。

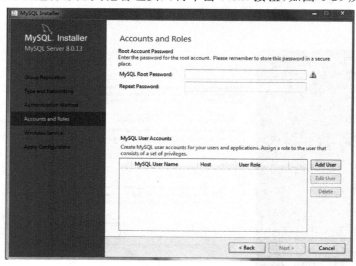

图 4-20　设置 MySQL Server 管理员密码

⑧ 随后配置 MySQL 在 Windows 系统中的名字,同时可以选择是否开机启动 MySQL 服务,其他没有进行修改,单击 Next 按钮,如图 4-21 所示。最后在 Apply Configuration 应

用配置页面,选择 Execute 进行安装配置,安装完成后出现图 4-22 所示界面即为成功安装。单击 Finish 按钮后回到了 Product Configutration 产品配置页面,此时可以看到 MySQL Server 安装配置成功的显示。接下来继续进行 MySQL 其他的配置环节。

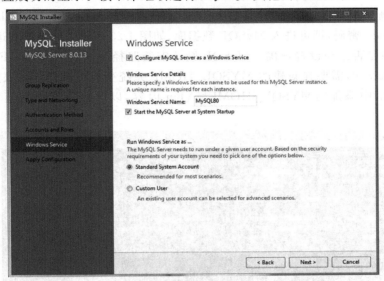

图 4-21　设置 Windows Service 项目

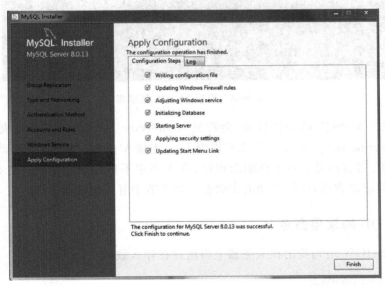

图 4-22　设置 Apply Configuration 项目

(2) 配置 MySQL Router 和 Samples and Examples 8.0.13

① 配置 MySQL Router 页面中,注意 MySQL 默认端口号为"3306",一般不用更改。单击 Next 按钮后,如果此端口被占用,则需要修改此端口号。同时需要输入 MySQL 数据库默认用户 root 和密码。

② 配置 Samples and Examples 8.0.13 页面中，需要输入 MySQL 数据库默认用户 root 和密码，点击 Check 按钮，提示所有链接测试成功，则表示已经成功链接，单击 Next 按钮。随后执行至完成。至此 MySQL 数据库完全安装与配置成功。

③ 安装配置完成后，在"开始"菜单中单击 MySQL8.0 Command Line Client，在出现的窗口中输入 root 密码，即可进入 MySQL 数据库，如图 4-23 所示。如果没有运行成功，则要考虑环境变量是否已经设置正确。MySQL 默认安装路径是：C:\Program Files\MySQL\MySQL Server8.0，需要在新建的 MYSQL_HOME 系统变量中设置该默认路径。同时在 Path 环境变量中添加％MYSQL_HOME％\bin 内容，以保证能够成功运行 MySQL 数据库。

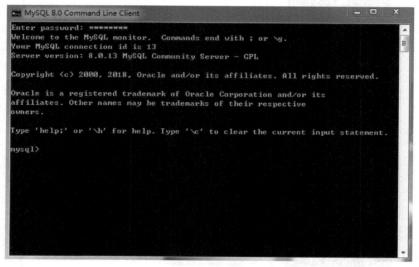

图 4-23　运行 MySQL 数据库

安装后进入 MySQL 的安装目录，会看见"Connector J 8.0.13.0"文件夹，打开此文件夹，"MySQL-connector-java-8.0.13.jar"即为 Java 连接 MySQL 数据库的驱动。另外，读者可以在 MySQL 官方网站单独下载驱动程序，在本书中不再详细介绍。在进行数据库连接前，应该先安装驱动程序，安装驱动的步骤在 4.2.3 节中有详细说明。

3. MySQL 的常用命令

(1) 使用 SHOW 语句找出在服务器上当前存在什么数据库：

mysql> SHOW DATABASES;

(2) 创建一个数据库 MYSQLDATA：

mysql> CREATE DATABASE MYSQLDATA;

(3) 选择你所创建的数据库：

mysql> USE MYSQLDATA;(按 Enter 键出现 Database changed 时说明操作成功)

(4)查看现在的数据库中存在什么表:

mysql> SHOW TABLES;

(5)创建一个数据库表:

mysql> CREATE TABLE MYTABLE (name VARCHAR(20), sex CHAR(1));

(6)显示表的结构:

mysql> DESCRIBE MYTABLE;

(7)向表中加入记录:

mysql> insert into MYTABLE values ("hyq","M");

(8)用文本方式将数据装入数据库表中(如 D:/mysql.txt):

mysql> LOAD DATA LOCAL INFILE "D:/mysql.txt" INTO TABLE MYTABLE;

(9)导入.sql文件命令(如 D:/mysql.sql):

mysql> use database;
mysql> source d:/mysql.sql;

(10)删除表:

mysql> drop TABLE MYTABLE;

(11)清空表:

mysql> delete from MYTABLE;

(12)更新表中数据:

mysql> update MYTABLE set sex = "f" where name = 'hyq';

另外,还有很多 MySQL 命令,这里不再介绍,读者可以参考其他资料。

知识点二:JDBC 概述

JDBC 是 Java 数据库连接(Java Database Connectivity)技术的简称,其使得 Java 程序能够无缝连接各种常用的数据库。在出现 JDBC 之前,更早使用的是 ODBC。ODBC(Open Database Connectivity)是开放数据库互连的简称,它建立了一组规范,并提供了一组对数据库访问的标准 API。基于 ODBC 的应用程序对数据库的操作不依赖任何数据库系统,所有的数据操作由对应的数据库系统的 ODBC 驱动程序完成。JDBC 正是在 ODBC 的基础上,提供了 Java 语言与数据库的无缝连接。JDBC 除了具有数据库独立性外,更具有平台无关性,因而对 Internet 上异构数据库的访问提供了很好的支持。

1. JDBC 的工作机制

结构化查询语言(Structure Query Language,SQL)是一种标准化的关系型数据库访问语言。在 SQL 看来，数据库就是表的集合，其中包含了行和列。JDBC 定义了 Java 语言同 SQL 数据之间的程序设计接口。

使用 JDBC 来完成对数据库访问的主要组件包括：Java 应用程序、JDBC 驱动器管理器、驱动器和数据源。Java 应用程序要想访问数据库只需调用 JDBC 驱动管理器，由驱动管理器负责加载具体的数据库驱动。数据库驱动是本地数据库管理系统 DBMS 的访问接口，封装了最底层的对数据库的访问。

JDBC 为 Java 程序提供了一个统一且无缝地操作各种数据库的接口。程序员编程时，可以不关心它所要操作的数据库是哪个厂家的产品，从而提高了软件的通用性。只要系统上安装了正确的驱动器，JDBC 应用程序就可以访问其相关的数据库。

2. JDBC API

JDBC 向应用程序开发者提供了独立于数据库的统一的 API。这个 API 提供了编写的标准和考虑所有不同应用程序设计的标准，其原理是一组由驱动程序实现的 Java 接口。

JDBC 的 API 主要由 java.sql 包提供。java.sql 包定义了一些操作数据库的接口，这些接口封装了访问数据库的具体方法。其中，Connection 类表示数据库连接，包含了处理数据库连接的有关方法；Statement 类提供了执行数据库具体操作的方法；ResultSet 类表示结果集，可以提取有关数据库操作结果的信息。表 4-16 列出了 JDBC API 中常用的类和接口。

表 4-16 JDBC API 包中定义的类和接口

类或接口名称	作　用
java.sql.Driver	定义一个数据库驱动程序的接口
java.sql.DriverManager	用于管理 JDBC 驱动程序
java.sql.Connection	用于与特定数据库的连接
java.sql.Statement	Statement 的对象用于执行 SQL 语句并返回执行结果
java.sql.PreparedStatement	创建一个可以预编译的 SQL 对象
java.sql.ResultSet	用于创建表示 SQL 查询结果的结果集
java.sql.CallableStatement	用于执行 SQL 存储过程
java.sql.DatabaseMetaData	用于取得与数据库相关的信息如数据库、驱动程序、版本等
java.sql.SQLException	处理访问数据库产生的异常

在设计应用程序时，主要使用 DriverManager、Connection、Statement、PreparedStatement、ResultSet 几类。它们之间的关系是：通过 DriverManager 类的相关方法能够建立同数据库的连接，建立连接后返回一个 Connection 类的对象，再通过连接类的对象创建 Statement 或 PreparedStatement 的对象，最后用 Statement 或 PreparedStatement 的相关方法执行 SQL 语句得到 ResultSet 的对象。该对象包含了 SQL 语句的检索结果，通过这个检索结果可以得到数据库中的数据。

表 4-17～表 4-19 列出了 JDBC API 中相关类的常用方法。

（1）Connection 类是用来表示连接的对象，对数据库的一切操作都是在这个连接的基础上进行的。

表 4-17　Connection 类的主要方法

返回值	方法名称	作　用
Statement	createStatement( )	创建 Statement 对象来将 SQL 语句发送到数据库
Statement	createStatement(int resultSetType, int resultSetConcurrency)	创建一个 Statement 对象，该对象将生成具有给定类型和并发性的 ResultSet。 resultSetType 为结果集类型，它是 ResultSet. TYPE_FORWARD_ONLY、ResultSet. TYPE_SCROLL_INSENSITIVE、ResultSet. TYPE_SCROLL_SENSITIVE 之一。 resultSetConcurrency 为并发类型，它是 ResultSet. CONCUR_READ_ONLY、ResultSet. CONCUR_UPDATABLE 之一
PreparedStatement	preparedStatement(String sql)	创建一个 PreparedStatement 对象来将参数化的 SQL 语句发送到数据库
void	close( )	立即释放此 Connection 对象的数据库和 JDBC 资源，而不是等待它们被自动释放

（2）Statement 类用于在已建立的连接的基础上向数据库发送 SQL 语句的对象。它只是一个接口的定义，其中包括了执行 SQL 语句和获取返回结果的方法。

表 4-18　Statement 类的主要方法

返回值	方法名称	作　用
ResultSet	executeQuery(String sql)	执行给定的 SQL 语句，该语句返回单个 ResultSet 对象，一般用于执行 select 语句
int	executeUpdate(String sql)	用于执行 insert、update、delete、createtable、drop table 等语句，返回值是一个整数，表示它执行的 SQL 语句所影响的数据库中的表的行数
void	close( )	立即释放此 Statement 对象的数据库和 JDBC 资源，而不是等待该对象自动关闭时发生此操作

（3）ResultSet 类用来暂时存放数据库查询操作获得的结果。它包括了符合 SQL 语句中条件的所有行，并且它提供了一套 get 方法对这些行中的数据进行访问。

表 4-19　ResultSet 类的主要方法

返回值	方法名称	作用
boolean	next( )	将指针从当前位置下移一行
boolean	previous( )	将指针移动到此 ResultSet 对象的上一行
boolean	first( )	将指针移动到此 ResultSet 对象的第一行
void	beforeFirst( )	将指针移动到此 ResultSet 对象的开头,位于第一行之前
boolean	last( )	将指针移动到此 ResultSet 对象的最后一行
void	afterLast( )	将指针移动到此 ResultSet 对象的末尾,位于最后一行之后
boolean	absolute(int row)	将指针移动到此 ResultSet 对象的给定行编号
boolean	isFirst( )/isLast( )/isBeforeFirst ( )/isAfterLast( )	检索指针是否位于此记录集的第一行/最后一行/第一行之前/最后一行之后
String	getString(int columnName)	以 Java 编程语言中 String 的形式检索此 ResultSet 对象的当前行中指定列的值,方法中的参数为数据表中字段名的编号,第 1 个字段为 1,第 2 个字段为 2,依此类推
String	getString（String columnName）	以 Java 编程语言中 String 的形式检索此 ResultSet 对象的当前行中指定列的值,方法中的参数为数据表中的字段名
int	getRow( )	检索当前行编号

知识点三:JDBC 连接数据库

使用 JDBC 访问数据库通常包括如下基本步骤。

(1) 安装 JDBC 驱动。安装 JDBC 驱动是访问数据库的第一步,只有正确安装了驱动才能进行其他数据库操作。具体安装时,根据需要选择数据库,加载相应的数据库驱动程序。

(2) 连接数据库。安装数据库驱动后,即可建立数据库连接。只有建立了数据库连接,才能对数据库进行具体操作,执行 SQL 指令等。连接数据库首先需要定义数据库连接 URL,根据 URL 提供的连接信息建立数据库连接。

(3) 处理结果集。完成数据库的具体操作后,可能还需要处理其执行结果。对于查询操作而言,返回的查询结果可能为多条记录。JDBC 的 API 提供了具体的方法对结果集进行处理。

(4) 关闭数据库连接。对数据库访问完毕后,需要关闭数据库连接,释放相应的资源。

1. 驱动程序分类

数据库驱动是负责与具体的数据库进行交互的软件。使用 JDBC API 来操作数据,要根据具体的数据库类型加载不同的 JDBC 驱动程序。下面分别从驱动程序分类和加载方法两个方面来介绍。

(1) JDBC 驱动程序分类

Java 程序的 JDBC 驱动类型可以分为如下四种。

① JDBC-ODBC 桥驱动程序：JDBC-ODBC 桥驱动实际是把所有的 JDBC 调用传递给 ODBC，再由 ODBC 调用本地数据库驱动代码。使用 JDBC-ODBC 桥访问数据库服务器，需要在本地安装 ODBC 类库、驱动程序及其他辅助文件。

② 本地机代码和 Java 驱动程序：本地机代码和 Java 驱动使用 Java（Java Native Interface）向数据库 API 发送指令，从而取代 ODBC 和 JDBC-ODBC 桥。

③ JDBC 网络的纯 Java 驱动程序：这种驱动是纯 Java 驱动程序，通过专门的网络协议与数据库服务器上的 JDBC 中介程序通信。中介程序将网络协议指令转换为数据库指令。这种方式比较灵活，不要求在访问数据库的 Java 程序所在本地端安装目标数据库的类库，程序可通过网络协议与不同数据库通信。

④ 本地协议 Java 驱动程序：它是完全由 Java 实现的一种驱动，直接把 JDBC 调用转换为由 DBMS 使用的内部协议。这种驱动程序允许从客户机直接对 DBMS 服务器进行调用。

目前，用得最多的是本地协议 Java 驱动程序。该方式执行效率较高，对于不同的数据库只需下载不同的驱动程序即可。

(2) 加载 JDBC 驱动

选定了合适的驱动程序类型以后，在连接数据库之前需要加载 JDBC 驱动。Java 语言提供了两种形式的 JDBC 驱动加载方式，一种是使用 DriverManager 类加载，但是由于这种方式驱动需要持久的预设环境，所以不被经常使用，另一种是调用 Class.forName（　）方法进行显示的加载，该种方式加载驱动的语法格式为：Class.forName（String DriverName）。其中，参数 DriverName 为字符串类型的待加载的驱动名称，连接不同的数据库需要使用不同的数据驱动名称。

表 4-20 是各种不同的数据库的驱动程序的名称，其中驱动程序文件可以到官网下载。

表 4-20　驱动程序的名称

数据库名称	驱动程序名称
MySQL 数据库	org.git.mm.mysql.Driver 或者 com.mysql.jdbc.Driver
Oracle 数据库	oracle.jdbc.driver.OracleDriver
SQL Server	com.microsoft.jdbc.sqlserver.sqlServerDriver
Access 数据库	sun.jdbc.odbc.JdbcOdbcDriver

2. 连接数据库

要进行各种数据库操作，首先需要连接数据库。在 Java 语言中，使用 JDBC 连接数据库包括定义数据库连接 URL 和建立数据连接。

(1) 定义数据库连接 URL

这里所说的 URL 不是一般意义的 URL。通常所说的 URL 是统一资源定位符（Uniform Resource Locator）的简称，用于表示 Internet 上的某一资源。而 JDBC 中的 URL 则是提供了一种标识数据库的方法，可以使相应的驱动程序能识别该数据库并与之建立连接。

由于 JDBC 提供了连接各种数据库的多种方式，所以定义的 URL 形式也各不相同。通常，数据库连接 URL 的语法格式为：jdbc：＜子协议＞：＜子名称＞。其中，通常以"jdbc"作为协议开头。参数"子协议"为驱动程序名或连接机制等，如"odbc"。参数"子名称"为数据库名称标识。表 4-21 列出了连接不同数据库的 URL 名称。

表 4-21　不同数据库的 URL

数据库名称	连接数据库 URL
MySQL 数据库	jdbc：mysql：//localhost：3306/MyDB，其中 MyDB 是用户建立的 MySQL 数据库
Oracle 数据库	jdbc：oracle：thin@localhost：1521：sid
SQL Server	jdbc：microsoft：sqlserver：//localhost：1433；DatabaseName＝MyDB
Access 数据库	jdbc：odbc：datasource，其中 datasource 为 ODBC 数据源名称

连接 MySQL 数据库 URL 中 3306 为 MySQL 数据库的端口号，MyDB 为数据库的名称。

(2) 建立数据连接

定义了数据库连接的 URL 之后，即可进行数据库连接。数据库驱动管理类 DriverManager 中定义了几个重载的 getConnection(　) 方法用于建立数据库连接，如下所示。

① getConnection(String url)：使用指定的 url 建立连接。

② getConnection(String url, Properties info)：使用指定的 url 及属性 info 建立连接。

③ getConnection(String url, String user, String password)：使用指定的 url、用户名 user、密码 password 建立连接。

【例 4.8】　建立 MySQL 数据库连接。

```
import java.sql.Connection;
import java.sql.DriverManager;
public class ConnectionTest {
    public static void main(String args[]) throws Exception {
        Class.forName("org.git.mm.mysql.Driver");                    // 加载驱动
        String url = "jdbc:mysql://localhost:3306/xsgl";              // 定义数据库连接 URL
        Connection con = DriverManager.getConnection(url, "root", "123");  // 建立连接
    }
}
```

【运行结果】

如果控制台没有输出任何异常,则说明连接数据库成功,否则数据库连接失败。

(3) 关闭数据库连接

在程序开发过程中使用的数据库连接对象要正确关闭,以免占用系统资源。在关闭对象时注意关闭的顺序,先创建的数据库对象要后关闭,所有的对象关闭都是调用 close( )方法。

知识点四:事务处理

事务是数据库中的重要概念,一个事务中的所有操作具有原子性,要么全做,要么全不做。事务也是维护数据一致性的重要机制。JDBC 的 Connection 接口定义了一些与事务处理有关的方法,具体如下所示。

(1) void commit( ):使自从上一次提交/回滚以来进行的所有更改成为持久更改,并释放 Connection 对象当前保存的所有数据库锁定。

(2) boolean getAutoCommit( ):检索此 Connection 对象的当前自动提交模式。

(3) boolean isClosed( ):检索此 Connection 对象是否已经被关闭。

(4) void releaseSavepoint(Savepoint savepoint):从当前事务中移除给定 savepoint 对象。

(5) void rollback( ):取消在当前事务中进行的所有更改,并释放此 Connection 对象当前保存的所有数据库锁定。

(6) void setAutoCommit(boolean autoCommit):此连接的自动提交模式设置为给定状态。

(7) Savepoint setSavepoint( ):在当前事务中创建一个未命名的保存点(savepoint),并返回表示它的新 Savepoint 对象。

(8) Savepoint setSavepoint(String name):在当前事务中创建一个具有给定名称的保存点,并返回表示它的新 Savepoint 对象。

(9) void setTransactionIsolation(int level):试图将此 Connection 对象的事务隔离级别更改为给定的级别。

【例 4.9】 使用 JDBC 进行事务处理。

```
import java.sql.Connection;
import java.sql.DriverManager;
import java.sql.Statement;
public class CommitTest {
    public static void main(String args[]) throws Exception {
        Class.forName("org.git.mm.mysql.Driver");                    // 加载驱动
        String url = "jdbc:mysql://localhost:3306/xsgl";              // 定义数据库连接 URL
        Connection con = DriverManager.getConnection(url, "root", "123");   // 建立连接
        con.setAutoCommit(false);                                     // 设置为非自动提交
```

```
    // 执行两条 SQL 语句,作为一个事务
    Statement st = con.createStatement( );              // 创建 Statement
    String sqlA = "insert into A(stuno,name) values('lnjd12301','Marry')";
    String sqlB = "insert into B(stuno,name,math) values('lnjd12302','Bush',99.0)";
    int rsA = st.executeUpdate(sqlA);
    int rsB = st.executeUpdate(sqlB);
    if (rsA == 1 && rsB == 1)
        con.commit( );                    // 两条 SQL 语句执行都成功时提交
    else {
        con.rollback( );                  // 如果不是两条 SQL 语句执行都成功,则回滚
    }
  }
}
```

【程序分析】

"分别向 A 表和 B 表插入一条数据"操作作为事务功能,程序建立数据库连接后,首先调用 setAutoCommit( )方法将连接设置为非自动提交。然后定义两条 SQL 语句,分别向 A 表和 B 表插入一条数据并执行。最后判断执行结果,只有当两条 SQL 语句执行都成功时提交,否则回滚。

▶ 4.2.3 任务实施

1. 创建 xsgl 数据库、student 数据表

本任务需要创建的数据表结构如表 4-22 所示。

表 4-22 student 表结构

字段名称	类型	说明
id	int	长度为 11、自动递增、不可为空、主键
stuno	Char	长度为 10、不可为空
name	Char	长度为 10、不可为空
math	Float	长度为 10、默认值为 0.0、可以为空
english	Float	长度为 10、默认值为 0.0、可以为空
computer	Float	长度为 10、默认值为 0.0、可以为空

使用命令创建数据库与数据表。

(1) 创建 xsgl 数据库:create database xsgl;

(2) 选择 xsgl 数据库:use xsgl;

(3) 创建 student 数据表:create table student[id int(11) auto_increment not null primary key,stuno char(10) not null,name char(10) not null,math float(10) default 0.0,english float(10) default 0.0,computer float(10) default 0.0];

(4) 向表中加入记录:insert into student(stuno,name,math,english,computer) values ('lnjd12300','王颖',87.6,90.0,85.5)。

2. 安装 Java 连接 MySQL 数据库的驱动

首先将前面下载的 mysql-connector-java.zip 进行解压。

(1) 打开 Eclipse 开发环境,选择 Window→Preferences 菜单,弹出如图 4-24 所示的窗口,在此窗口中单击 Java→Installed JREs→jdk1.8.0→Edit。

(2) 弹出如图 4-25 所示的窗口,在窗口中单击 Add External JARs(添加外部 JARs)后,选择驱动程序 mysql-connector-java.zip 所在的路径并单击 Finish 按钮。

(3) 增加了驱动后的窗口如图 4-26 所示,单击 Finish 按钮,完成驱动程序的安装。

提示:如果不用开发环境,那么只需要将驱动程序文件 mysql-connector-java.zip 复制到 JDK 安装目录下的 lib 文件夹中即可。

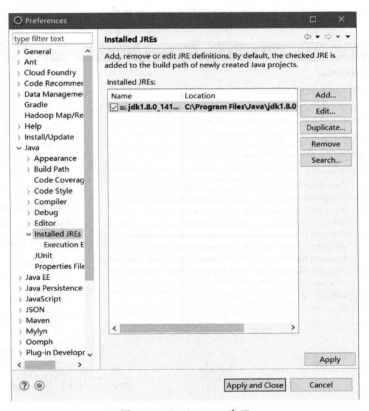

图 4-24 Preferences 窗口

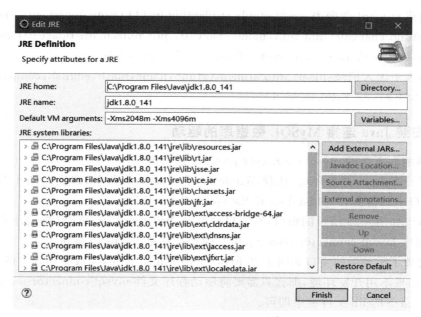

图 4-25　增加 JARs 的窗口

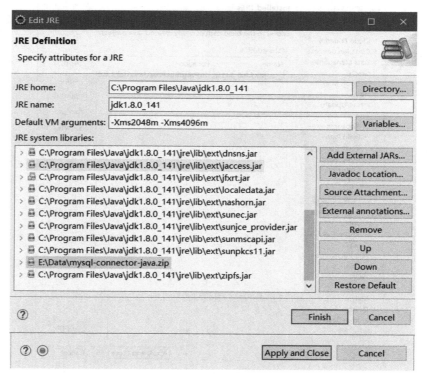

图 4-26　增加 JARs 后的窗口

3. 编写数据库连接 DBConnection 类

```java
package shujuku;                                    // 将程序进行打包
import java.sql.*;                                  // 导入数据库操作相关类
public class DBConnection {
    Connection con = null;                          // 定义一个 Connection 类对象
    public DBConnection( ){                         // 定义一个构造方法
        try{Class.forName("org.gjt.mm.mysql.Driver");  // 加载数据库驱动
            // 创建与 xsgl 数据库的连接,使用用户 root,密码 123
        con = DriverManager.getConnection("jdbc:mysql://localhost:3306/xsgl","root","123");
        }catch(Exception e){
            System.out.print("数据库访问失败" + e.getMessage( ));
        }
    }
}
```

4. 编写 Login 界面和事件处理类

```java
packageshujuku;                                     //将程序进行打包
importjava.awt.event.*;                             //导入事件处理相关类
importjava.awt.*;                                   //导入 awt 图形界面相关类
importjava.sql.*;                                   //导入数据库相关操作类
importjavax.swing.*;                                //导入 swing 图形界面相关类
publicclass Login implementsActionListener {        //定义主类并实现 ActionListener 接口
    JFrame f;                                       //定义 Frame 窗口
    JLabel l1;                                      //定义 swing 标签 l1
    JLabel l2;                                      //定义 swing 标签 l2
    JTextField jt1;                                 //定义 swing 文本输入框 jt1
    JTextField jt2;                                 //定义 swing 文本输入框 jt2
    JButton an1;                                    //定义 swing 按钮 an1
    JButton an2;                                    //定义 swing 按钮 an2
    public Login() {                                //定义构造方法,初始化一些变量
        f = newJFrame();                            //实例化 Frame 类对象 f
        f.setTitle("学生登录");                      //设置窗口的标题
        f.setLayout(newFlowLayout());               //设置窗口布局为流式布局
        f.setLocation(400, 300);    //设置窗口左上角的坐标为 x 轴 400 像素,y 轴 300 像素
        l1 = newJLabel("请输入学号:");               //实例化标签 l1
        l2 = newJLabel("请输入姓名:");               //实例化标签 l2
        jt1 = newJTextField(15);                    //实例化文本框 jt1
        jt2 = newJTextField(15);                    //实例化文本框 jt2
```

```java
        an1 = newJButton("登录");                    //实例化按钮 an1
        an2 = newJButton("取消");                    //实例化按钮 an2
        an1.addActionListener(this);                 //给按钮 an1 注册动作监听器
        f.add(l1);                                   //在窗口中加入标签 l1
        f.add(jt1);                                  //在窗口中加入文本框 jt1
        f.add(l2);                                   //在窗口中加入标签 l2
        f.add(jt2);                                  //在窗口中加入文本框 jt2
        f.add(an1);                                  //在窗口中加入按钮 an1
        f.add(an2);                                  //在窗口中加入按钮 an2
        f.setSize(300, 200);                         //设置窗口大小宽 300 像素,高 200 像素
        f.setResizable(false);                       //设置窗口不可以调整大小
        f.setVisible(true);                          //设置窗口可见
    }
    public staticvoid main(String args[]) {
        Login l1 = new Login();    //生成 Login 类的对象、即调用上面的构造方法
    }
    //实现 ActionListener 接口中的 actionPerformed()方法,来响应按钮的点击事件
    publicvoidactionPerformed(ActionEvent e) {
        String xuehao = jt1.getText();//获取 jt1 中输入的内容,并放入变量 xuehao 中
        String xingming = jt2.getText();//获取 jt2 中输入的内容,并放入变量 xingming 中
        //生成 DBConnection 类的对象 db,即调用了它的构造方法
        DBConnectiondb = newDBConnection();
        //将 DBConnection 中的连接对象 con 赋给本类的 Connection 类的对象 conn
        Connection conn = db.con;
        try {
            Statement stmt = conn.createStatement();//生成 Statement 类的对象 stmt
            //使用 stmt 对象执行查询语句
            ResultSetrs = stmt.executeQuery("select * from student where xuehao = '"
                    + xuehao + "' and xingming = '" + xingming + "'");
            if (rs.next()) {                                    //如果查到记录
                //显示登录成功对话框
                JOptionPane.showConfirmDialog(null, "登录成功!", "提示信息",
                    JOptionPane.DEFAULT_OPTION,
                        JOptionPane.INFORMATION_MESSAGE);
            } else {                                            //如果没有查到记录
                //显示登录失败对话框
                JOptionPane.showConfirmDialog(null, "登录失败!", "提示信息",
                    JOptionPane.DEFAULT_OPTION,
                    JOptionPane.INFORMATION_MESSAGE);
            }
```

```
            } catch (Exception e1) {
                System.out.print("查询不成功" + e1.getMessage());
            }
        }
    }
}
```

【运行结果】

如图4-27所示,在学号和姓名中输入123、张三,单击"登录"按钮后,则弹出登录失败的提示。

图 4-27　登录失败

如图4-28所示,在学号和姓名文本框中输入123、孙莉娜,单击"登录"按钮后,则弹出登录成功的提示,如图4-29所示。

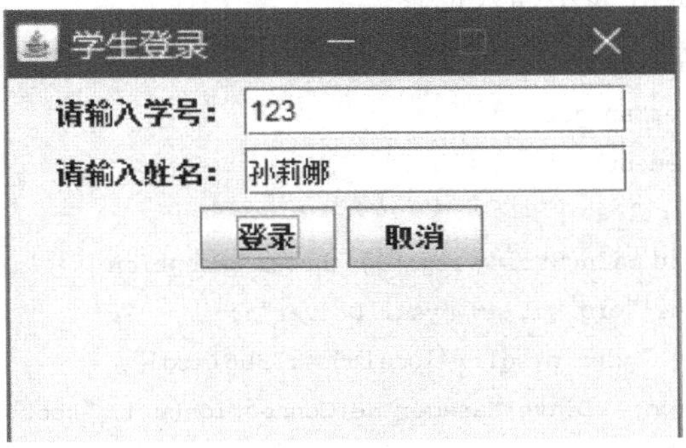

图 4-28　输入正确的信息

图 4-29　登录成功

4.2.4 技能提高

本节进行执行插入操作、删除操作、修改操作、查询操作训练。

建立了数据库连接以后便可访问数据库,即对数据库进行各种操作。数据库的一般操作包括增加、删除、修改、查询。使用 JDBC 操作数据库的方法主要分为以下四步。

（1）调用数据库连接 Connection 类的 createStatement( ) 方法获得 Statement 对象。Statement 对象表示数据库操作声明,用于向数据库发送具体的增加、删除、修改或查询命令。

（2）调用 Statement 对象的 execute( )、executeUpdate( ) 或 executeQuery( ) 方法执行数据库操作。

（3）处理数据库操作的结果。

（4）关闭数据库连接。

1. 执行插入操作

在对数据库的操作中,经常需要向表中增加记录。SQL 语句中增加记录的语法格式如下所示,其中如果不指定字段列表的话,值列表需要对应表的所有字段。

insert into 表名（字段列表）values('值列表')；

【例 4.10】 向 student 表中插入记录。

```java
import java.sql.Connection;
import java.sql.DriverManager;
import java.sql.Statement;
public class DataInsertTest {
    public static void main(String args[]) throws Exception {
        Class.forName("org.git.mm.mysql.Driver");                          // 加载驱动
        String url = "jdbc:mysql://localhost:3306/xsgl";                   // 定义数据库连接 URL
        Connection con = DriverManager.getConnection(url, "root", "123"); // 建立连接
        Statement st = con.createStatement( );                             // 生成 Statement 类的对象
        // 定义 SQL 语句
        String sql = "insert into student(stuno,name) values(' lnjd12303','angel')";
        st.executeUpdate(sql);                                             // 利用 st 对象来执行插入语句
        st.close( );                                                       // 关闭 Statement 类对象
        con.close( );                                                      //关闭 Connection 类对象
    }
}
```

【运行结果】

在数据表 student 中插入了一条学号为 lnjd12303,姓名为 angel 的记录。

但有时向数据库中插入的记录是变量,所以下面介绍两种当插入的记录为变量时的解

决办法。

（1）使用 Statement 类，在 SQL 语句中变量的前后分别加上"＋和＋"，即使用字符串连接的方式，修改后的程序如下所示。

【例 4.11】 使用 Statement 类实现向表中插入变量。

```java
import java.sql.Connection;
import java.sql.DriverManager;
import java.sql.Statement;
public class DataInsertTest2 {
    public static void main(String args[]) throws Exception {
        String stuno = "";                    // stuno 表示从其他程序传递或获取的学号
        String name = "";                     // name 表示从其他程序传递或获取的姓名
        Class.forName("org.git.mm.mysql.Driver");              // 加载驱动
        String url = "jdbc:mysql://localhost:3306/xsgl";       // 定义数据库连接 URL
        Connection con = DriverManager.getConnection(url, "root", "123");   // 建立连接
        Statement st = con.createStatement( );                 // 生成 Statement 类的对象
        //定义 SQL 语句
        String sql = "insert into student(stuno,name) values('" + stuno + "','" + name + "')";
        st.executeUpdate(sql);                // 利用 st 对象来执行插入语句
        st.close( );                          // 关闭 Statement 类对象
        con.close( );                         //关闭 Connection 类对象
    }
}
```

（2）使用 PreparedStatement 类进行带参数插入，修改后程序代码如下。

【例 4.12】 使用 PreparedStatement 类实现向表中插入变量。

```java
import java.sql.Connection;
import java.sql.DriverManager;
import java.sql.PreparedStatement;
public class DataInsertTest3 {
    public static void main(String args[]) throws Exception {
        String stuno = "";                    // stuno 表示从其他程序传递或获取的学号
        String name = "";                     // name 表示从其他程序传递或获取的姓名
        Class.forName("org.git.mm.mysql.Driver");              // 加载驱动
        String url = "jdbc:mysql://localhost:3306/xsgl";       // 定义数据库连接 URL
        Connection con = DriverManager.getConnection(url, "root", "123");
                                              // 建立连接
        String sql = "insert into student(stuno,name) values(?,?)";
                                              // 定义 SQL 语句
        PreparedStatement ps = con.prepareStatement(sql);
                                              // 生成 Statement 类的对象
```

```
            ps.setString(1, stuno);                        //给第1个参数赋值
            ps.setString(2, name);                         //给第2个参数赋值
            ps.executeUpdate( );                           //执行 SQL 语句
            ps.close( );                                   //关闭 Statement 对象
            con.close( );                                  //关闭 Connection 对象
        }
    }
```

提示:PreparedStatement 实例中包含了一个已经预编译过的 SQL 语句,因此,要多次执行一个 SQL 语句,使用 PreparedStatement 可以大大提高效率。

2. 执行删除操作

在对数据库的操作中,经常需要删除表中的记录。SQL 语句中删除记录的语法格式如下:

delete from 表名 where 条件;

【例 4.13】 删除 student 表中学号为 lnjd12303 的记录。

```
import java.sql.Connection;
import java.sql.DriverManager;
import java.sql.Statement;
public class DataDeleteTest {
    public static void main(String args[]) throws Exception {
        Class.forName("org.git.mm.mysql.Driver");                    // 加载驱动
        String url = "jdbc:mysql://localhost:3306/xsgl";              // 定义数据库连接 URL
        Connection con = DriverManager.getConnection(url, "root", "123");
                                                                      // 建立连接
        Statement st = con.createStatement( );         // 生成 Statement 类的对象
        String sql = "delete from student where stuno = ' lnjd12303";
                                                                      // 定义 SQL 语句
        st.executeUpdate(sql);                         // 利用 st 对象来执行删除语句
        st.close( );                                   //关闭 Statement 对象
        con.close( );                                  //关闭 Connection 对象
    }
}
```

【运行结果】

删除数据库 student 表中满足条件 stuno 为 lnjd12303 的记录。

3. 执行修改操作

在对数据库的操作中,经常需要修改表的记录。SQL 语句中修改记录的语法格式如下:

```
update 表名 set 字段名＝数值 where 条件；
```

其中"字段名＝数值"可以为多个,用逗号","隔开,也就是同时可以修改多个字段。where 条件不是必需的。

【例 4.14】 修改 student 表中姓名为 angel 的记录,使其数学成绩为 80.0 分。

```java
import java.sql.Connection;
import java.sql.DriverManager;
import java.sql.Statement;
public class DataUpdateTest {
    public static void main(String args[]) throws Exception {
        Class.forName("org.git.mm.mysql.Driver");                    // 加载驱动
        String url = "jdbc:mysql://localhost:3306/xsgl";             // 定义数据库连接 URL
        Connection con = DriverManager.getConnection(url, "root", "123");
                                                                     // 建立连接
        Statement st = con.createStatement();                        // 生成 Statement 类的对象
        String sql = "update student set math = 80.0 where name = 'angel'";
                                                                     // 定义 SQL 语句
        st.executeUpdate(sql);                                       // 利用 st 对象来执行修改语句
        st.close();                                                  //关闭 Statement 对象
        con.close();                                                 //关闭 Connection 对象
    }
}
```

【运行结果】

将数据表 student 中姓名为 angel 的学生,数学成绩改为 80.0 分。

4. 执行查询操作

在对数据库的操作中,经常需要查询其中的数据。SQL 语句中查询记录的语法格式如下：

```
select 字段1,字段2,字段3… from 表名 where 条件；
```

上面只是最简单的一种形式,查询语句可以非常复杂,具体请参考相关书籍。

【例 4.15】 查询 student 表中姓名为"王颖"的记录。

```java
import java.sql.Connection;
import java.sql.DriverManager;
import java.sql.Statement;
public class DataQueryTest {
    public static void main(String args[]) throws Exception {
        String stuno = "";          // stuno 表示从其他程序传递或获取的学号
        String name = "";           // name 表示从其他程序传递或获取的姓名
```

```
            Class.forName("org.git.mm.mysql.Driver");                    //加载驱动
            String url = "jdbc:mysql://localhost:3306/xsgl";  //定义数据库连接URL
            Connection con = DriverManager.getConnection(url, "root", "123");
                                                                         //建立连接
            Statement st = con.createStatement( );       //生成Statement类的对象
            String sql = "select * from student where name='王颖'";  //定义SQL语句
            st.executeQuery(sql);                        //利用st对象来执行查询语句
            st.close( );                                 //关闭Statement对象
            con.close( );                                //关闭Connection对象
        }
    }
```

【运行结果】

查询数据库表 student 中满足条件 name='王颖'的记录。

提示：当查询条件为变量，即 where name='王颖'中的王颖为一个变量时，则可以采用上面执行插入操作中的任意一种方法来解决。

总结：在进行数据库操作时，增加、删除、修改都是使用 Statement 类中的 executeUpdate( )方法，方法的返回值是一个整数，表示受影响的行数（更新计数）。而执行查询操作时，使用的是 executeUpdate( )方法，方法的返回值是记录集，即 ResultSet 类的对象。下面将介绍如何处理记录集 ResultSet。

ResultSet 类定义了许多方法用来辅助处理查询结果，其中一些常用方法参考表 4-19。下面通过一个例子来讲解记录集的简单操作。

【例 4.16】 查询结果集 ResultSet 的处理。

```
    import java.sql.Connection;
    import java.sql.DriverManager;
    import java.sql.ResultSet;
    import java.sql.ResultSetMetaData;
    import java.sql.Statement;
    public class ResultTest {
        public static void main(String args[]) throws Exception {
            Class.forName("org.git.mm.mysql.Driver");                    //加载驱动
            String url = " jdbc:mysql://localhost:3306/xsgl";  //定义数据库连接URL
            Connection con = DriverManager.getConnection(url, "root", "123");
                                                                         //建立连接
            Statement st = con.createStatement( );       //生成Statement类的对象
            String sql = "select * from student";            //定义SQL语句
            ResultSet rs = st.executeQuery(sql);         //利用st对象来执行查询语句
            //利用rs对象生成ResultSetMetaData对象
            ResultSetMetaData rsmd = rs.getMetaData( );
```

```
        System.out.println("总列数:" + rsmd.getColumnCount( ));
                                                                    // 打印列数
        System.out.println("- - - - - - - - - - - - - - - - - - - -");
        while (rs.next( )) {                    // 循环输出所有查询到的记录
            System.out.println("学号:" + rs.getString("stuno") + "|姓名:"
                + rs.getString("name"));        // 利用 rs 获取学号和姓名
            System.out.println("- - - - - - - - - - - - - - - - - -");
        }
        rs.close( );                            // 关闭 ResultSet 对象
        st.close( );                            // 关闭 Statement 对象
        con.close( );                           // 关闭 Connection 对象
    }
}
```

【运行结果】
按程序中指定的格式输出数据表中所有的记录。

任务 4.3　网络编程

网络可以使不同物理位置的计算机达到资源共享和通信的目的,在 Java 中提供了专门的网络开发程序包——java.net,以方便开发人员进行网络程序的开发。通过对本任务的学习,可以掌握使用 Socket 类和 ServerSocket 类编写基于 TCP 协议通信程序的方法;掌握使用 DatagramPacket 类和 DatagramSocket 类开发基于 UDP 协议通信程序的方法;掌握使用 URL 类访问网络资源的编程方法。

▶ 4.3.1　任务内容

ECHO 回显程序是在网络编程中一个比较经典的开发程序,从客户端输入任意内容后,服务器端在输入的内容前加上"Server ECHO"返回给客户端。同时客户端在服务器返回的内容前加上"Client ECHO"显示出来。

(1) 熟悉程序开发结构与 TCP/IP 体系结构,同时要熟悉 IP 地址和端口的内容。

(2) 回显程序要求服务器端接收客户端输入的内容,并向客户端发送数据,所以,服务器端的输出流就是客户端的输入流;客户端的输出流就是服务器端的输入流。

(3) 在服务器端利用 ServerSocket 对象创建一个用于监听客户端连接请求的端口,当执行 accept( )方法时,服务线程处于阻塞状态,直到接收到客户的连接请求后,返回 socket 对象。

(4) 服务器端连接成功后,利用 socket 对象的 getInputStream( )方法获得客户端的输出流,利用 getOutputStream( )方法产生客户端输入流;在服务器端字符流 in 是和 socket 绑定的输入流对象,利用其 readLine( )方法,可以读入客户端的数据;字符流 out 是和 socket 绑定的输出流对象,利用其 println( )方法可向客户端发送数据。

(5)客户端程序需要创建 socket 对象,指出服务器的位置和端口,然后向服务器的相应端口发出连接请求,连接成功后,双方可以进行通信。同样可以将客户端的 socket 对象同输入输出流绑定,绑定方法和服务器端 socket 对象是一样的。

▶ 4.3.2 相关知识

│知识点一:网络通信概述│

计算机网络就是把分布在不同地理区域的计算机与专门的外部设备用通信线路互连成一个规模大、功能强的网络系统,从而使众多的计算机可以方便地互相传递信息,共享硬件、软件、数据信息等资源。

为了使两个节点之间能进行对话,必须在它们之间建立通信工具(接口),使彼此之间能进行信息交换。计算机网络通信接口包括两部分:硬件装置来实现节点之间的信息传送;软件装置来规定双方进行通信的约定协议。

要使计算机连成的网络能够互通信息,需要对数据传输速率、传输代码、代码结构、传输控制步骤、出错控制等制定一组标准,这一组共同遵守的通信标准就是网络通信协议。不同的计算机之间必须使用相同的通信协议才能进行通信。

1. TCP/IP 体系结构

Internet 采用图 4-30 所示的 TCP/IP 体系结构,该体系结构共分四层:网络接口层、网络层、传输层和应用层。

网络接口层主要包括数据传输介质和硬件接口,它可能是一个网络设备,也可能是一个复杂的网络,不同的网络采用不同的协议;网络层负责将数据传送到网络的主机上,该层采用 IP 协议,使用它能够在网络中确定数据要到达的主机;传输层实现不同主机上应用进程之间的通信,该层采用 TCP 或 UDP 协议;应用层是该体系的最高层,用户调用应用程序来访问 TCP/IP 互联网络提供的各种服务,应用程序能够选择所需的传送服务类型发送和接收数据,该层支持的网络协议有 HTTP、FTP、SMTP、Telnet 等。

```
┌─────────────────────────┐
│        应用层            │
│ （HTTP、FTP、SMTP、Telnet 等）│
├─────────────────────────┤
│        传输层            │
│      （TCP、UDP）        │
├─────────────────────────┤
│        网络层            │
│         （IP）           │
├─────────────────────────┤
│       网络接口层          │
│  （数据链路层、物理层）     │
└─────────────────────────┘
```

图 4-30　TCP/IP 体系结构

在 TCP/IP 体系结构中，网络层和传输层是其核心部分。在网络层，使用 IP 地址作为网络中主机的标识。通过 IP 地址，能够确定数据（分组）要到达的主机，也就是说，网络层提供主机之间的通信。实际上，数据最终要传送给主机中某一应用进程（程序），数据要传送给哪一个应用进程，是由传输层通过 TCP 和 UDP 协议实现的。因此，开发网络应用程序，应当了解传输层的作用及如何使用传输层协议，即 TCP 和 UDP 协议。

TCP 是面向连接的通信协议，使用这种协议，要求通信双方先建立连接，一旦建立了连接，双方可以实现可靠的通信，通信结束后，要释放连接。TCP 不支持广播或多播服务。

UDP 是面向无连接的通信协议，这种无连接的协议不能保证可靠的通信，但因为无须建立和释放连接，所以减少了通信过程中系统资源的开销。在网络可靠性较高的场合，使用 UDP 协议能够提高通信效率。

2. IP 地址

互联网上的每台计算机都有一个唯一标识自己的标记，这个标记就是 IP 地址。IP 地址使用 32 位二进制数据标示，而在实际中看到的 IP 地址是以十进制数据形式标示的点分十进制 IP 地址。IP 地址分为 5 类，A 类保留给政府机构，B 类分配给中等规模的公司，C 类分配给任何需要的人，D 类用于组播，E 类用于实验，各类可容纳的地址数目不同。这 5 类 IP 地址的范围如表 4-23 所示。

表 4-23　IP 地址范围

序 号	地址分类	地址范围
1	A 类地址	1.0.0.1～126.255.255.254
2	B 类地址	128.0.0.1～191.255.255.254
3	C 类地址	192.0.0.1～223.255.255.254
4	D 类地址	224.0.0.1～239.255.255.254
5	E 类地址	240.0.0.1～255.255.255.254

在网络通信编程中,首先应当获取网络或主机的 IP 地址。java.net 包中提供了用于处理网络地址的 InetAddress 类。IP 地址可以由字节数组和字符串来分别表示,InetAddress 将 IP 地址以对象的形式进行封装,可以方便地操作和获取其属性。InetAddress 类没有构造方法,可以通过两个静态方法获得它的对象。InetAddress 类的常用方法如表 4-24 所示。

表 4-24 InetAddress 类常用方法

序 号	方 法	功 能
1	public static InetAddress getByName(String host)	通过主机名称得到 InetAddress 对象
2	public static InetAddress getLocalHost( )	通过本机得到 InetAddress 对象
3	public String getHostName( )	取得主机地址对应的主机名称
4	public String getHostAddress( )	得到主机 IP 地址
5	public boolean isReachable(int timeout)	判断地址是否可达,同时指定超时时间

【例 4.17】 测试 InetAddress 类,获取主机的地址信息。

```
import java.net.*;                                          // 导入 java.net 包
public class InetAddressDemo{
    public static void main(String[ ] args){
        try{
            InetAddress ip = InetAddress.getByName("lnemc");   // 名为 lnemc 主机的地址
            System.out.println("主机地址:" + ip);              // 显示主机地址
            System.out.println("主机名称:" + ip.getHostName( ));// 显示主机名称
            System.out.println("主机 IP:" + ip.getHostAddress( )); // 显示主机 IP
        }
        catch(UnknownHostException e){
            e.printStackTrace( );
        }
    }
}
```

【运行结果】

主机地址:lnemc/10.0.0.1
主机名称:lnemc
主机 IP:10.0.0.1

【代码说明】

从程序的执行结果可以看出,主机地址包括两部分:主机名称和 IP 地址,两者之间用"/"分隔。获得主机地址后,可以分别用 getHostName( ) 和 getHostAddress( ) 方法得到主机名称和 IP 地址。编程时要注意选用适当的方法,以获取不同的内容。

3. 端口与 Socket 通信机制

一般情况下,网络中的主机同时运行多个应用进程。比如,用户可能边浏览网页边下载数据,操作系统必须在运行浏览网页进程的同时,启用下载数据的进程。在提供网络服务的服务器端,用户的两种请求应由相应的两个应用进程来处理。传输层提供了提交数据的端口,每个端口对应了不同的应用层进程。发送数据时,应用层进程选择不同的端口将数据提交给网络层;接收数据时,传输层通过不同的端口将数据提交给应用层进程。因此,通过传输层与应用层之间的端口,能够实现应用层进程之间的通信。

在 TCP、UDP 协议中,端口用 16 位的二进制表示,端口范围为 0～65 535。范围在 0～1 023 的端口是由因特网管理机构分配的,如 HTTP 用 80,FTP 用 21,SMTP 用 25 等。这些端口一般用在提供网络服务的服务器端,服务器进程能够监测这些端口,以便和客户进行通信。其他端口分配给请求通信的客户进程。其工作原理如图 4-31 所示。

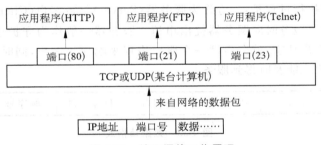

图 4-31　端口通信工作原理

由此看来,实现网络中两个主机应用进程之间的通信,需要两大要素:标识主机的 IP 地址和标识应用进程的端口号。假设服务器的 IP 地址为 218.61.235.68,客户机的 IP 地址为:218.61.235.99,客户机使用 FTP 协议与服务器通信,服务器端的端口号为 21,客户机为通信进程分配端口号 9999,这样在服务器和客户机之间建立了一个通信连接。

在这一连接中,两个 IP 地址和端口号构成了两个连接的端点,通常称为插口或套接字(socket)。这样,两个主机应用进程之间就好像有一条虚拟的电缆通过各自的 socket 连接起来一样,客户机和服务器之间的通信就是采用 socket 这种机制实现的。图 4-32 是采用插口实现应用程序之间通信示意图。

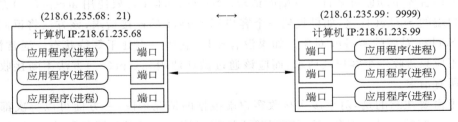

图 4-32　应用程序间通信

4. 程序开发结构

Java 网络编程主要是指完成 C/S 程序的开发,程序的开发结构有两种:

(1) B/S(浏览器/服务器):开发一套程序,客户端使用浏览器进行访问。B/S 程序一般稳定性较差,而且安全性较差。

(2) C/S(客户端/服务器):开发两套程序,两套程序需要同时维护。C/S 程序一般比较稳定,C/S 程序主要可以完成以下两种程序的开发。

① TCP(Transmission Control Protocol)传输控制协议,采用三方握手的方式,保证准确的连接操作。

② UDP(User Datagram Protocol)数据报协议,发送数据报,例如手机短信或者 QQ 消息。所有的开发包都保存在 java.net 包中。

图 4-33 为 TCP、UDP 的数据帧格式简单图例,其中协议类型用于区分 TCP、UDP。网络程序的通信双方执行过程是:一方作为服务器(Server)等待客户(Client)提出请求并予以响应。客户则在需要服务时向服务器提出申请。服务器一般作为守护进程始终运行,监听网络端口,一旦有客户请求,就会启动一个服务进程来响应该客户,同时自己继续监听服务端口,使后来的客户也能及时得到服务。

协议类型	源 IP	目标 IP	源端口	目标端口	帧序号	帧数据

图 4-33　数据帧格式

知识点二:使用 TCP 协议编程

TCP 协议是一种可靠的通络协议,通信两端的 Socket 使得它们之间形成网络虚拟链路,两端的程序可以通过虚拟链路进行通信。Java 使用 socket 对象代表两端的通信端口,并通过 socket 产生的 I/O 流来进行网络通信。

1. ServerSocket 类

ServerSocket 类用于创建服务器端 Socket,使服务器绑定一个端口,等待客户的连接请求,收到客户的连接后,便可以进行通信。在两个通信端没有建立虚拟链路之前,必须有一个通信实体首先主动监听来自另一端的请求。ServerSocket 对象使用 accept( )方法监听来自客户端的 Socket 连接,如果收到一个客户端 Socket 的连接请求,该方法将返回一个与客户端 Socket 对应的 socket 对象。如果没有连接,它将一直处于等待状态。通常情况下,服务器不应只接收一个客户端请求,而应该通过循环调用 accept( )方法不断接收来自客户端的所有请求。

这里需要注意的是,对于多次接收客户端数据的情况来说,一方面可以每次都在客户端建立一个新的 socket 对象,然后通过输入输出通信。这样对于服务器端来说,每次循环所接收的内容也不一样,被认为是不同的客户端。另一方面也可以只建立一次新的

socket 对象,然后在这个虚拟链路上通信,这样在服务器端一次循环的内容就是通信的全过程。

> (1) ServerSocket 类的构造方法

ServerSocket(int port)和 ServerSocket(int port,int count)。其中 port 为服务器的端口号,表示在服务器端创建一个监听端口;count 表示该端口等待连接的客户的最大数量。以上两个构造方法,均产生 IOException 类异常。

> (2) ServerSocket 类的主要方法

Socket accept( ),用于等待客户的连接请求,该方法将阻塞当前系统的服务线程,直到连接成功。建立连接后,返回 Socket 类的对象。

void close( ),用于关闭创建的 ServerSocket 对象。使用以上方法时,能引发 IOException 类型的异常,所以需要对该类型的异常进行处理。

2. Socket 类

使用 Socket 类可以主动连接到服务器端,使用服务器的 IP 地址和端口号初始化之后,服务器端的 accept 便可以解除阻塞继续向下执行,这样就建立了一对互相连接的 socket。通信双方连接成功,可以利用 socket 对象的 getInputStream( )、getOutputStream( )方法获取输入输出流,进行服务器和客户间的通信。

> (1) Socket 的构造方法

① Socket(InetAddress address,int port),以 address 为 IP 地址,port 为端口创建 socket。

② Socket(InetAddress address,int port,boolean stream),前两个参数同①,stream 决定 socket 的类型。

③ Socket(String host,int port),以字符串 host 为 IP 地址,port 为端口创建 socket。

④ Socket(String host,int port,boolean stream),前两个参数同③,stream 同②。

其中 address,host 和 port 分别指远程主机的 IP 地址、主机名称和端口号,stream 表示要创建 socket 的类型,当 stream 为 true 时,创建 socket 流对象,否则,创建无连接的数据报对象。例如:Socket socket=new Socket("218.61.235.68",21);表示要创建一个主机 IP 地址为 218.61.235.68、端口号为 21 的套接字。

> (2) Socket 的主要方法

① InetAdress getInetAddress( ),返回该 socket 所连接的 IP 地址。

② int getPort( ),返回该 socket 所连接的远程端口。

③ synchronized void close( ),关闭创建的 socket。

④ InputStream getInputStream( ),获得 socket 所绑定的输入流。

⑤ OutputStream getOutputStream( ),获得向 socket 绑定的输出流。

在以上方法中,后三个方法将产生 IOException,使用这些方法时,必须捕获 IOException 类型的异常。

3. 使用多线程

在复杂的通信中,使用多线程非常必要。对于服务器来说,它需要接收来自多个客户端的连接请求。处理多个客户端通信需要并发执行,那么就需要对每一个传过来的 socket 在不同的线程中进行处理,每条线程需要负责与一个客户端进行通信,以防止其中一个客户端的处理阻塞会影响到其他线程。对于客户端来说,一方面要读取来自服务器端的数据,另一方面又要向服务器端输出数据,它们同样也需要在不同的线程中分别处理。

【例 4.18】 将客户端的字符串数组的内容发送给服务器,并在服务器端显示出来。

设计服务器端的程序。服务器端首先要创建监听客户端数据的端口,假设用端口 999;其次要创建接收输入数据的流对象;当连接成功后,通过使用客户端返回的 socket 对象的相应方法,读出客户端发送来的数据。

```
import java.io.*;
import java.net.*;
public class TcpComm{
    public static void main(String[ ]args)throws IOException{
        ServerSocket srvSocket;              // 定义服务器端插口
        Socket socket = null;
        BufferedReader br = null;
        srvSocket = new ServerSocket(999);   // 创建监听客户的端口
        //等待客户的连接请求,收到请求前,服务器处于阻塞状态,有连接,返回 socket
        socket = srvSocket.accept( );
        //使用 socket 的 getInputStream( )方法获得客户端的输入数据
        br = new BufferedReader(new InputStreamReader(socket.getInputStream( )));
        String strMsg = br.readLine( );//读入 1 行数据,读数据结束后,1 次连接结束
        while(!strMsg.equals("quit")){
            System.out.println("Client send:" + strMsg);
            socket = srvSocket.accept( );                // 等待下一次的连接请求
            br = new BufferedReader(new InputStreamReader(socket.getInputStream( )));
            strMsg = br.readLine( );                     // 继续读取数据
        }
        br.close( );
        socket.close( );
        srvSocket.close( );
    }
}
```

设计客户端的程序。客户端首先要创建和服务器进行连接的插口 socket,然后利用空闲端口将数据发送到服务器端。当然,发送前要创建同该插口关联或绑定的输出流。

```
import java.io.*;
import java.net.*;
public class TcpSend{
    public static void main(String[ ] args)throws IOException{
        Socket socket = null;
        String[ ] strSend = {"Hello!","Welcome to our class!","quit"};     // 要发送的数据
        PrintWriter pw = null;      //定义输出流
        int i = 0;
        while(i<strSend.length){
            socket = new Socket("localhost",999);// 创建客户插口,建立同服务器的连接
            //建立与socket绑定的输出流
          pw = new PrintWriter(new OutputStreamWriter(socket.getOutputStream( )),true);
            pw.println(strSend[i]);                                      // 向服务器发送数据
            i++;
        }
        pw.close( );
        socket.close( );
    }
}
```

在创建客户端的 socket 时,Socket 类构造方法的两个参数均是服务器的 IP 地址和端口。程序中的"localhost"代表服务器的主机名称。如果客户和服务器不在同一主机上,应当将"localhost"改为服务器的主机名称或 IP 地址,如 4.3.4 节中的任务实现。

知识点三:使用 UDP 协议编程

采用 UDP 协议不能保证数据被安全可靠地送到接收方,只有在网络可靠性较高的情况下,才能有较高的传输效率。在采用 UDP 协议通信时,通信双方无须建立连接,因而具有资源消耗小、处理速度快的优点。传输语音、视频和非关键性数据时,一般使用 UDP 协议。

在 java.net 包中提供了用于发送和接收数据报的两个类:DatagramSocket 类和 DatagramPacket 类。DatagramSocket 类用于创建发送数据报的 socket,DatagramPacket 类对象用于创建数据报。

1. DatagramSocket 类

(1) DatagramSocket 类的构造方法

① DatagramSocket( ),创建一个数据报 socket,其通信端口为任意可以使用的端口。
② DatagramSocket(int port),创建一个指定通信端口的数据报 socket。
③ DatagramSocket(int port,InetAddress laddr),创建一个指定 IP 地址和端口的 sock-

et,一般在本地具有多个 IP 的情况下使用。

在创建 DatagramSocket 类的对象时,如果指定的端口已经被使用,会产生 SocketException 异常,并导致程序非法终止,应注意捕获该异常。

(2) DatagramSocket 类的主要方法

① receive(DatagramPacket p),接收数据报到 p 中。
② send(DatagramPacket p),发送数据报 p。
③ setSotimeout(int timeout),设置失效时间。
④ close( ),关闭 DatagramSocket 对象。

2. DatagramPacket 类

(1) DatagramPacket 类的构造方法

① DatagramPacket(byte[ ] buf,int length),该构造方法在接收数据时使用,用于创建接收数据的数据报对象,并以 buf 为缓冲区指针。length 是接收的字节数,将接收的数据报存放到 buf 指向的缓冲区中。

② DatagramPacket(byte[ ] buf,int length,InetAddress address,int port),该构造方法在发送数据时使用,用于创建一个以 buf 为缓冲区首地址、字节数为 length、目标主机 IP 地址为 address、端口为 port 的数据报。

(2) DatagramPacket 类的主要方法

① InetAddress getAddress( ),获得发送数据报的主机的 IP 地址。
② int getPort( ),获得发送数据报的主机所使用的端口号。
③ byte[ ] getData( ),从数据报中获得以字节为单位的数据。

3. 使用 UDP 协议的通信编程

使用 UDP 协议发送和接收数据时,应当为数据报建立缓冲区。发送数据时,将缓冲区的数据打包形成要发送的数据报,再使用 DatagramSocket 类的 send( )方法将数据报发送出去;接收数据时,使用 DatagramSocket 类的 receive( )方法,将数据报存入 DatagramPacket 类对象中,在创建该数据报对象时,需要指定数据报的缓冲区指针。

(1) 发送端程序的基本代码

假设接收方主机的 IP 地址为 192.168.3.11、端口为 8088,待发送数据的缓冲区地址为 message,数据报的长度为 512。完成发送需要如下代码:

```
DatagramPacket outPacket = new DatagramPacket(message,512,"192.168.3.11",8088);
DatagramSocket outSocket = new DatagramSocket( );
outSocket.send(outPacket);
```

message 是字节型的数组。在发送前必须将要发送的数据存放到该数组中。

（2）接收端程序的基本代码

在接收数据报之前，应先为数据报创建缓冲区，该缓冲区是一个字节型数组。缓冲区创建好以后，再创建用于接收的数据报，最后创建用于接收数据报的套接字。用于接收的主要代码如下：

```
byte[ ] inbuffer = new byte[1024];        // 接收缓冲区
DatagramPacket inPacket = new DatagramPacket(inbuffer,inbuffer.length);
DatagramSocket inSocket = new DatagramSocket(8088);   // 创建接收数据的套接字
inSocket.receive(inPacket);        // 接收数据报
```

【例 4.19】 假设服务器的 IP 地址为 192.168.3.11，利用其 5656 端口监听来自客户的数据。当接收到客户数据后，在服务器端显示该数据，然后将数据转换成大写字符后，返回给客户端。客户端接收到返回的数据后，在客户端显示出来。

服务器端程序：

```
import java.io.*;
import java.net.*;
import java.awt.*;
import java.awt.event.*;
public class UDPServer extends Frame{
    Label lbl;                              // 显示提示信息
    TextArea txtInfo;                       // 显示客户端发送的信息
    DatagramSocket serverSocket;            // 定义 DatagramSocket 对象
    DatagramPacket serverPacket;            // 定义 DatagramPacket 对象
    byte[ ] buffer = new byte[1024];        // 定义发送和接收数据的缓冲区
    String msg;
    void init( ) {                          // 显示服务器端应用程序界面
        lbl = new Label("来自客户端的信息");
        txtInfo = new TextArea(20,60);
        add(lbl,"North");
        add(txtInfo,"Center");
        addWindowListener(new WindowAdapter( ){
            public void windowClosing(WindowEvent evt){
                System.exit(0);
            }
        });
        setTitle("服务器端");
        setSize(300,200);
        setVisible(true);
    }
    void recandsend( ) {                    // 用于接收和发送数据的方法
```

```java
        try{      // 创建服务器端发送和接收数据套接字
            DatagramSocket serverSocket = new DatagramSocket(5656);
            txtInfo.append("\nServer is waiting...");
            while(true) {                            // 创建用于接收数据的数据报对象
                serverPacket = new DatagramPacket(buffer,buffer.length);
                serverSocket.receive(serverPacket);//接收数据报并存入 serverPacket 中
                //将缓冲区的数据转换成 data 指向的字符串
                String data = new String(buffer,0,serverPacket.getLength( ));
                if(data.trim( ) = = "quit")          // 判断客户端发送的是否为 quit
                    break;
                txtInfo.append("\nClient said: " + data);   // 添加接收到的数据到文本区
                String strToSend = data.toUpperCase( );// 将收到的数据转换成大写字符串
                InetAddress clientIP = serverPacket.getAddress( );//获得数据报的主机 IP
                int clientPort = serverPacket.getPort( );//获得接收到数据报的主机端口
                byte[ ] msg = strToSend.getBytes( );    // 将字符串转换成字节数组
                DatagramPacket clientPacket = new DatagramPacket(msg,
strToSend.length( ),clientIP,clientPort); // 创建发送的数据报对象,内容为 msg 指向的数组
                serverSocket.send(clientPacket);     // 发送数据报到客户端
            }
            serverSocket.close( );                   // 关闭服务器 socket
            txtInfo.append("\nServer is closed!");
        }catch(Exception e){
            e.printStackTrace( );
        }
    }
    public static void main(String[ ]args){
        UDPServer udpserver = new UDPServer( );      // 创建应用程序对象
        udpserver.init( );                           // 调用 init( )方法
        udpserver.recandsend( );                     // 调用 recandsend( )方法
    }
}
```

客户端程序：

```java
import java.io.*;
import java.net.*;
import java.awt.*;
import java.awt.event.*;
public class UDPClient extends Frame implements ActionListener{
    Label lbl;                      // 显示文字信息的标签对象
    TextField txtInput;             // 用于输入信息文本域对象
```

```java
        TextArea   txtInfo;                              // 显示从服务器返回信息的文本区对象
        Panel panel1;                                    // 定义面板对象
        String strToSend;
        byte[ ] bufsend;                                 // 发送缓冲区
        byte[ ] bufreceive;                              // 接收缓冲区
        DatagramSocket clientSocket;                     // 客户端 socket
        DatagramPacket clientPacket;                     // 客户端数据报对象
        void init(   ){                                  // 生成应用程序界面
            panel1 = new Panel(   );
            panel1.setLayout(new BorderLayout(   ));
            lbl = new Label("输入发送的信息:");
            txtInput = new TextField(30);
            txtInfo = new TextArea(20,60);
            add(panel1,"North");
            add(txtInfo,"Center");
            panel1.add(lbl,"West");
            panel1.add(txtInput,"Center");
            txtInput.addActionListener(this);            // 为文本域注册监听器
            addWindowListener(new WindowAdapter(   ){    // Windows 事件注册适配器类
                public void windowClosing(WindowEvent evt){
                    clientSocket.close(   );
                    System.exit(0);
                }
            });
            setTitle("客户端");
            setSize(300,200);
            setLocation(200,200);
            setVisible(true);
        }
        void setSocket(   ){                             // 创建客户端的 socket
            try{
                clientSocket = new DatagramSocket(   );
            }catch(Exception e){
                e.printStackTrace(   );
            }
        }
        //利用文本域的 actionPerformed(   )方法实现通信
        public void actionPerformed(ActionEvent e){
            strToSend = txtInput.getText(   );           // 获得文本域输入的文本内容
            bufsend = strToSend.getBytes(   );           // 转换成待发送的字节数组
```

```
            try{                                        // 创建待发送的数据报对象
                clientPacket = new DatagramPacket(bufsend,strToSend.length( ),
    InetAddress.getByName("10.0.0.1"),5656);
                clientSocket.send(clientPacket);        // 发送已创建的数据报
                bufreceive = new byte[1024];            // 创建字节数组为接收缓冲区
                //创建用于接收数据的数据报对象
                DatagramPacket receivePacket = new DatagramPacket(bufreceive,1024);
                clientSocket.receive(receivePacket);    // 接收服务器返回的数据
                String received = new String(receivePacket.getData( ),0,
    receivePacket.getLength( ));                        // 将接收的数据转换成字符串
                txtInfo.append("\nFrom server: "+received); // 添加到文本区并显示出来
            }catch(Exception ex) {
                ex.printStackTrace( );
            }
            txtInput.setText("");                       // 清除文本域的内容
        }
        public static void main(String[ ]args){
            UDPClient udpclient = new UDPClient( );     // 创建客户端应用程序
            udpclient.init( );                          // 调用 init( )方法
            udpclient.setSocket( );                     // 调用 setSocket( )方法
        }
    }
```

知识点四：使用 URL 类编程

1. URL 概念

URL（Uniform Resource Locator，统一资源定位器）用于定位 Internet 上的资源。这里的资源是指 Internet 上可以被访问的任何对象，包括目录、文件、文档、图像、声音等，它相当于一个文件名在网络范围内的扩展，是与 Internet 相连的计算机上的可访问对象的指针。

URL 的一般格式如下：

〈协议〉://〈主机〉:〈端口〉/〈路径〉

协议是要访问资源的传输协议，如 http、ftp、gopher、telnet、file 等；主机是资源所在的主机，通常以 IP 地址或域名表示；端口是连接时所使用的通信端口号，该项为可选项；路径指出资源在主机上的具体位置。例如：

http://www.sina.com.cn，给出了通信协议和主机。

http://www.lnmec.cn:999/infodept/index.html，给出了通信协议、主机、通信端口、路径和文件名。

ftp://218.64.215.68/game/demo.txt，给出了通信协议（FTP）、主机 IP 地址、路径和

文件名。

2. URL 的构造方法

（1）public URL(String spec)，字符串类型参数作为网络资源地址，创建 URL 类的对象。

例如：URL url1＝new URL("http://www.lnmec.net.cn")；

url1 代表互联网络上域名为 www.lnmec.net.cn 的主机。

（2）public URL(URL url,String spec)，构造方法具有两个参数，第一个参数为 URL 对象；第二个参数是用字符串表示的相对的网络资源地址。

例如：URL url1＝new URL("http://www.lnmec.net.cn")；

URL url2＝new URL(url1,"default.html")；

url2 相当于"url2＝new URL("http://www.lnmec.net.cn/default.html");"。

（3）public URL(String protocol,String host,String file)，构造方法分别以字符串类型的数据为参数，给出 URL 的协议、主机和资源名称。其中"protocol"表示协议，"host"表示主机，"file"表示资源名称。

例如：URL url3＝new URL("http","www.lnmec.net.cn","/index.html;)；

（4）public URL(String protocol,String host,int port,String file)，构造方法在前一个构造方法的基础上，增加了端口参数，其中 port 表示端口号。

例如：URL url4＝new URL("http","www.lnmec.net.cn",9999,"/index.html")。

3. 构造 URL 类对象产生的异常

在使用构造方法时，如果构造方法中的参数存在问题，导致给出的 URL 格式不正确，将产生非运行时异常（MalformedURLException），程序必须捕获该异常。

【例 4.20】 利用 URL 构造方法创建对象。

```java
import java.net.*;
import java.io.*;
public class URLexample{
    URL url;                                      //定义 URL 类对象
    void createURL( ){
        try{
            url = new URL("http://www.lnmec.net.cn");        // 创建 URL 对象
        }
        catch(MalformedURLException e){                       // 对将可能产生的异常进行捕获
            System.out.println(e.toString( ));                // 显示异常信息
        }
    }
    public static void main(String[ ] args){
```

```
            new URLExample( ).createURL( );
        }
}
```

该程序中,假设构造方法中的字符串写为"http;//www.lnmec.net.cn",协议后面用的是分号,不是冒号,运行时将产生异常,显示如下异常信息:

java.net.MalformedURLException: no protocol: http;//www.lnmec.net.cn

参数中的";"不是 URL 的合法内容,导致异常的产生。因此在创建 URL 对象时,要注意各参数的格式。

4. 获取 URL 对象的属性

创建 URL 对象之后,可以使用 URL 类提供的方法来获得对象的属性,具体方法如下。

(1) String getProtocol( ),取得传输协议。
(2) String getHost( ),取得主机名称。
(3) int getPort( ),取得通信端口号。
(4) String getPath( ),取得资源的路径。
(5) String getFile( ),取得资源文件名称。
(6) String getRef( ),取得 URL 对象的标记。

一个 URL 对象,不一定包含以上所有属性。比如,URL 使用缺省的通信端口,创建对象时可以不给出端口号,此时 getPort( )返回-1。对字符串类型的属性,如果不存在,相应的方法返回 null 值。

【例 4.21】 利用获取对象属性的方法显示一个 URL 对象的属性。

```java
import java.io.*;
import java.net.*;
public class URLDemo{
    public static void main(String[ ]args){
        URL url1,url2;                                          // 创建两个 URL 对象
        try{
            url1 = new URL("http://www.spacecg.com:8080/teachers");
            url2 = new URL(url1,"/liuronglai/readme.html#2012～2013");   // #为标记
            //获得 url2 的各种属性
            System.out.println("url2:protocol = " + url2.getProtocol( ));
            System.out.println("url2:host = " + url2.getHost( ));
            System.out.println("url2:port = " + url2.getPort( ));
            System.out.println("url2:ref = " + url2.getRef( ));     // 显示#后的内容
            System.out.println("url2:path = " + url2.getPath( ));
            System.out.println("url2:file = " + url2.getFile( ));
```

```
                System.out.println("url2:" + url2.toString( ));        // 显示完整的url2
            }
            catch(MalformedURLException e){}
        }
    }
```

【运行结果】

```
url2:protocol = http
url2:host = www.spacecg.com
url2:port = 8080
url2:ref = 2012～2013
url2:path = /liuronglai/readme.html
url2:file = /liuronglai/readme.html
url2:http://www.spacecg.com:8080/liuronglai/readme.html#2012～2013
```

注意分析程序的结果,以理解 URL 对象各种属性的含义。

▶ 4.3.3 任务实施

TCP 协议适合开发 Client/Server 结构的应用程序。一般把提供服务的一方称作服务器(Server),把接受服务的一方称作客户(Client)。通信编程就是要完成服务器端和客户端的应用程序,下面以具体实例分析通信程序的开发方法。

1. TCP 协议通信的服务器方实现

首先应当在服务器端利用 ServerSocket 对象创建一个用于监听客户端连接请求的端口,假设 ServerSocket 对象为 srvSocket,端口为 2008,创建方法为:

```
srvSocket = new ServerSocket(2008);
```

当执行 srvSocket 的 accept( )方法时,服务线程处于阻塞状态,直到接收到客户的连接请求后,返回一个 Socket 对象。连接成功后,利用 Socket 对象的 getInputStream( )获得客户端的输出流,利用 getOutputStream( )方法产生客户端输入流。具体方法如下:

```
BufferedReader in = new BufferedReader(new InputStreamReader(socket.getInputStream( )));
PrintWriter out = new PrintWriter(new BufferedWriter(
                    new OutputStreamWriter(socket.getOutputStream( ))),true);
```

字符流 in 是和 socket 绑定的输入流对象,利用其 readLine( )方法,可以读入客户端的数据;字符流 out 是和 socket 绑定的输出流对象,利用其 println( )方法可向客户端发送数据。

2. TCP 协议通信的客户端实现

客户端程序需要创建 Socket 对象,指出服务器的位置和端口。假设服务器的 IP 地址为

"192.168.3.11",端口为 2008,则 Socket 对象的创建方法为:

```
socket = new Socket("192.168.3.11",2008);
```

创建 Socket 对象之后,向服务器的相应端口发出连接请求,连接成功后,双方可以进行通信。同样,可以将客户端的 Socket 对象同输入输出流绑定,绑定方法和服务器端 Socket 对象是一样的。值得注意的是,客户端的输入流是服务器端的输出流,客户端的输出流是服务器端的输入流,反之亦然。

3. 程序实现步骤

服务器端的程序 ServerApp.java:

```java
import java.io.*;
import java.net.*;
import java.awt.*;
import java.awt.event.*;
public class ServerApp extends Frame{
    Label lbl;                              //显示提示信息
    TextArea txtInfo;                       //显示客户端返回的信息
    ServerSocket srvSocket;                 //定义 ServerSocket 对象
    Socket socket;                          //定义 Socket 对象
    BufferedReader in = null;               //定义与 socket 绑定的输入流
    PrintWriter   out = null;               //定义与 socket 绑定的输出流
    String msg;
    void init( ) {                          //显示服务端应用程序界面
        lbl = new Label("来自客户端的信息");
        txtInfo = new TextArea(20,60);
        add(lbl,"North");
        add(txtInfo,"Center");
        addWindowListener(new WindowAdapter( ){
            public void windowClosing(WindowEvent evt){
                try{
                    in.close( );
                    out.close( );
                    srvSocket.close( );
                }
                catch(IOException e){ }
                System.exit(0);
            }
        });
        setTitle("服务器端");
```

```java
            setSize(300,200);
            setVisible(true);
        }
        void connect( ){
            try{
                srvSocket = new ServerSocket(2008);          // 创建监听端口
            }
            catch(IOException e){ }
            while(true){
                try{            // 等待接收来自客户端的连接请求,并返回 socket
                    socket = srvSocket.accept( );       // 以下创建和 socket 绑定的输入输出流
                    in = new BufferedReader(new InputStreamReader(socket.getInputStream( )));
                    out = new PrintWriter(new BufferedWriter(new OutputStreamWriter(socket.getOutputStream( ))),true);
                    msg = in.readLine( );                    // 读取来自客户的信息
                    txtInfo.append("Server ECHO:" + msg + "\n");  // 服务器端显示客户的信息
                    out.println(msg + "\n");                 // 将来自客户的信息返回给客户
                    out.flush( );
                }
                catch(IOException ex){ }
            }
        }
        public static void main(String[ ] args){
            ServerApp serverapp = new ServerApp( );
            serverapp.init( );
            serverapp.connect( );
        }
    }
```

执行服务器端程序后,在屏幕上显示一个窗口,等待客户端的连接请求。连接成功后,当在客户端输入信息时,服务器将客户输入的信息显示出来,同时将该信息返回给客户端,交由客户处理。

客户端的应用程序 ClientApp.java：

```java
import java.io.*;
import java.net.*;
import java.awt.*;
import java.awt.event.*;
public class ClientApp extends Frame implements ActionListener{
    Label lbl;                                       // 显示文字信息的标签对象
```

```java
        TextField txtInput;                            // 用于输入信息文本域对象
        TextArea  txtInfo;                             // 显示已经发送信息的文本区对象
        Panel panel1;                                  // 定义面板对象
        Socket socket;                                 // 定义 Socket 对象
        BufferedReader in;
        PrintWriter out;
        String str,msg;
        void init( ){
            panel1 = new Panel( );
            panel1.setLayout(new BorderLayout( ));
            lbl = new Label("输入发送的信息:");
            txtInput = new TextField(30);
            txtInfo = new TextArea(20,60);
            add(panel1,"North");
            add(txtInfo,"Center");
            panel1.add(lbl,"West");
            panel1.add(txtInput,"Center");
            txtInput.addActionListener(this);
            addWindowListener(new WindowAdapter( ){
                public void windowClosing(WindowEvent evt){
                    System.exit(0);
                }
            });
            setTitle("客户端");
            setSize(300,200);
            setVisible(true);
        }
        /* 利用文本域的 actionPerformed( )方法创建 socket,并实现通信 */
        public void actionPerformed(ActionEvent e){
            try{     // 在本地机上创建 socket,服务器端口为 2008
                socket = new Socket("localhost",2008);
                in = new BufferedReader(new InputStreamReader(socket.getInputStream( )));
                out = new PrintWriter(new BufferedWriter(new
    OutputStreamWriter(socket.getOutputStream( ))),true);
                out.println(txtInput.getText( ) + "\n");      // 向服务器发送信息
                msg = in.readLine( );                          // 读取从服务器返回的信息
                txtInfo.append("Client: ECHO:" + msg + "\n");// 在文本区中显示通信信息
                in.close( );                                    // 关闭输入流
                out.close( );                                   // 关闭输出流
                socket.close( );                                // 关闭 socket
```

```
        }
        catch(IOException ex){
            txtInput.setText("Connect Error!");
        }
        txtInput.setText("");
    }
    public static void main(String[ ] args){
        ClientApp clientapp = new ClientApp( );
        clientapp.init( );
    }
}
```

执行程序时,要求客户和服务器均在同一主机上,需要开设两个 MS-DOS 命令行窗口。在客户窗口出现后,在窗口中的文本框中输入要发送的信息。服务器接收到信息后,将信息反馈给客户,客户将信息显示在文本区中。

▶ 4.3.4 技能提高

本节进行 URL 与 URLConnection 类训练。

URL 类只提供从网络上读取数据的方法,如果需要向 WWW 服务器上的 CGI 程序发送信息,就需要 URLConnection 类。在创建了 URL 对象之后,采用 URL 对象的 openConnection( )方法就可以返回 URLConnection 对象,然后利用 URLConnection 对象提供的方法能够完成向网络上写入信息的功能。以下是利用 URL 类读取网络资源的例子。

【例 4.22】 编写从某一网站读取 HTML 文档的程序,设计类 ReadURL,既能以 Applet 运行,又能以 Application 运行。

```
import java.io.*;
import java.net.*;
import java.applet.*;
import java.awt.*;
import java.awt.event.*;
public class ReadURL extends Applet implements ActionListener{
    TextField tfURL;
    TextArea taContext;
    Label lbMsg;
    public void init( ){
        setLayout(new BorderLayout( ));
        //该对象在本地机器上,应当在本地机器上建立 Web 站点并启用 Web 服务
        tfURL = new TextField("http://127.0.0.1/sun/");
        Button btGet = new Button("DownLoad");
```

```java
            taContext = new TextArea(25,6);
            lbMsg = new Label("                                        ");
            Panel panel = new Panel( );
            panel.add(tfURL);
            panel.add(btGet);
            btGet.addActionListener(this);
            add(panel,BorderLayout.NORTH);
            add(taContext,BorderLayout.CENTER);
            add(lbMsg,BorderLayout.SOUTH);
        }
        // 实现 ActionListener 接口中的 actionPerformed(  )方法
        public void actionPerformed( ActionEvent event ){
            try{
                URL url = new URL(tfURL.getText( ));// 创建 URL 对象
                //创建输入字符流,InputStreamReader 能够将字节流 8 转换为字符流 16
                BufferedReader in = new BufferedReader(new InputStreamReader(url.openStream( )));
                String inputLine;
                while ((inputLine = in.readLine( )) != null){
                    taContext.append(inputLine + "\n");
                    System.out.println(inputLine);
                }
                in.close( );                              // 关闭输入流
            }
            catch(IOException e){
                lbMsg.setText(e.toString( ));
            }
        }
        public static void main(String[ ] args){
            ReadURL rdurl = new ReadURL( );              // 创建 ReadURL 对象
            Frame frm = new Frame("ReadURL");             // 创建框架
            frm.addWindowListener(                        // 为 frm 注册监听器类
                new WindowAdapter( ){
                    public void windowClosing(WindowEvent e){
                        System.exit(0);
                    }
                });
            frm.add(rdurl, BorderLayout.CENTER);
            frm.setSize(500,500);
            rdurl.init( );                               // 调用 Applet 的 init( )
            rdurl.start( );                              // 调用 Applet 的 start( )
```

```
        frm.setVisible(true);
    }
}
```

【代码说明】

该程序是小应用程序,既可以嵌入在 HTML 文档中以 Applet 方式运行,也可以作为独立的 Application 运行。要实现这一功能,需要在类中加入 main( )方法,在 main( )方法中创建 ReadURL 类对象 rdurl,并创建一个 Frame 对象作为 rdurl 的容器,并使该容器以一定的大小显示出来。在以 Application 方式运行时,程序入口为 main( )方法,所以,应当在 main( )方法中调用 Applet 的 init( )方法和 start( )方法。程序中 url.openStream( )返回的是 InputStream 对象,它是一个字节流,BufferedReader 是一个字符流,因此用 InputStreamReader 将字节流转换成字符流,in 是字符流对象。

附录 1

使用Javadoc工具制作开发文档

1.1 任务内容

学习使用 Javadoc 工具,了解 Javadoc 的部分参数命令和 Javadoc 应用实例。

1.2 相关知识

知识点一:Java API Document 与 Javadoc 工具

Java 语言在开发时,最好的帮助信息就来自 Sun 公司发布的 Java API Document。当一个工程大到需要由大量程序员团队协作开发时,一个问题就产生了:为了让其他程序员看懂自己的代码,程序员往往需要将自己的代码加上注释,或者书写一定规格的 API 文档供其他人阅读和参考,而 API 文档的格式不统一会造成阅读上的困难。好在 Sun 公司提供的 Javadoc 工具解决了这一问题,使得 API 文档格式得到了形式上的统一。它分包、分类详细地提供了各方法和属性的帮助信息,具有详细的类树信息、索引信息等,并提供了许多相关类之间的关系,如继承、实现接口、引用等。在 Sun 公司的站点上可以下载 Java API Document。

利用 JDK 中的 Javadoc 工具,可以快速将 Javadoc 注释生成 Java API Document。另外,Java 文档是由一些 HTML 文件组织起来的,它可以运行在任何安装有浏览器的计算机上。JDK 安装目录下的 demo 包中包含了很多示例文件,如果仔细对比这些文件的源代码注释,会发现 .java 源文件中的文档注释(/* * ... */)和 Java API Document 的内容是一样的。Java API Document 来自于这些注释。那么如何把这些注释变成 API 文档呢?使用 javadoc 工具就可以做到。

在 JDK 的 bin 目录下可以找到 javadoc.exe,使用它编译 .java 源文件时,会读出 .java 源文件中的文档注释,按照一定的规则与 Java 源程序一起进行编译,生成 Java API Document。

javadoc 的命令行语法如下:

javadoc [options] [packagenames] [sourcefiles] [@files]

javadoc 命令的选项参数有很多,例如:

-help   显示帮助信息
-public   仅显示 public 类和成员
-protected   显示 protected/public 类和成员(缺省)
-package   显示 package/protected/public 类和成员
-private   显示所有类和成员
-d <directory>   输出文件的目标目录
-version   包含 @version 段
-author   包含 @author 段

- splitindex　　　　　　将索引分为每个字母对应一个文件
- windowtitle ＜text＞　文档的浏览器窗口标题
……

例如，下面的命令格式：

javadoc [-d 文档存放目录] [-author] [-version] [-private] 源文件名.java

这条命令可以将作者、版本号等信息及类的所有私有属性成员信息一并编译到指定目录下的 Java API Document 中。

方括号[]表示选项可以省略。生成的文档存放在[-d 文档存放目录]参数指定的目录下，如果不指定目录就生成在源文件所在的当前目录，其中 index.html 就是文档的首页。

例如，有程序代码 HelloWorld.java：

```java
/**
 * <p>Title:这是标题 </p>
 * <p>Description:这是描述</p>
 * <p>Copyright: Copyright (c) 2014 版权信息</p>
 * <p>Company:公司名 </p>
 * @authorSunlina 制作
 * @version 1.0
 */
public class HelloWorld{
    /**消息属性,是私有成员*/
    private static String message = "Welcome!";
    /**
     * getMessage 方法的简述.
     * <p> getMessage 方法的详细说明第一行<br>
     * getMessage 方法的详细说明第二行
     * @return 返回 message 属性字符串
     */
    public static String getMessage(   ){
        return message;
    }
    /** 主方法 */
    public static void main(String args[]){
        System.out.println("Hello,your message is :" + getMessage(   ));
    }
}
```

下面的命令将把该源文件编译成 Java API Document 存放在 c:\myapi 目录中：

＞javadoc -d c:\myapi -private -author -version HelloWorld.java

知识点二：Java API Document 的格式

在详细介绍 javadoc 的编译命令之前，先了解一下文档注释内部的一些细节问题。

1. 文档和文档注释的格式化

所谓文档的"格式化"就是对文档的外观格式（如字体样式、位置等）根据特定需要进行设置。javadoc 生成的文档是 HTML 格式，而这些 HTML 格式的标识符并不是 javadoc 内部固有的格式，而是在写注释的时候写上去的。比如，需要换行时，不是输入一个回车符，而是写入
；如果要分段，就应该在段前写入<p>。因此，格式化文档就是在文档注释中添加相应的 HTML 标识。

```
/**
 * <p>Title:这是标题 </p>
 * <p>Description:这是描述</p>
 * <p>Copyright: Copyright (c) 2014 版权信息</p>
 * <p>Company:公司名 </p>
 */
```

编译输出后的 HTML 源码则是

Title:这是标题

Description:这是描述

Copyright:Copyright (c) 2014 版权信息

Company:公司名

前导的 * 号允许连续使用多个，其效果和使用一个 * 号一样，但每个 * 号前不能有其他字符分隔，否则分隔字符及后面的 * 号都将作为文档的内容。* 号在这里是作为左边界使用的。

还有一点需要说明，文档注释只说明紧接其后的类、属性或者方法。例如：

```
/** 为类作的注释 */
public class HelloWorld {
    /** 给成员属性作的注释 */
    private String message;
    /** 给成员方法作的注释 */
    public void showMessage( ) {......}
    ......
}
```

上例中的三处注释就是分别对类、属性和方法所作的文档注释。它们生成的文档分别是说明紧接其后的类、属性、方法的。"紧接"二字尤为重要，如果忽略了这一点，就很可能造成生成的文档错误，如下例为正确的例子：

```
importjava.util.*;
/** 为类作的注释 */
public class HelloWorld {
    ......
}
```

上面的示例文档注释将生成正确的文档。但若改变其中两行的位置,变成下例就会出错:

```
/** 为类作的注释 */
importjava.util.*;
public class HelloWorld {
    ......
}
```

import 语句和文档注释部分交换了位置,由于文档注释只能说明其后紧接的类、属性和方法,import 语句不在此列,所以这个文档注释将被当作错误说明省略掉。

2. 文档注释的三部分

根据在文档中显示的效果,文档注释分为三部分(注意 1、2、3 不是文档注释的内容),举例如下:

```
/**
 * getMessage 方法的简述. (1)
 * <p>getMessage 方法的详细说明第一行<br>(2)
 * getMessage 方法的详细说明第二行
 * @return 返回 message 属性字符串 (3)
 */
```

第(1)部分是简述,是 Java API Document 列表中属性名或者方法名后面那段说明文字,如附图 1-1 中被框选的部分。简述部分写在一段文档注释的最前面,第一个点号(.)之前(包括点号)。换句话说,就是用第一个点号分隔文档注释,之前是简述,之后是第(2)部分和第(3)部分。如上例中的"* getMessage 方法的简述."(注意点号)。

附图 1-1　文档注释示例

第(2)部分是详细说明部分。该部分对属性或者方法进行详细的说明,在格式上没有什么特殊要求,可以包含若干点号。

第(3)部分是特殊说明部分。这部分包括版本说明、参数说明、返回值说明等。除了@return之外,还有其他一些特殊标记,分别用于对类、属性和方法的说明,请参考下面的内容。

3. javadoc 标记

javadoc 标记用于标识代码中的特殊引用。javadoc 标记由"@"及其后所跟的标记类型和专用注释引用组成。这三个部分是:@、标记类型、专用注释引用。常用 javadoc 标记如附表 1-1 所示。下面详细说明各标记。

附表 1-1 javadoc 标记作用

标　　记	作用位置	作用说明
@author	对类的说明	标明开发该类模块的作者
@version	对类的说明	标明该类模块的版本
@see	对类、属性、方法的说明	参考转向,也就是相关主题
@param	对方法的说明	对方法中某参数的说明
@return	对方法的说明	对方法返回值的说明
@exception	对方法的说明	对方法可能抛出的异常进行说明

(1) @see 标记

@see 的书写格式有三种:@see 类名,@see ♯方法名或属性名,@see 类名 ♯方法名或属性名。

例如,将下面的内容加入 javadoc 注释中:

```
/**
 * @see ♯message
 * @see ♯getMessage( )
 * @see ♯main(String[ ])
 */
```

编译后的 javadoc 文档如附图 1-2 所示,见框选部分。

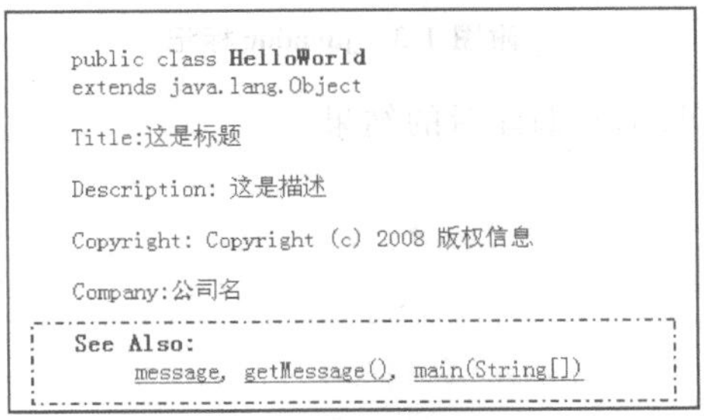

```
public class HelloWorld
extends java.lang.Object

Title:这是标题

Description:这是描述

Copyright: Copyright (c) 2008 版权信息

Company:公司名

See Also:
    message, getMessage(), main(String[])
```

附图 1-2 编译后 javadoc 文档

（2）@author、@version 标记

这两个标记分别用于指明类的作者和版本。缺省情况下javadoc将其忽略,但命令行开关 -author 和 -version 可以修改这个功能,使其包含的信息被输出。这两个标记的语法如下：

@author 作者名
@version 版本号

（3）@param、@return 和 @exception 标记

这三个标记都是只用于方法的。@param 描述方法的参数,@return 描述方法的返回值,@exception 描述方法可能抛出的异常。它们的书写格式如下：

@param 参数名 参数说明
@return 返回值说明
@exception 异常类名 说明

每一个 @param 只能描述方法的一个参数,所以,如果方法需要多个参数,就需要多次使用 @param 来描述。

一个方法中只能用一个 @return,如果文档说明中列了多个 @return,则 javadoc 编译时会发出警告,且只有第一个 @return 在生成的文档中有效,示例参考 HelloWorld.java 程序。

方法可能抛出的异常应当用 @exception 描述。由于一个方法可能抛出多个异常,所以可以有多个 @exception,示例如附图 1-3 所示。

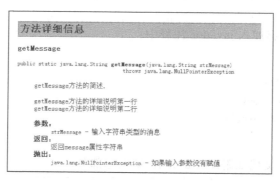

附图 1-3　javadoc 标记

以上为使用中文版 JDK 1.6 编译后的结果。

附录 2

Java编程风格简述

2.1　任务内容

学习使用编码规范的意义，Java代码命名规范，Java编程风格。

2.2　相关知识

知识点一：编码规范的意义

随着现代软件技术的发展，软件项目越来越大，软件编程中程序可读性变得越发重要，良好的可读性意味着软件工程具有更好的可扩展性和可维护性。对于现在的程序员来说，最头痛的不是如何使用优良的算法来实现设计，而是如何读懂其他程序员写下的程序代码。

这是因为一个软件的生命周期中，80%的花费在于维护。随着软件项目越来越大，没有任何一个软件在其整个开发生命周期中均由最初的开发人员来维护。所以，为了让开发团队中的其他程序员尽快而彻底地理解新的代码，参与开发的每个程序员必须遵守一致的编码规范。

每种语言都有自己的编写和注释约定，Java语言也有自己的编程风格。这里所述的编程风格与规范并非某种强制性的语法规则，只是开发团队成员间的一种约定和建议，并且可能根据开发环境和要求的不同而改变。下面我们给出一些Java程序开发中常见的编程规范和风格供读者参考。

知识点二：Java代码命名规范

命名规范主要是指对类、方法和属性等的命名书写格式。

1. 包（Package）

包名的前缀总是全部小写，有时用一个顶级域名（例如com、edu、gov、net、org等）后跟机构内部的命名等后缀组成。机构内部命名规范可能以特定目录名的组成来区分部门（department）、项目（project）、机器（machine）或注册名（login names）等，如com.sun.testapp.dto。

2. 类（Class）

类名是一个名词，采用大小写混合的方式，每个单词的首字母大写。类名应简短且富于描述。尽量使用完整单词，避免缩写词（除非该缩写词被广泛使用，如URL、HTML）。例如：String、MyDemo。

3. 接口（Interface）

大小写规则与类名相似。

4. 方法（Method）

方法名是一个动词，采用大小写混合的方式，第一个单词的首字母小写，其后单词的首字母大写。例如：nextCount( )、runFast( )。

5. 变量（Variable）

除了变量名外，所有实例，包括类、类常量，均采用大小写混合的方式，第一个单词的首字母小写，其后单词的首字母大写。变量名不应以下划线或美元符号开头，尽管这在语法上是允许的。变量名应简短且富于描述。变量名的选用应该易于记忆，即能够指出其用途。尽量避免使用单个字符的变量名，除非是一次性的临时变量。临时变量通常被取名为 i、j、k、m 和 n，它们一般用于表示整型变量；c、d、e，一般用于表示字符型变量。

6. 常量（Constant）

类常量和 ANSI 常量的声明，应该全部用大写字母，单词间用下划线隔开。尽量避免使用 ANSI 常量，容易引起错误。例如：

```
static final int MIN_WIDTH = 4;
static final double PI = 3.14159165;
```

知识点三：Java 编程风格

1. 方法

方法一般定义为 public。当然，如果方法仅仅在当前类用到，可以定义为 private，而如果希望一个子类沿用这个方法则不同，这时候的方法应定义为 protected。方法的参数应当以如下方式给出：

public voidaMethod(type parameter1, type parameter2, … , type parameter*n*){}

如果参数过长，也可以断开为几行，对齐向下排列，例如：

public voidaMethod(type parameter1,
　　　　　　　　 type parameter2,
　　　　　　　　 …
　　　　　　　　 type parameter*n*) {}

2. 变量

对于变量一般应设为 private，除非你希望在类外部访问它；而常量一般声明为 public，这是因为它通常由类名直接调用。

3. 缩排与换行

每行长度不得超过 80 字符。如果需要折行时，也应当与上一行有共同的缩排距离。缩排空格一般为 2 个或 4 个空格，也可以使用 Tab 键来缩排。例如：

```
if (expr){
    statement1;
    statement2;
} else{
    statement3;
    statement4;
}
```

try-catch 语法例如：

```
try {
    statements;
} catch (ExceptionClass e) {
    statements;
} finally {
    statements;
}
```

4. 新行

尽量不要在代码中出现空行，每一行最好只阐述一件事情。比如，一行包含一个声明、一个条件语句、一个循环语句等。

5. 注释

Java 有三种类型的注释：单行注释、多行注释、Javadoc 注释。注释应放在它所解释内容的附近，这样会让代码更易于理解。

不要注释一些语言的语句功能，例如：

```
i++; // increase 1 to i
```

更不要让自己的代码被注释分隔开，例如：

```
for(int i = 1; i <= n; i++)
/* don't place comments where
they don't belong */
result *= i;
```

较短的注释放在被注释代码上下皆可，而长注释则通常放在代码之上，例如：

```
/* Comments can be placed before the
   block that is to be commented */
for(int i = 1; i<= n; i++)
    result *= i;
或者:for(int i = 1; i<= n; i++){
        result *= i;          // short comments can be placed like this
        tmp++;                // if necessary, they continue here
    }
```

Javadoc 注释的格式请参考附录 1。

6. 花括号的位置

关于花括号位置的问题在 Java 语言编程风格中经常被提出,左括号位置的选择并没有太多技术上的要求,而更多的是个人的喜好。我们建议把左括号放在一行的最后,把右括号放在一行的开始,像这样:

```
if(x>0){
    System.out.println(x);
}
```

这种括号的布局方法减少了空行的数目,而且没有降低可读性。更重要的是,Java 的开发工具如 JCreator、JBuilder 等在编辑环境中可以很好地支持这种布局样式。

7. 圆括号

在含有多种运算符的表达式中使用圆括号来避免判断运算符优先级问题,是一个改善程序可读性的好方法。例如:

```
if (a==b && c==d)           //应避免
if ((a==b) && (c==d))       //推荐
```

参考文献

[1] 明日科技. Java从入门到精通[M]. 北京:清华大学出版社,2012.

[2] [美]霍斯特曼,科内尔. Java核心技术卷1基础知识[M]. 第9版. 周立新,等,译. 北京:机械工业出版社,2014.

[3] Eric. Java编程思想[M]. 第4版. 北京:机械工业出版社,2007.

[4] Metsker S J. Java设计模式[M]. 第2版. 北京:电子工业出版社,2012.

[5] Weiss M A. 数据结构与算法分析:Java语言描述[M]. 第2版. 北京:机械工业出版社,2009.

[6] 李钟尉,等. Java从入门到精通[M]. 北京:清华大学出版社,2008.

[7] 朱喜福. Java程序设计[M]. 第2版. 北京:人民邮电出版社,2007.

[8] 陈刚. Eclipse从入门到精通[M]. 北京:清华大学出版社,2005.

[9] 张峋,杨三成. 关键技术:JSP与JDBC应用详解[M]. 北京:中国铁道出版社,2010.

[10] [美]杜波依斯. MySQL技术内幕[M]. 第4版. 北京:人民邮电出版社,2011.

[11] 萨师煊,王珊. 数据库系统概论[M]. 北京:高等教育出版社,2002.

[12] 林信良. JSP & Servlet学习笔记[M]. 北京:清华大学出版社,2012.

[13] 刘京华,等. Java Web整合开发王者归来[M]. 北京:清华大学出版社,2010.

[14] 孙卫琴. Tomcat与Java Web开发技术详解[M]. 第2版. 北京:电子工业出版社,2009.

教师服务

感谢您选用清华大学出版社的教材！为了更好地服务教学，我们为授课教师提供本书的教学辅助资源，以及本学科重点教材信息。请您扫码获取。

▶ 教辅获取

本书教辅资源，授课教师扫码获取

▶ 样书赠送

公共基础课类重点教材，教师扫码获取样书

 清华大学出版社

E-mail：tupfuwu@163.com
电话：010-83470332 / 83470142
地址：北京市海淀区双清路学研大厦 B 座 509

网址：http://www.tup.com.cn/
传真：8610-83470107
邮编：100084